多媒体光盘使用说明

本书所配光盘是专业、大容量、高品质的交互式多媒体学习光盘，讲解流畅，配音标准，画面清晰，界面美观大方。本光盘操作简单，即使是没有任何电脑使用经验的人也都可以轻松掌握。

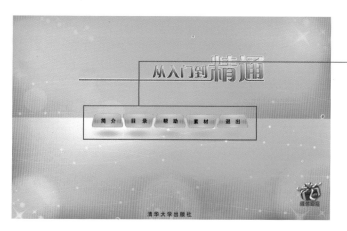

光盘的主要模块按钮，可逐一单击，进入对应界面

1. 运行光盘，进入光盘主界面。将光盘放入光驱，光盘会自动运行。若不能自动运行，可在"我的电脑"窗口中双击光盘盘符，或在光盘根目录下双击Autorun.exe文件即可运行。程序运行后进入光盘主界面，如图1所示。

图1 光盘主界面

2. 进入多媒体教学演示界面。在光盘主界面中单击"目录"按钮，在出现的界面中选择相应的章节内容，即可进入多媒体教学演示界面，按照多媒体讲解进行学习，并可方便地控制整个演示流程，如图2所示。

教学演示界面

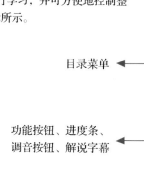

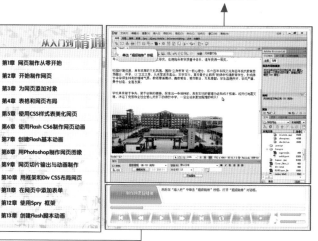

目录菜单

功能按钮、进度条、
调音按钮、解说字幕

图2 多媒体教学演示界面

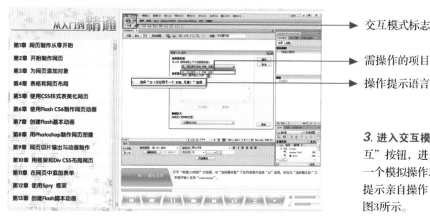

交互模式标志

需操作的项目

操作提示语言

3. 进入交互模式界面。在演示界面中单击"交互"按钮，进入交互模式界面。该模式提供了一个模拟操作环境，读者可按照界面上的操作提示亲自操作，可迅速提高实际动手能力，如图3所示。

图3 交互模式界面

多媒体光盘使用说明

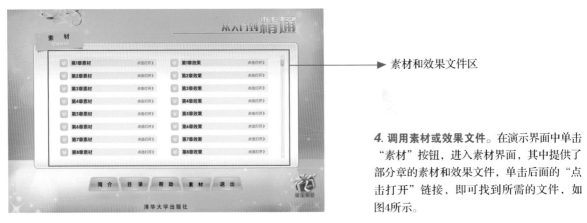

图4 素材界面

素材和效果文件区

4. 调用素材或效果文件。在演示界面中单击"素材"按钮，进入素材界面，其中提供了部分章的素材和效果文件，单击后面的"点击打开"链接，即可找到所需的文件，如图4所示。

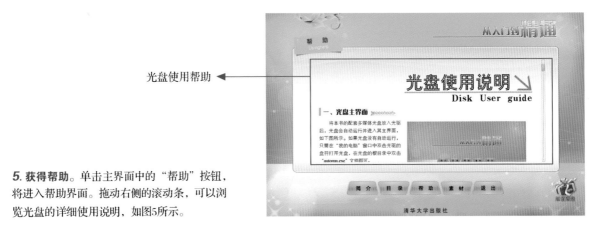

光盘使用帮助

5. 获得帮助。单击主界面中的"帮助"按钮，将进入帮助界面。拖动右侧的滚动条，可以浏览光盘的详细使用说明，如图5所示。

图5 帮助界面

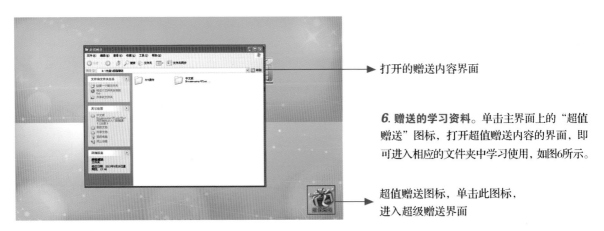

打开的赠送内容界面

6. 赠送的学习资料。单击主界面上的"超值赠送"图标，打开超值赠送内容的界面，即可进入相应的文件夹中学习使用，如图6所示。

超值赠送图标，单击此图标，进入超级赠送界面

图6 超值赠送界面

暗夜天使

瓶中美女

亚麻色头发的少女

房地产DM单

果冻字

空中城堡

个人相册

化妆品海报

电影海报

汽车广告

情人节快乐

睡美人

迷失

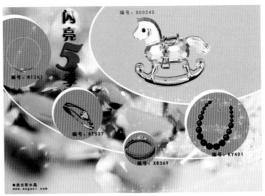

水晶宣传单

遮面

中秋海报

中文版Photoshop CS6 从入门到精通

九州书源

彭小霞　何晓琴　编著

清华大学出版社

北京

内 容 简 介

本书以目前流行的Photoshop CS6版本为平台，深入浅出地讲解了Photoshop图形图像处理的相关知识。本书分为4篇，从初学Photoshop CS6开始，一步步讲解了Photoshop CS6基础知识、获取并管理素材、通过选区修饰图像、填充色彩并绘制图像、色调与色彩的调整、图层的基础知识、矢量工具与路径的应用、文字的应用、滤镜的初级应用、图层的高级应用、通道和蒙版的应用、滤镜的高级应用、动作与批处理图像、Photoshop的多媒体功能、平面设计基础、图像处理高级技巧、为图像添加"炫"特效、图像的打印与输出、广告设计、包装设计和人物数码照片处理等。本书实例丰富，包含了Photoshop应用的方方面面，如广告、影楼、包装和摄影等，可帮助读者快速上手，并将其应用到实际工作领域。

本书案例丰富、实用，且简单明了，可作为广大初、中级用户自学Photoshop的参考用书。同时，本书知识全面，安排合理，也可作为大中专院校相关专业及Photoshop平面设计培训班的教材。

图书在版编目（CIP）数据

中文版Photoshop CS6从入门到精通/九州书源编著. —北京：清华大学出版社，2014（2019.9重印）
（学电脑从入门到精通）

ISBN 978-7-302-32732-5

I. ①中… II. ①九… III. ①图像处理软件-基本知识　IV. ①TP391.41

中国版本图书馆CIP数据核字（2013）第130842号

责任编辑：朱英彪
封面设计：刘　超
版式设计：文森时代
责任校对：王　云
责任印制：李红英
出版发行：清华大学出版社
　　　　　网　　　址：http://www.tup.com.cn，http://www.wqbook.com
　　　　　地　　　址：北京清华大学学研大厦A座　　　　　邮　　编：100084
　　　　　社 总 机：010-62770175　　　　　邮　　购：010-62786544
　　　　　投稿与读者服务：010-62776969，c-service@tup.tsinghua.edu.cn
　　　　　质量反馈：010-62772015，zhiliang@tup.tsinghua.edu.cn
印 装 者：清华大学印刷厂
经　　销：全国新华书店
开　　本：190mm×260mm　　印　张：30　彩　插：2　字　数：730千字
　　　　　　（附DVD光盘1张）
版　　次：2014年1月第1版　　　　　　印　　次：2019年9月第9次印刷
定　　价：59.80元

产品编号：049526-01

前言
PREFACE

本套书的故事和特点 >>>>>>>>

　　"学电脑从入门到精通"系列丛书从2008年第1版问世，到2010年跟进，共两批30余种图书，涵盖了电脑软、硬件各个领域，由于其知识丰富，讲解清晰，被广大读者口口相传，成为大家首选的电脑入门与提高类图书，并得到了广大读者的一致好评。

　　为了使更多的读者成为这个信息化社会中的一员，为工作和生活带来方便，我们将对"学电脑从入门到精通"系列图书进行第3次改版。改版后的图书将继承前两版图书的优势，并对需更改的地方进行更改和优化，将软件的版本进行更新，使其以一种全新的面貌呈现在读者面前。总体来说，新版"学电脑从入门到精通"系列丛书具有如下特点：

◆ 结构科学，自学、教学两不误

　　本套书均采用分篇的方式写作，全书分为入门篇、提高篇、精通篇和实战篇，每一篇的结构和要求均有所不同，其中入门篇和提高篇重在知识的讲解，精通篇重在技巧的学习和灵活运用，实战篇主要讲解该知识在实际工作和生活中的综合应用。除了实战篇外，每一章的最后都安排了实例和练习，以教会读者综合应用本章的知识制作实例并且进行自我练习，所以本书不管是用于自学，还是用于教学，都是一个不错的选择。

◆ 知识丰富，达到"精通"

　　本书的知识丰富、全面，将一个"高手"应掌握的知识分别有序地列于各篇中，在每一页的下方都添加了与本页相关的知识和技巧，与正文相呼应，对知识进行补充。同时，在入门篇和提高篇中的每一章最后都添加了"知识问答"和"知识关联"版块，将与本章相关的疑难点再次提问、理解，并将一些特殊的技巧教予大家，从而最大限度地提高本书的知识含金量，使读者达到"精通"的程度。

◆ 大量实例，更易上手

　　学习过电脑的人都知道，练习实例更利于学习和掌握知识。本书实例丰富，对于经常使用的操作均以实例的形式展示出来，并将实例以标题的形式列出，方便读者快速查阅。

◆ 行业分析，让您与现实工作更贴近

　　本书的大型综合实例除讲解了该实例的制作方法外，还讲解了与该实例相关的行业知识，例如在6.5节讲解"制作'水晶'宣传单"时，在"行业分析"中讲解了宣传单的作用、宣传单质量的判断标准等。从而让读者真正明白实例背后的故事，拓宽知识面，缩小书本知识与实际工作之间的差距。

本书有哪些内容 ❯❯❯❯❯❯❯❯❯❯

本书内容分为4篇、共21章，主要内容介绍如下。

◆ **入门篇（第1~9章，Photoshop CS6基础操作）**：主要讲解了Photoshop CS6的基础知识和操作。包括Photoshop CS6基础知识、获取并管理素材、通过选区修饰图像、填充色彩并绘制图像、色调与色彩的调整、图层的基础知识、矢量工具与路径的应用、文字的应用以及滤镜的初级应用等知识。

◆ **提高篇（第10~14章，Photoshop CS6进阶应用）**：主要讲解了Photoshop CS6的高级运用知识与操作。包括图层的高级应用、通道和蒙版的应用、滤镜的高级应用、动作与批处理图像、Photoshop的多媒体功能等知识。

◆ **精通篇（第15~18章，Photoshop CS6高级应用）**：主要讲解了Photoshop CS6在抠图、文字与纹理特效制作、照片与图像处理技巧中的应用，平面设计基础以及图像的打印与输出等知识。

◆ **实战篇（第19~21章，Photoshop CS6案例应用）**：主要讲解了Photoshop CS6在案例中的实际应用，包括广告设计、包装设计、数码照片处理等知识。

光盘有哪些内容 ❯❯❯❯❯❯❯❯❯❯

本书配备有多媒体教学光盘，容量大，内容丰富，主要包含如下内容。

◆ **素材和效果文件**：光盘中包含了本书中所有实例使用的素材，以及进行操作后最后完成的效果文件，使读者可以根据这些文件轻松制作出与书本中相同的效果。

◆ **实例和练习的视频演示**：将本书所有实例和课后练习的内容，以视频文件的方式提供出来，这样可使读者更容易学会其制作方法。

◆ **PPT教学课件**：以章为单位精心制作了PPT教学课件，课件的结构与书本讲解的内容相同，帮助老师教学。

如何快速解决学习的疑惑 ❯❯❯❯❯❯❯❯❯❯

本书由九州书源组织编写，为保证每个知识点都能让读者学有所用，参与本书编写的人员在电脑书籍的编写方面都有较高的造诣。他们是彭小霞、何晓琴、任亚炫、丛威、陈晓颖、羊清忠、宋玉霞、刘凡馨、简超、宋晓均、付琦、朱非、林科炯、杨强、阿木古堵、廖霄、曾福全、杨学林、贺丽娟、李星、向萍、张良军、张良瑜、李洪、张娟、刘可。如果您在学习的过程中遇到什么困难或疑惑，可以联系我们，我们会尽快为您解答。联系方式是网址：http://www.jzbooks.com；QQ群：122144955、120241301。

入门、提高、精通、实战，步步精要，
知识、实践、拓展、技能，样样在行。

目录
CONTENTS

入门篇

入门、提高、精通、实战，步步精要，
知识、实践、拓展、技能，样样在行。

入门、提高、精通、实战，步步精要，

知识、实践、拓展、技能，样样在行。

入门、提高、精通、实战,步步精要,
知识、实践、拓展、技能,样样在行。

入门、提高、精通、实战，步步精要，
知识、实践、拓展、技能，样样在行。

提高篇

入门、提高、精通、实战，步步精要，
知识、实践、拓展、技能，样样在行。

入门、提高、精通、实战，步步精要，
知识、实践、拓展、技能，样样在行。

精通篇

入门、提高、精通、实战，步步精要，

知识、实践、拓展、技能，样样在行。

入门、提高、精通、实战，步步精要，
知识、实践、拓展、技能，样样在行。

实战篇

入门、提高、精通、实战，步步精要，
知识、实践、拓展、技能，样样在行。

目录

入门、提高、精通、实战，步步精要，

知识、实践、拓展、技能，样样在行。

入门篇

　　使用Phtoshop制作图像前首先要对图像进行收集和管理，然后可以通过建立选区、新建图层以及调整颜色对图像进行简单处理。在简单处理后若想让图像效果更加美观，可以通过滤镜或矢量工具、路径工具在图像上绘制装饰图像以制造特殊效果。为了增加图像意境，可为图像添加说明元素，还可以为图像添加文字。本篇将讲解用Photoshop处理图像的一般方法。

●●●
<<<RUDIMENT

入门篇

第 1 章 ●●●

Photoshop CS6 基础知识

图像处理的基本概念

系统优化设置

图像编辑的辅助工具

认识工作界面

Photoshop CS6的应用范围

启动与退出Photoshop CS6

在学习 Photoshop 之前，应先对 Photoshop 的应用领域以及图像的基本概念、颜色模式有基本了解，然后再熟悉工作界面的组成、系统的优化设置以及 Photoshop CS6 中一些图像编辑辅助工具等，掌握这些基本知识，将有助于了解和学习软件。本章将对图像处理的基本概念、Photoshop CS6 的工作界面、系统的优化设置、图像编辑的辅助工具和图像的基本操作等知识进行详细介绍。

本章导读

1.1　Photoshop CS6 的应用范围

Photoshop 是一款功能强大的图像处理软件，在图像处理不断发展的今天，其已经成为图像处理行业的无冕之王。可以说，需要使用图像处理的行业都会用到 Photoshop。

1.1.1　平面设计

平面设计是受 Photoshop 影响最大的行业，目前，平面设计师使用最多的软件便是 Photoshop，他们每天都要通过它制作各种各样的海报、促销传单、DM 宣传手册、形象设计、礼品设计和包装等。如图 1-1 所示为使用 Photoshop 制作的某运动品牌的宣传海报。

1.1.2　网页设计

很多人认为网页制作都是程序员编写代码制作而成的，事实上现在的网站基本都是由网页美工使用 Photoshop 制作网站界面，再由程序员编写代码完成的。所以要打造美观、漂亮、访问量高的网站，仍然离不开 Photoshop。如图 1-2 所示为使用 Photoshop 制作的某网站界面。

图 1-1　Photoshop 制作的宣传海报　　　　图 1-2　Photoshop 制作的网站界面

1.1.3　数码摄影

在数码摄影还没走进人们的生活时，摄影师们都是通过暗房处理图像的，那时处理照片需要极高的技术含量。如今数码摄影随处可见，摄影师通过 Photoshop 能方便、快捷地处理出很多即使是传统暗房技术也不能创造出的效果。在数码摄影行业，Photoshop 常用于商业摄影。如图 1-3 所示为使用 Photoshop 处理的人物照。

除 Photoshop 外，用户也可使用光影魔术手、Turbo Photo 和 Google Picasa 等软件处理图像，但这些软件的应用范围不够广泛，只能对图像进行简单的处理。

1.1.4　数码绘画

　　传统的绘画方法是使用画具、颜料在画纸等载体上进行绘制，这种方式很容易因为一些客观因素造成绘画质量下降。现在的绘画方式早已经突破了纸张和画具的限制，只要有灵感，用 Photoshop 就能创造出无限种可能。如图 1-4 所示为使用 Photoshop 绘制的图像。

图 1-3　使用 Photoshop 处理的人物照　　　　图 1-4　使用 Photoshop 绘制的图像

1.1.5　效果图后期处理

　　在家装、数码特效等行业，通常需要使用一些专业软件进行前期制作，再使用 Photoshop 进行后期美化。如图 1-5 所示为使用专业 3D 图像制作出模型后，再使用 Photoshop 加以渲染、美化的家装效果图。

图 1-5　使用 Photoshop 处理的家装效果图

　　一般家装公司都会使用 3ds Max 制作家装模型，再使用一些专业软件进行渲染，最后使用 Photoshop 进行后期美化。

1.2　图像处理的基本概念

Photoshop 的功能不仅全面而且十分强大，所以在学习软件的操作方法前，应对图像的基本概念有一定的认识和了解。下面将对图像的基本概念进行详细介绍。

1.2.1　像素和分辨率

Photoshop 的图像是基于位图格式的，位图图像的基本单位是像素，在创建位图图像时需为图像指定分辨率大小。图像的像素与分辨率均能体现图像的清晰度，下面将分别介绍像素和分辨率的概念。

1．像素

像素由英文单词 Pixel 翻译而来，它是构成位图图像的最小单位，是位图中的一个小方格。如果将一幅位图看成是由无数个点组成的，每个点就是一个像素。同样大小的一幅图像，像素越多的图像越清晰，效果越逼真。如图 1-6 所示为 100%显示的图像，当将其显示到足够大的比例时就可以看见构成图像的方格状像素，如图 1-7 所示。

图 1-6　100%显示的图像

图 1-7　放大显示像素

2．分辨率

分辨率是指单位长度上的像素数目。单位长度上像素越多，分辨率就越高，图像就越清晰。分辨率可分为图像分辨率、打印分辨率和屏幕分辨率等，其含义分别如下。

- **图像分辨率**：图像分辨率用于确定图像的像素数目，其单位有"像素/英寸"和"像素/厘米"。例如一幅图像的分辨率为 300 像素/英寸，表示该图像中每英寸包含 300 个像素。

在 Photoshop 中默认的图像分辨率为 72 像素/英寸，这是能满足普通显示器的分辨率。

- **打印分辨率**：打印分辨率又叫输出分辨率，指绘图仪、激光打印机等输出设备在输出图像时每英寸所产生的油墨点数。如果使用与打印机输出分辨率成正比的图像分辨率，就能产生较好的输出效果。

- **屏幕分辨率**：屏幕分辨率是指显示器上每单位长度显示的像素或点的数目，单位为"点/英寸"。如 80 点/英寸表示显示器上每英寸包含 80 个点。普通显示器的典型分辨率约为 96 点/英寸，苹果显示器的典型分辨率约为 72 点/英寸。

1.2.2　位图和矢量图

电脑中的图形图像分为位图和矢量图两种类型，理解它们的概念和了解它们之间的区别将有助于更好地学习和使用 Photoshop，如矢量图适合于插图，但聚焦和灯光的质量很难在一幅矢量图像中获得，而位图图像则能够将灯光、透明度和深度的效果等逼真地表现出来。

1．位图

位图也称为点阵图或像素图，由像素构成，如果将此类图像放大到一定程度，就会发现它是由一个个像素组成的。位图图像质量由分辨率决定，单位面积内的像素越多，分辨率越高，图像的效果就越好。拍摄的照片都属于位图，如图 1-8 所示为一张典型的位图。

2．矢量图

矢量图是由诸如 Adobe Illustrator、Freehand 和 CorelDRAW 等一系列的图形软件产生的，由一些用于数学方式描述的曲线组成，其基本组成单元是锚点和路径。无论放大或缩小，图像边缘都是平滑的，尤其适用于制作企业标志，这些标志无论用于商业信纸，还是招贴广告，只用一个电子文件就能满足要求，可随时缩放，而效果一样清晰。如图 1-9 所示为一张典型的矢量图。

图 1-8　位图

图 1-9　矢量图

用于制作多媒体光盘的图像分辨率通常设置为 72 像素/英寸即可，而用于彩色印刷品的图像只有将图像分辨率设置为 300 像素/英寸左右，打印出的图像才不会缺少平滑的颜色过渡。

1.2.3　图像颜色模式

常用的图像颜色模式有 RGB（表示红、绿、蓝）模式、CMYK（表示青、洋红、黄、黑）模式、HSB（表示色相、饱和度、亮度）模式、Lab 模式、灰度模式、索引模式、位图模式、双色调模式和多通道模式等。

颜色模式除可确定图像中能显示的颜色数之外，还影响图像通道数和文件大小，每个图像都具有一个或多个通道，每个通道都存放着图像中颜色元素的信息。图像中默认的颜色通道数取决于其颜色模式。例如，CMYK 图像至少有 4 个通道，分别代表青、洋红、黄和黑 4 种颜色信息。

1．RGB 模式

RGB 模式是由红、绿和蓝 3 种颜色按不同的比例混合而成，也称为真颜色模式，是最常见的一种颜色模式。如图 1-10 所示为 RGB 颜色模式在"通道"面板中显示的通道信息。

2．CMYK 模式

CMYK 模式是印刷时使用的一种颜色模式，由 Cyan（青）、Magenta（洋红）、Yellow（黄）和 Black（黑）4 种颜色组成。为了避免和 RGB 三基色中的 Blue（蓝色）发生混淆，其中的黑色用 K 来表示。如图 1-11 所示为 CMYK 颜色模式在"通道"面板中显示的通道信息。

图 1-10　RGB 颜色模式　　　　　　　图 1-11　CMYK 颜色模式

3．Lab 模式

Lab 模式是国际照明委员会发布的一种颜色模式，由 RGB 三基色转换而来。其中 L 分量表示图像的亮度，取值范围为 0～100；a 分量表示由绿色到红色的光谱变化，取值范围

如果图像的颜色模式需要变换，可以选择【图像】/【模式】命令，在打开的子菜单中选择对应的颜色模式即可。

为 -120～120；b 分量表示由蓝色到黄色的光谱变化，取值范围和 a 分量相同。Lab 颜色模式在"颜色"和"通道"面板中显示的颜色和通道信息如图 1-12 所示。

4．灰度模式

灰度模式中的图像只有灰度颜色而没有彩色。当彩色图像转换为灰度模式时，其图像中只有亮度会被保留下来，而图像中的色相及饱和度等色彩信息将被消除。在灰度模式中，每个像素都有一个 0（黑色）～255（白色）之间的亮度值，如图 1-13 所示。

图 1-12　Lab 颜色模式

图 1-13　灰度颜色模式

5．索引模式

索引模式的图像都是根据 Photoshop 预先定义的 256 种典型颜色对照表来表示图像最终显示的颜色值，所以这种颜色模式的图像颜色并不丰富，但文件体积相对较小。

6．位图模式

位图模式平时使用得较少，一般应用于网络。在位图模式下的图像用黑和白两种颜色来表示图像的颜色，包含的信息最少，所以文件体积也最小。

1.2.4　图像格式

图像文件有多种格式，而在 Photoshop 中常用到的文件格式有 PSD、JPEG、TIFF、GIF 和 BMP 等。选择【文件】/【存储为】命令后，打开对应的对话框，在"格式"下拉列表框中列出了 Photoshop 能处理的常用图像文件格式。各图像格式的特点和使用范围如下。

- PSD 和 PDD 格式：这两种图像文件格式是 Photoshop 专用的图形文件格式，有其他文件格式所不具有的关于图层、通道的一些专用信息，也是唯一能支持全部图像颜色模式的格式。以 PSD、PDD 格式保存的图像文件也会比其他格式保存的图像

一般只有把其他模式转换为灰度模式后，才能改变为位图模式，同样，位图模式也只有先转换为灰度模式后才能转换为其他的颜色模式。

文件占用的磁盘空间更多。

- **BMP 格式**：BMP 图像文件格式是一种标准的点阵式图像文件格式，支持 RGB、灰度和位图颜色模式，但不支持 Alpha 通道。

- **GIF 格式**：GIF 图像文件格式是 CompuServe 公司提供的一种文件格式，将此格式进行 LZW 压缩，此图像文件就会只占用较少的磁盘空间。GIF 格式支持 BMP、灰度和索引颜色等颜色模式，但不支持 Alpha 通道。

- **EPS 格式**：EPS 图像文件格式是一种 PostScript 格式，常用于绘图和排版。此格式支持 Photoshop 中所有的颜色模式，在 BMP 模式中能支持透明，但不支持 Alpha 通道。

- **JPEG 格式**：JPEG 图像文件格式主要用于图像预览及超文本文档。将 JPEG 格式保存的图像经过高倍率的压缩后，可以将图像文件变得较小，但会丢失部分不易察觉的数据，所以在印刷时不宜使用此格式。此格式支持 RGB、CMYK 等颜色模式。

- **PDF 格式**：PDF 图像文件格式是 Adobe 公司用于 Windows、Mac OS、UNIX（R）和 DOS 系统的一种电子文件格式，支持 JPEG 和 ZIP 压缩。

- **RAW 格式**：RAW 是常用于摄影领域的文件格式。在该文件格式中主要包含了相机感光原件拍照时产生的光源信号，便于让摄影师对图像进行调整。

- **PNG 格式**：PNG 图像文件格式常用于 World Wide Web 上无损压缩和显示图像。与 GIF 不同的是，PNG 支持 24 位图像，产生的透明背景没有锯齿边缘。此格式支持带一个 Alpha 通道的 RGB、Grayscale 颜色模式和不带 Alpha 通道的 RGB、Grayscale 颜色模式。

- **TIFF 格式**：TIFF 图像文件格式可以在许多图像软件之间进行数据交换，其应用相当广泛，大部分扫描仪都输出 TIFF 格式的图像文件。此格式支持 RGB、CMYK、Lab、Indexed、Color、BMP 和 Grayscale 等颜色模式，在 RGB、CMYK 等模式中支持 Alpha 通道的使用。

1.3 启动与退出 Photoshop CS6

 在对图像基础概念有了一定的了解后，就可以使用 Photoshop 了。首先要学会打开、关闭 Photoshop。为了操作方便，Photoshop 的启动以及退出方法都有多种，下面分别进行讲解。

1.3.1 启动 Photoshop CS6

启动 Photoshop CS6 最常见的方法是双击桌面快捷方式图标，快速启动 Photoshop CS6。此外，也可单击■按钮，选择【所有程序】/Adobe Photoshop CS6 命令，如图 1-14 所示。稍等片刻，电脑将自动打开 Photoshop CS6 的操作界面，如图 1-15 所示。

图像中包含的像素越多，图像的色彩就越丰富，图像文件也就越大，在处理过程中花费的时间就越长。

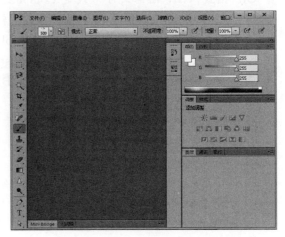

图 1-14　"开始"菜单　　　　　　　　　图 1-15　Photoshop CS6 操作界面

　　需要注意的是，因为 Photoshop 并不是系统自带的软件，所以想要使用 Photoshop，还需要自己进行安装。安装 Photoshop 对电脑的软、硬件都有一定要求，分别介绍如下。

- 软件：Windows XP 或 Windows XP 以上的操作系统。需要注意的是在 Windows XP 系统下安装 Photoshop CS6 将不能使用 3D 功能。
- 硬件：处理器在 Intel Pentium 4 以上；内存 1GB 或 1GB 以上；硬盘可用空间 5GB 以上；显示器具有 1024×768 像素以上的分辨率；支持 OpenGL 硬件加速、256MB 显存或更高性能的显卡。

1.3.2　退出 Photoshop CS6

　　使用完 Photoshop CS6 后需要退出，退出 Photoshop CS6 的常用方法有如下两种：

- 单击工作界面右上角的 按钮，退出 Photoshop CS6。
- 选择【文件】/【退出】命令，或按 "Ctrl+Q" 快捷键也可退出 Photoshop CS6。

1.4　认识 Photoshop CS6 的工作界面

　与学习其他应用软件一样，要熟练掌握并运用 Photoshop CS6 完成各项平面设计工作，首先应对其工作界面有一个深入的认识，分清界面各功能部位的作用。

　　安装并启动软件后打开任意一个图像，出现如图 1-16 所示的工作界面。

　　在任意一个图像文件上单击鼠标右键，在弹出的快捷菜单中选择【打开方式】/Adobe Photoshop CS6 命令也可在 Photoshop CS6 中打开文件。

菜单栏

工具属性栏

控制面板组

控制面板

图像窗口

状态栏

工具箱

图 1-16　Photoshop CS6 工作界面

Photoshop CS6 的工作界面主要由菜单栏、工具属性栏、工具箱、控制面板、控制面板组、图像窗口和状态栏等部分组成，下面分别介绍各部分的功能及其使用方法。

1.4.1　菜单栏

菜单栏用于存放软件中各种应用命令，从左至右依次为"文件"、"编辑"、"图像"、"图层"、"文字"、"选择"、"滤镜"、3D、"视图"、"窗口"和"帮助"11 个菜单项，这些菜单项中集合了上百个菜单命令，了解了每一个菜单中命令的特点，就能够很容易地掌握这些菜单中的命令。选择菜单命令最常用的方法就是通过鼠标选择菜单项，在弹出的菜单或子菜单中选择相应的菜单命令。此外，菜单栏最右侧的 ▭▫✕ 按钮分别用来最小化、还原和关闭工作界面。

为了提高工作效率，Photoshop CS6 中的大多数命令可以通过快捷键来实现快速选择，如果系统为菜单命令设置了快捷键，在打开的菜单中即可看到选择该命令的快捷键，如图 1-17 所示。如果要通过快捷键来选择"文件"菜单下的"打开"命令，只需按"Ctrl+O"快捷键即可。

图 1-17　"文件"菜单

1.4.2　工具箱

工具箱中集合了图像处理过程中使用最频繁的工具，使用这些工具可以进行绘制图像、修饰图像、创建选区以及调整图像显示比例等操作。工具箱的默认位置在工作界面左侧，

Photoshop CS6 安装完成后会在桌面上生成一个快捷方式图标，双击该图标即可启动软件。

通过拖动其顶部可以将其拖动到工作界面的任意位置。工具箱顶部有一个 按钮，单击该按钮可以将工具箱中原本一排显示的工具以紧凑的两排进行显示。

要选择工具箱中的工具，只需单击该工具对应的图标按钮。有的工具按钮右下角有一个黑色的小三角标记，表示该工具位于一个工具组中，其中还有一些隐藏的工具，在该工具按钮上按住鼠标左键不放或右击，可显示该工具组中隐藏的工具，如图 1-18 所示。

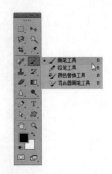

图 1-18　显示隐藏的工具

1.4.3　工具属性栏

在工具箱中选择某个工具后，菜单栏下方的工具属性栏中就会显示当前工具对应的属性和参数，用户可以通过设置相应参数来调整工具的属性。当在工具箱中选择不同的工具后，工具属性栏中的各参数选项也会随着当前工具的改变而变化。

1.4.4　控制面板和控制面板组

在 Photoshop CS6 中，控制面板是选择颜色、编辑图层、新建通道、编辑路径和撤销编辑等操作的主要功能面板，也是工作界面中非常重要的一个组成部分。控制面板默认显示在工作界面的右侧，作用是帮助用户设置和修改图像。控制面板组也位于工作界面的右侧，用于存放控制面板。默认状态下，Photoshop CS6 显示 3 组控制面板，每组由 2~3 个面板组成。

在 Photoshop CS6 中除了默认显示在工具界面中的 3 组控制面板外，用户还可以通过"窗口"菜单打开所需的各种控制面板。

Photoshop CS6 的控制面板也可以折叠。单击控制面板右上角的 按钮，可以将控制面板折叠为只有面板名称的缩略图，此时折叠按钮变为 按钮，单击该按钮可以返回到一个展开的面板块，当需要显示某个单独的面板时，只需单击面板名称即可显示此面板。

1.4.5　图像窗口

图像窗口是对图像进行浏览和编辑操作的主要场所，图像窗口标题栏主要显示当前图像文件的文件名和文件格式（如 BOY.jpg ）、显示比例（如 59.1% ）及图像颜色模式（如 RGB/8* ）等信息。

1.4.6　状态栏

状态栏位于窗口的底部，最左端显示当前图像窗口的显示比例，在其中输入数值后按

分别按"F6"键、"F7"键、"F8"键和"F9"键可对应显示或隐藏"颜色"面板、"图层"面板、"导航器"面板和"历史记录"面板。

“Enter”键可以改变图像的显示比例；中间显示当前图像文件的大小；右端显示滚动条，如图 1-19 所示。

图像比例显示区　　　图像信息显示区　　　　　　滚动条

59.05%　文档:2.26M/2.26M

图 1-19　状态栏

按住“Alt”键不放，在图像信息显示区按住鼠标左键不放，将弹出显示当前图像宽度、高度、通道和分辨率等方面信息的面板。

1.5　Photoshop CS6 的系统优化设置

在 Photoshop CS6 中可以对系统进行优化设置，可以设置界面和辅助线的颜色，还可以对光标、标尺等进行设置。通过这些设置，用户可以更加方便快捷地操作软件。

1.5.1　常规设置

选择【编辑】/【首选项】/【常规】命令，打开如图 1-20 所示的“首选项”对话框，在该对话框中设置常规选项，可以控制剪贴板信息的保存、颜色滑块的显示和颜色拾取器的类型等。

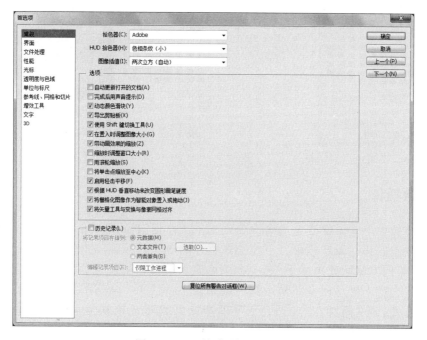

图 1-20　“首选项”对话框

若图像窗口没有完全显示图像，则其右侧或底部会出现浏览滚动条，拖动浏览滚动条可使图像中没有显示的区域显示出来。

1. 拾色器

在"拾色器"下拉列表框中有两个选项：Windows 和 Adobe。与 Windows 颜色拾色器相比，Adobe 颜色拾取器相对复杂些。在 Adobe 颜色拾取器中，可根据 4 种不同的颜色模式来拾取颜色。下面讲解选择两种不同拾色器的区别。

- 选择 Adobe 颜色拾取器后，单击工具箱中的前景或背景色块，将打开如图 1-21 所示的"拾色器"对话框，在该对话框中单击 颜色库 按钮，将打开"颜色库"对话框，如图 1-22 所示。

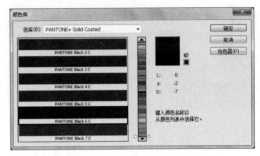

图 1-21　"拾色器"对话框　　　　　　　　图 1-22　"颜色库"对话框

- 选择 Windows 颜色拾取器后，单击工具箱中的前景或背景色块，打开如图 1-23 所示的"颜色"对话框，在该对话框中单击 规定自定义颜色(D) >> 按钮，将打开如图 1-24 所示的对话框。

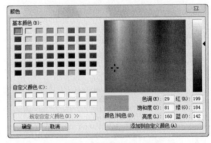

图 1-23　"颜色"对话框 1　　　　　　　　图 1-24　"颜色"对话框 2

2. 图像插值

在运用图像大小或图像变换命令改变图像的大小时，Photoshop 将根据设定的插值方法生成或删除像素。在"图像插值"下拉列表框中有 5 个选项。

其中，"邻近（保留硬边缘）"选项会使修改后的选区呈现锯齿形边缘，质量相当低。"两次线性"选项无论从质量还是运算速度来说，都优于"邻近"选项，但还不是最完美的像素分配方式。而"两次立方（适用于平滑渐变）"选项无论从美学欣赏还是精确度来说，都是完美无缺的，虽然其运算速度较慢，但色调变化最均匀。因此，在设置插值方法时一般选择"两次立方（适用于平滑渐变）"选项。

"常规"选项中的设置较多，特别是"选项"栏中的多个复选框，都是 Photoshop CS6 的一些常用设置。

3."选项"栏和"历史记录"栏

在"选项"栏中有 11 个复选框，设置相应的选项可以让操作更加快捷方便。在"历史记录"栏中可以存储和编辑记录项目。

1.5.2　界面设置

选择【编辑】/【首选项】/【界面】命令，打开"首选项"对话框，在其中可以设置屏幕的颜色和边界颜色，还可以选择面板和文档的各种折叠和浮动方式等。

1.5.3　文件处理设置

选择【编辑】/【首选项】/【文件处理】命令，打开如图 1-25 所示的"首选项"对话框，包含"图像预览"和"文件扩展名"下拉列表框、"文件兼容性"栏，以及版本提示栏。其主要参数含义如下。

◎ **"图像预览"下拉列表框**：有 3 个选项，分别是"总不存储"、"总是存储"和"存储时询问"。

◎ **"文件扩展名"下拉列表框**：有两个选项，分别是"使用小写"和"使用大写"。可自由设定扩展名的大小写，一般来说，小写的扩展名易于阅读。

◎ ☑ 存储分层的 TIFF 文件之前进行询问 (T) **复选框**：决定是否允许在 TIFF 图像格式中存储 ZIP 和 JPEG 压缩文件。

◎ **"最大兼容 PSD 和 PSB 文件"下拉列表框**：用于存储每个文件的拼合图像版本。

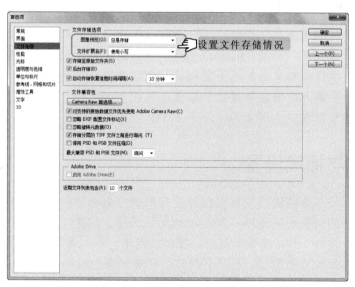

图 1-25　"文件处理"选项设置

在"常规"选项中设置"历史记录"时要注意，历史记录的撤销操作越多，电脑的负荷就越大。

1.5.4　性能设置

在"首选项"对话框左边列表中选择"性能"选项，可以看到性能界面中的所有选项，如图 1-26 所示。左侧"内存使用情况"栏对于优化 Photoshop CS6 的性能起着相当重要的作用。"暂存盘"用于定义硬盘上的临时空间，Photoshop CS6 在运行中如果超过了电脑指定的可用内存，系统将把文件放到暂存盘中。在"暂存盘"栏中可自由设定 4 个暂存盘。

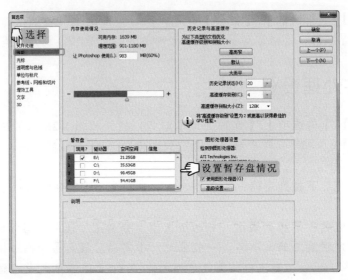

图 1-26　"性能"选项设置

对话框右侧有两个常用设置栏，分别是"历史记录与高速缓存"和"图形处理器设置"栏。

在"历史记录与高速缓存"栏中可以设置在"历史记录"面板中所能保留的历史记录状态的最大数量。高速缓存可使 Photoshop CS6 在编辑过程中加快图像重新生成的速度。图像的高速缓存栏中保持着文件的若干复制品，从而在进行颜色调整和图层变换之类的操作时可快速地更新屏幕。高速缓存设置的取值范围在 1~8 之间，2 或 3 的高速缓存设置值对于 10MB 以下的文件最佳，而 4 则适用于 10MB 左右的文件。

1.5.5　单位与标尺设置

对"单位与标尺"选项进行设置可以改变标尺的度量单位并指定列宽和间隙。在"首选项"对话框左侧的列表框中选择"单位与标尺"选项，如图 1-27 所示。

标尺的度量单位有 7 种：像素、英寸、厘米、毫米、点、派卡和百分比。按"Ctrl + R"快捷键可控制标尺的显示和隐藏。在"列尺寸"栏中可调整标尺的列尺寸。在"点/派卡大小"栏中有两个单选按钮，通常选中 PostScript(72 点/英寸)单选按钮。

一般情况下，暂存盘都只启动 C 盘，启动的盘多了，会降低电脑运行速度，所以如果不是非常有必要，尽量不要更改暂存盘。

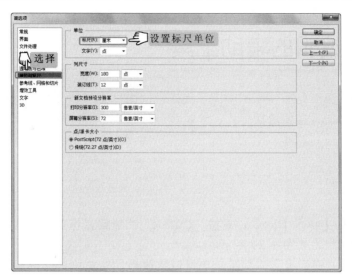

图 1-27 "单位与标尺"选项设置

1.5.6 参考线、网格和切片设置

设置"参考线、网格和切片"选项可帮助用户定位图像中的单元。在"首选项"对话框左侧的列表框中选择"参考线、网格和切片"选项，如图 1-28 所示。

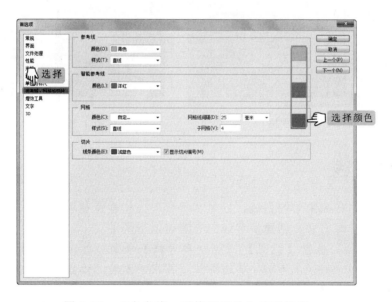

图 1-28 "参考线、网格和切片"选项设置

"参考线"栏用于设置标尺拖出的辅助线，在此可设定辅助线的颜色和样式。在"网格"栏中可将栅格设置成各种颜色，并可设置成直线、虚线或网点线等样式。设置"网格线间隔"和"子网格"两个选项，可改变栅格中网格线的密度。

参考线在打印时将不能显示，只是对图像起到辅助绘图的作用。所以在设置参考线颜色时，可以设置较为明亮的颜色，这样更便于图像的精确测量等操作。

1.6　图像编辑的辅助工具

在图像处理过程中，为了使处理的图像更加精确，可以利用辅助工具。辅助工具主要包括标尺、参考线和网格。下面分别进行介绍。

1.6.1　标尺

选择【视图】/【标尺】命令，或按"Ctrl+R"快捷键，可在图像窗口顶部和左侧分别显示水平和垂直标尺，如图 1-29 所示。

在标尺上右击，在弹出的快捷菜单中可以更改标尺的单位，如图 1-30 所示。系统默认为厘米。再次按"Ctrl+R"快捷键可隐藏标尺。

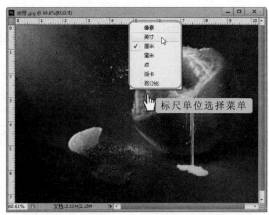

图 1-29　显示标尺　　　　　　　　　　图 1-30　设置标尺单位

1.6.2　参考线

参考线是浮动在图像上的直线，分为水平参考线和垂直参考线，用于给设计者提供位置参考，不会被打印出来。创建参考线的方法有以下两种：

- 打开图像后，选择【视图】/【新建参考线】命令，打开"新建参考线"对话框，在其中选中 ⊙水平(H) 或 ⊙垂直(V) 单选按钮，再在下方的"位置"数值框中输入参考线所在的位置。如图 1-31 所示为在图像中水平方向 3.5 厘米的位置上绘制了一条参考线，如图 1-32 所示为在图像中垂直方向 3.5 厘米的位置上绘制一条垂直参考线。
- 打开图像后，将鼠标光标置于窗口顶部或左侧的标尺处，按住鼠标左键不放并向图像区域拖动，这时光标呈 ÷ 或 ╬ 状显示，释放鼠标后也可在释放鼠标处创建一条参考线。

在新建参考线前，先显示标尺更便于用户定位参考线。

图 1-31　绘制水平参考线

图 1-32　绘制垂直参考线

1.6.3　网格

网格主要是用来查看图像的透视关系，并辅助其他操作来纠正错误的透视关系。此外，网格也能方便定位和对齐物体。

 使用"网格"矫正透视 ●●●

下面打开"走向光明.jpg"图像，显示网格观察透视关系，再使用裁剪工具裁剪以矫正图像的透视关系。

参见
光盘　光盘\素材\第 1 章\走向光明.jpg
　　　光盘\效果\第 1 章\走向光明.jpg
　　　　　　　　　　　　　　　　　　　　　　　　　　>>>>>>>>>>

1 打开"走向光明.jpg"图像，选择【视图】/【显示】/【网格】命令，在图像窗口中显示出网格，如图 1-33 所示。

2 通过观察放大后的图像左侧，可以发现图像中的路面与在水平方向上的网格没有构成平行关系，如图 1-34 所示。表示这幅图像存在透视上的错误。

图 1-33　显示网格

图 1-34　观察放大后图像与网格的关系

按"Ctrl+'"快捷键，可快速显示或隐藏网格。

3 在工具箱中选择裁剪工具 ，将鼠标光标移动到图像左下角。当其变为 形状时，按住鼠标左键不放并向右拖动，如图 1-35 所示。当地面与水平方向上的网格平行时释放鼠标。

4 按"Enter"键，再按"Ctrl+'"快捷键隐藏网格，修正后的图像最终效果如图 1-36 所示。

图 1-35　使用裁剪工具矫正图像　　　　图 1-36　矫正透视关系后的效果

1.7　图像的基本操作

在学习使用 Photoshop CS6 之前，用户还需要掌握新建图像、打开图像、排列图像、复制图像、移动图像、存储图像和关闭图像等操作。了解这些操作才能更加方便地使用 Photoshop CS6 处理图像。

1.7.1　新建图像

在编辑图像时，新建图像是使用 Photoshop CS6 进行平面设计的第一步。其方法是：选择【文件】/【新建】命令或按"Ctrl+N"快捷键，打开"新建"对话框。在"名称"文本框中输入名称，在"宽度"和"高度"数值框中设置图像的尺寸，在"分辨率"数值框中设置图像分辨率的大小，在"颜色模式"下拉列表框中选择图像的颜色模式，在"背景内容"下拉列表框中选择图像显示的颜色，如图 1-37 所示。单击 确定 按钮，新建的图像如图 1-38 所示。

此外，在"新建"对话框的"预设"下拉列表框中可设置新建文件的大小尺寸，单击右侧的 按钮，在弹出的下拉列表中可选择需要的尺寸规格。单击"高级"按钮 ，在"新建"对话框底部将会显示"颜色配置文件"和"像素长宽比"两个下拉列表框。该对话框也可用于设置新建文件的尺寸大小，可以将其看作是对"预设"下拉列表框的补充。

在"新建"对话框中可以设置文件的尺寸、颜色等信息，所以在新建文件时，应先考虑好文件的大小、图像的清晰度等，才能在后面的工作中更好地进行操作。

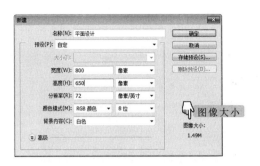

图 1-37　"新建"对话框

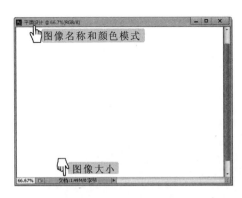

图 1-38　新建的图像

1.7.2　打开、排列图像

要对存放在电脑中的图像文件进行处理，必须先将其打开。此外，Photoshop CS6 还可同时打开多个图像文件。当同时打开多个图像时，图像窗口会以层叠的方式显示，但这样不利于查看图像，此时可通过排列操作来规范图像的显示方式，以美化工作界面。

　打开并重新排列图像 ●●●

参见
光盘　光盘\素材\第 1 章\小孩.jpg、蹲下.jpg、融冰.jpg、自行车.jpg　▶▶▶▶▶▶▶▶▶

1 选择【文件】/【打开】命令或按"Ctrl+O"快捷键，打开"打开"对话框。在打开的对话框中选择需要打开的图像所在路径和文件类型，并选择"小孩.jpg"图像文件，如图 1-39 所示。

2 单击 [打开(0)] 按钮，打开选择的图像，如图 1-40 所示。

图 1-39　"打开"对话框

图 1-40　打开图像

在"打开"对话框中，按"Ctrl"键的同时，选择需要打开的多个图像文件，再单击 [打开(0)] 按钮可同时打开多个图像文件。

3　使用相同的方法打开"蹲下.jpg"、"融冰.jpg"和"自行车.jpg"图像文件，被打开的
　图像在工作界面中以层叠的方式排放，这样不利于查看，如图 1-41 所示。

4　选择【窗口】/【排列】/【平铺】命令，重新排列后的图像显示如图 1-42 所示。

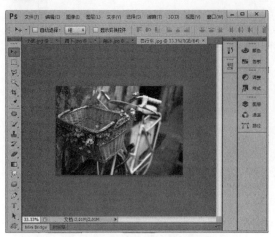

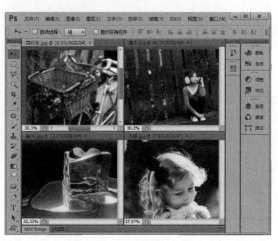

图 1-41　层叠的方式排列图像　　　　　　　　图 1-42　平铺排列图像

1.7.3　复制、移动图像

在编辑图像时，为了使图像内容更加丰富，用户往往会向其中添加或复制大量的素材。
复制、移动图像的方法如下。

　🔘 **复制图像**：使用选区选中需要复制的图像，如图 1-43 所示。选择【编辑】/【复制】
　　命令，或按"Ctrl+C"快捷键复制图像。再选择【编辑】/【粘贴】命令，或按"Ctrl+V"
　　快捷键粘贴图像，在工具箱中选择移动工具 ，按住鼠标左键不放并将图像向右拖
　　动，如图 1-44 所示。

图 1-43　选择图像　　　　　　　　　　　　　图 1-44　复制图像

　🔘 **移动图像**：移动图像分为两种情况，一种是使图形在图像中移动，在工具箱中选择
　　移动工具 ，按住鼠标左键不放并将图像移动到需要位置；另一种是将图像移动
　　到新图像中，只需使用选区选中需要移动的图像，如图 1-45 所示。在工具箱中选
　　择移动工具 ，按住鼠标左键不放并将其移动到需要的新图像中，再释放鼠标，效

　　当使用移动工具 ，按住鼠标左键不放并将图像移动到需要的新图像中时，鼠标光标将变为
形状。

果如图 1-46 所示。

图 1-45　选择需移动的图像

图 1-46　移动到新图像中

1.7.4　存储图像

完成图像编辑后，就需要将图像进行存储以便下次使用或浏览。存储图像的方法是：选择【文件】/【存储为】命令，打开"存储为"对话框，在"保存在"下拉列表框中选择文件存储的路径，在"文件名"文本框中输入文件名称，在"格式"下拉列表框中选择文件存储类型，如图 1-47 所示，最后单击 保存(S) 按钮。

图 1-47　"存储为"对话框

1.7.5　关闭图像

图像处理完成后，应及时将其关闭，释放电脑内存，此外，存储后关闭图像还可防止

如果被打开的图像尺寸不一样，则打开后的显示比例也不一样，这时选择【窗口】/【排列】/【匹配缩放】命令，可将图像在窗口中显示的比例设置为一致。

因意外情况造成文件的损坏。关闭图像文件的方法有如下几种：

- 单击图像窗口标题栏中最右端的▣按钮。
- 选择【文件】/【关闭】命令。
- 按 "Ctrl+W" 快捷键。
- 按 "Ctrl+F4" 快捷键。

1.8　基础实例——定义个性工作界面

本章的基础实例将通过调整 Photoshop CS6 工作界面中工具箱的显示方式，以及控制面板的组合方式，将其设置成便于用户操作的 Photoshop CS6 工作界面，如图 1-48 所示。

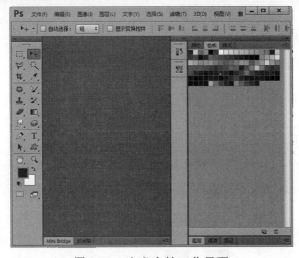

图 1-48　定义个性工作界面

1.8.1　行业分析

人性化的软件通常自由度都很大，这种自由度并不仅仅是限于用户通过软件制作出的作品种类。软件自由度还包括界面是否友好、是否方便用户操作。每个人在使用工具时都有不同的习惯，一款好的软件往往符合大多数人的使用习惯。

此外，Photoshop CS6 作为一款功能强大的软件，其使用范围涵盖了绘画、摄影、3D 和排版等行业。各个行业使用到的工具都有所侧重，所以在使用 Photoshop CS6 前用户最好根据需要设置工作界面，这样可以减少大量重新打开控制面板以及工具的时间。

1.8.2　操作思路

为更快完成本例的制作，并且尽可能运用本章讲解的知识，本例的操作思路如下。

参考线的吸附作用对于移动和对齐图像是非常有用的，但也会引起一些误操作，因此在创建选区时，可按 "Ctrl+H" 快捷键暂时隐藏参考线，在需要时再次按 "Ctrl+H" 快捷键将其显示即可。

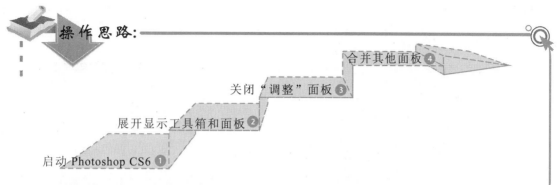

操作思路:

合并其他面板 ④

关闭"调整"面板 ③

展开显示工具箱和面板 ②

启动 Photoshop CS6 ①

1.8.3 操作步骤

下面介绍定义个性工作界面的方法，其操作步骤如下：

 参见 光盘 光盘\实例演示\第 1 章\定义个性工作界面 ▶▶▶▶▶▶▶▶

1 启动 Photoshop CS6，选择【窗口】/【工作区】/【基本功能】命令，工作界面更换成如图 1-49 所示的样式。

2 分别单击工具箱顶部的 ▶▶ 按钮，将工具箱中的工具折叠起来，如图 1-50 所示。

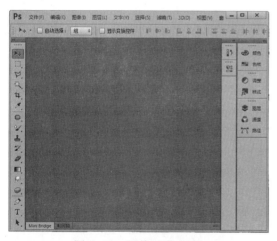

图 1-49 更换工作界面

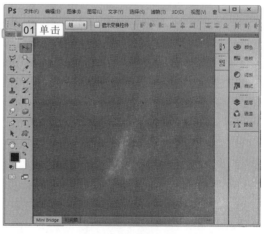

图 1-50 折叠面板

3 使用鼠标按住"调整"面板组右侧的灰色矩形条，将其拖动出来，如图 1-51 所示。然后单击该面板右上角的 ✖ 按钮关闭面板。

4 拖动"样式"控制面板组到"色板"控制面板组中的灰色矩形条中，当出现一条蓝色线条时释放鼠标，如图 1-52 所示。单击"颜色"面板上方的 ◀◀ 按钮，展开控制面板组。

如果用户主要用 Photoshop CS6 处理摄影作品，可选择【窗口】/【工作区】/【摄影】命令，将工作界面设置为适合摄影用户使用的界面。

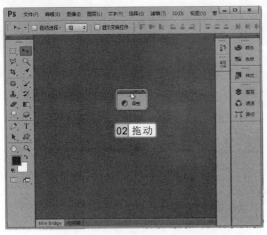
图 1-51　分离"调整"面板

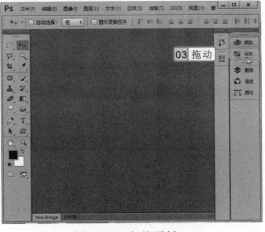
图 1-52　合并面板

1.9　基础练习——转换图像颜色模式

在图像处理过程中，有时需要根据实际情况将图像当前的颜色模式转换成另一种颜色模式，下面通过练习掌握颜色模式的相关操作。

本节基础练习将为如图 1-53 所示的图像转换颜色模式，以得到如图 1-54 所示的灰度模式效果，通过练习让用户进一步加深对本章知识的理解。

图 1-53　RGB 模式图像文件

图 1-54　调整后的灰度模式图像

光盘\素材\第 1 章\昆虫.jpg
光盘\效果\第 1 章\灰度.jpg
光盘\实例演示\第 1 章\转换图像颜色模式

该练习的操作思路如下。

如果要将颜色模式转换成位图或双色调模式，应先将其转换成灰度模式，然后才能将灰度模式转换成位图或双色调模式。

操作思路：

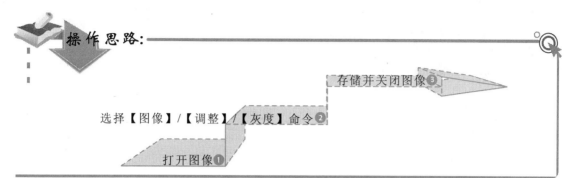

存储并关闭图像 ❸

选择【图像】/【调整】/【灰度】命令 ❷

打开图像 ❶

1.10　知识问答

在使用 Photoshop CS6 的过程中，难免会遇到一些难题，如新建图像应该选择使用哪种颜色模式、为什么 Photoshop CS6 界面中没有 3D 菜单等。下面将介绍在使用 Photoshop CS6 的过程中常见的问题及解决方案。

问：Photoshop CS6 中除了绘制位图，还可以绘制矢量图吗？

答：可以。在 Photoshop CS6 中除了绘制位图外，同样可以绘制矢量图。使用钢笔工具组和形状工具组就能直接绘制出矢量图形。

问：在 Photoshop CS6 中绘制图像时，哪一种颜色模式在实际工作中运用较多？

答：如果是自己业余绘制，不需要打印、印刷的，采用 RGB 模式即可。如果是用于印刷的设计稿，则需要设置 CMYK 模式来设计图像，若是其他颜色模式的图像，在输出印刷之前，则应将其转换为 CMYK 模式。

问：为什么 Photoshop CS6 上没有 3D 菜单？

答：那是因为 Photoshop CS6 在发行时，推出了"普通版"和"拓展版"两个版本，其中"拓展版"上包含了 Photoshop CS6 的所有功能。而"普通版"上只是缺少了 3D 功能以及"油画"滤镜等，但这些差别并不影响用户正常使用 Photoshop CS6。

 **Photoshop CS6 的由来和作用**

Photoshop 是 Adobe 公司推出的一款图形图像编辑软件，它是目前 PC 机上公认的最好用的图形图像处理软件。Photoshop 软件凭借其完善的绘图工具和强大的图像编辑功能，在平面设计领域得到广泛的应用。新推出的 Photoshop CS6 版本具有矢量图形的编辑功能，加上多图层的图像编辑和辅助线、网格以及标尺等辅助工具的综合应用，可进行广告、VI、插画、包装、产品造型和照片处理等方面的设计。

CMYK 颜色模式一般在打印输出时才会用到，在处理图像时使用这种模式将使某些功能不能使用，如滤镜功能。

第 2 章 ●●●

获取并管理素材

导入、导出图像
设置图像和画布大小

置换图像

从网上获取素材
自己拍摄照片

使用Bridge批处理照片图像

用户要使用 Photoshop 处理图像都需要先准备素材，获得素材后再进行制作。另外，素材过多时还要学会管理素材的方法。学习 Photoshop CS6 进行图像处理前，必须先掌握图像文件的基本操作，图像的缩放、导入、导出、置换以及设置图像和画布大小的方法。本章将详细介绍图像素材的获得与管理以及调整图像大小等操作。

本章导读

2.1　从网上获取素材

对于大多数平面设计师而言，网络是一个巨大的宝库。在网络中不但能通过鉴赏优秀的平面设计来提高创意，还能找到很多需要的素材，使用这些素材不但能制作出高质量的图像，还能节约创作时间。

2.1.1　设计网站

在网络上有不少提供设计素材下载的网站，这些网站一般都将网页内容以文件类型以及素材内容分门别类，方便用户下载。使用这些经过专业设计师加工后的素材，用户将能快速、高质量地完成创作。此外，为了用户电脑安全，最好去规模较大的设计网站下载素材。如图 2-1 所示为网络上的一个提供素材下载的网站。

图 2-1　提供素材下载的设计网站

2.1.2　下载素材

在素材网站上，下载的素材一般都是压缩包，根据图像的文件类型和复杂程度，文件大小有几兆到几十兆不等，个别素材甚至有几百兆。需要注意的是，一些设计网站需要用户注册成为会员后才能下载素材，而有些设计网站则没有要求。有些素材网站需要付费才能下载素材。

很多素材网上都有优秀作品鉴赏，多关注一些优秀作品设计有利于用户提高平面设计创作和制作水平。

实例 2-1 **在素材网站上下载素材** ●●●

下面将打开"素材 CNN"网站，在其中注册成为会员，最后下载一个素材图像。

1 打开 IE 浏览器，在地址栏中输入"http://www.sccnn.com"，打开"素材 CNN"网站。在首页右上方单击"注册"超级链接。

2 打开"会员注册"页面，在其中输入用户名、性别、密码、确认密码和 EMAIL 地址后，单击 **确定** 按钮，如图 2-2 所示。

3 返回"素材 CNN"网站首页，单击"登录"超级链接。在打开的"会员登录"页面中输入用户名和密码后，单击 **登陆** 按钮。再单击该页面上方的网站 LOGO，打开网站首页。

4 在网站首页中，选择"高清图库"选项卡。在搜索出的结果中选择需要下载的图像素材，这里选择"烟花组成的 2013"，如图 2-3 所示。

图 2-2　用户注册

图 2-3　选择要下载的素材图像

5 在打开的页面中单击"XunLei 迅雷下载点"超级链接，如图 2-4 所示。

6 在打开的"新建任务"对话框中设置保存地址后，单击 **立即下载** 按钮，如图 2-5 所示。

图 2-4　选择下载方式

图 2-5　选择保存地址

 **行家提醒**

只有电脑中安装了迅雷下载器后，用户才能单击"XunLei 迅雷下载点"超级链接，使用迅雷下载素材，否则网站将提示用户的电脑中没有安装迅雷下载器。

7 下载完成后，打开保存图像素材的文件夹中可看到刚下载的素材压缩包。将压缩包解压后即可使用素材。

2.2　自己拍摄照片

很多用户会自己拍摄照片，然后进行处理，但拍摄的照片往往有很多构图上或者光影运用上的因不合理而影响到图像的美观。其实在拍摄时，注意到一些拍照上的问题可以避免不少图像处理的麻烦。

2.2.1　主体和陪体的使用

有主题的照片才是一幅好照片，而图像的主题一般是通过拍摄的主体确定的，如拍摄人物照时人物是主体，背景或小物件是陪体。陪体在图像中对主体起烘托陪衬的作用，所以陪体的存在感不能强于主体。一张分不清主体、陪体的照片会让人觉得凌乱。

在摄影时，强调主体的方法很多。如通过颜色区域来进行划分、通过光影来划分和通过大小来划分等。如图 2-6 所示为使用特写的方法强调主体的图像，如图 2-7 所示为通过模糊背景来强化主体的效果。

图 2-6　使用特写强调主体　　　　　　　图 2-7　通过模糊背景强调主体

2.2.2　常见的构图方法

在摄影图像中风景千变万化，但仔细观看会发现图像的构图方法有迹可循。图像的构图方法不同，出现的效果也有所不同。通过构图可以让一个平淡无奇的景物变得更加有趣。摄影中常使用到的构图方法有以下几种。

◐ **三分法构图**：三分法构图就是将图像横向或纵向分成 3 份，每份中心用于放置主体。

构图方法并不是对所有的图像都实用，有些构图方法比较适合人物，有些则比较适合景物。

这种构图方法可以表现大空间，小对象。图像内容鲜明、简洁，是这种构图方法的优点。在拍摄时使用三分法构图安排主体和次要景物，可以使照片效果显得紧凑有力，如图 2-8 所示为使用三分法拍摄的图像。

图 2-8　使用三分法拍摄的图像

◐ **三角构图**：三角形给人以稳重、结实的感觉。将三角形引用到摄影中也能得到相同的效果。在使用这种构图时，可以以 3 个交叉物体中间为景物的主要位置，通过物体形成一个稳定的三角形。三角构图的适用范围也很广，可用于特写、近景、中景和远景等场景。如图 2-9 所示为使用分叉的高架桥组成的三角构图。

 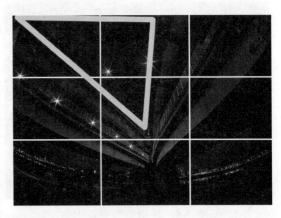

图 2-9　三角构图

◐ **对角线构图**：对角线构图是在摄影中经常会使用到的构图方法，使图像中的物体呈对角的排列关系，增强了图像的延伸感，使人在观看图像时产生一种联想。使用这种构图方法能有效提升画面的冲击力。在进行构图时，用户除可以使用明显的斜线作为对角线外，还可以用光线、阴影等产生视觉抽象线。如图 2-10 所示为使用路面组成的对角线构图。

拍摄人物照时，想拍摄出带有动感或是挺拔的图像，可使用对角线构图。

图 2-10　使用路面形成的对角线构图

- **九宫格构图**：九宫格构图通过将画面分为 9 个格子，将主体放在格子之间的交叉线上，达到突出主体的效果。九宫格构图更容易使图像产生趣味中心。一般来说九宫格构图上方的两个交叉点比下方的强，左边交叉点的比右边交叉点的强。如图 2-11所示为将人物主体放在左下角的交叉点上。

图 2-11　九宫格构图

- **C 形构图**：C 形构图能产生良好的曲线感，使图像变得柔和、简洁。C 形构图缺口的方向可以任意进行调整，但在安排主体时，最好将其安排在 C 形的缺口处，这样可以让视线自然地沿着 C 形曲线移动到主体上。如图 2-12 所示为在拐角处自然形成的 C 形构图。

C 形构图一般被使用在工业、建筑和风景等类型的题材上。

图 2-12　公路拐角处形成的 C 形构图

- **L 形构图**：L 形构图的照片往往画面简洁、元素朴实。使用这种构图方法可以为图像增加无限的延展性以及飘逸不稳定感，从而让人展开联想。L 形构图的重点在于 L 形折点的选择，因为该折点很可能在图像中成为吸引注意力的位置，所以折点便是图像中重要的视觉中心点。如图 2-13 所示为通过人物扬起纱巾而形成的 L 形构图。

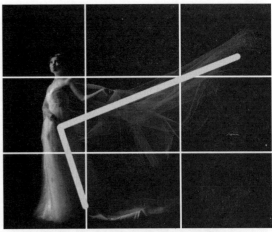

图 2-13　由扬起纱巾构成的 L 形构图

- **S 形构图**：与 C 形构图相比，S 形构图更加能突出图像的曲线感。S 形构图是所有构图方式中最有动感的构图方式，一般适用于拍摄河川、特殊地貌，通过 S 形构图能使图像的立体感、透视感更强。需要注意的是，在使用 S 形构图时，由于曲线很多，所以在取景时要注意将不重要的曲线省略，否者可能使图像的构图过于凌乱。如图 2-14 所示为弯曲的河道形成的 S 形构图。

与 L 形接近的 V 形构图方式一般使用在前景中，使用 L 形构图可以使图像前景更加明显、突出。

图 2-14　弯曲河道构成的 S 形构图

2.2.3　拍摄角度的使用技巧

在拍摄照片时，除构图手法外，不同的拍摄角度也会影响到拍摄的效果。常见的水平拍摄并不会对图像效果有任何影响，而使用仰视或是俯视进行拍摄时，由于镜头与物体空间发生了一定的变化，从而使拍摄出的图像出现了透视上的变化。

在进行仰视拍摄时，由于近大远小的透视原理会使图像中的对象偏向于尖塔形，继而出现高大的效果，如图 2-15 所示为使用仰视拍摄的建筑物。而使用俯视拍摄时，由于相机所处的位置较高，能拍摄出更多的物体对象。

使用俯视拍摄景物时，能得到强大的视觉冲击力，而且使用俯视拍摄人物时，则会出现可爱娇小的图像效果，如图 2-16 所示为使用俯视拍摄的人物图像。

图 2-15　使用仰视拍摄的建筑物　　　　图 2-16　使用俯视拍摄的人物图像

仰视拍摄一般用于拍摄建筑，很少用于拍摄人物。

2.2.4　摄影光源的使用

摄影时一般将光线分为 3 种：直射光、漫射光和反射光。这 3 种光线能对物体产生不同的效果。不同光线下拍摄物体的效果如下。

- 💧 **直射光**：因为直射光光线过强，能在物体的背光面产生强烈的阴影，降低迎光面对比度、增强亮度，能产生一定程度的气势感。在晴天正午时分，拍摄的照片都会受直射光影响。

- 💧 **漫射光**：在阴天时拍摄的照片都会受漫射光影响。漫射光光线不强，但能很均匀地将光线撒在物体上，使图像看起来祥和、安静，所以受漫射光影响拍摄出的图像对比度不高，物体轮廓不分明。如图 2-17 所示为在漫射光中拍摄的图像。

- 💧 **反射光**：反射光是直射光经过一种反光介质反射后射到物体上而出现的光。反射光有直射光和漫射光的优点，对图像轮廓有一定的塑造能力，又不会因为光线过亮降低图像的颜色饱和度。正是因为这个原因，摄影师拍摄户外照时都喜欢使用反射光。如图 2-18 所示为使用反射光拍摄的人物照。

图 2-17　使用漫射光拍摄的图像　　　　图 2-18　使用反射光拍摄的人物照

2.2.5　光线方向的使用技巧

自然界有很多不同的光源，产生的光线也有所不同，这些光线会使画面出现不同的效果。自然界中常见的光线方向可分为顺光、斜顺光、侧光、顶光、逆光和侧逆光等。下面分别对各种光线的效果进行讲解。

- 💧 **顺光**：顺光即是拍摄方向与自然光线方向一致，因为这个原因，顺光在曝光时容易控制，所以顺光是最常使用的光线方向。使用顺光的缺点是拍摄对象受光线直射，所以图像产生的色彩对比度低，颜色不鲜艳。

- 💧 **斜顺光**：斜顺光是由于拍摄角度和光线方向有一定夹角而形成的，使用斜顺光会使拍摄对象产生阴影从而增加图像的立体感，且由于物体处于顺光状态，拍摄时容易

最适合拍摄的时间是日出后到正午前和日落前后 2 小时左右。

控制曝光。如图 2-19 所示为通过斜顺光增强人物轮廓的图像。

- 侧光：使用光线方向和拍摄方向为 90° 夹角的侧光拍摄时，所拍摄出的照片将出现最强烈的反差感。这种光线方向很方便摄影师塑造形象，但由于图像一部分位于阴影中，另一部分位于光亮区域，所以对曝光要求比较高。

- 顶光：在拍摄方向上方照射的光线叫顶光。顶光可以将摄物的轮廓垂直投影到被摄物体上，可以产生一些强烈的情绪感，但不利于表现物体轮廓，如图 2-20 所示为使用顶光拍摄的图像。

图 2-19　使用斜顺光拍摄的图像

图 2-20　使用顶光拍摄的图像

- 逆光：拍摄角度和光线方向相对被称为逆光。这种光线方向下会出现极强的色彩反差和轮廓感。有时，逆光拍摄会让画面中出现光晕效果，使拍摄主体变得透明化。如图 2-21 所示为使用逆光在夕阳下拍摄的效果。

- 侧逆光：光线方向和拍摄方向有 45° 左右的夹角，使用这种光线可以得到和侧光接近的视觉效果。更好的立体感和拍摄角度，使这种摄影方式成为摄影师所钟爱的方式。如图 2-22 所示为使用侧逆光拍摄的图像。

图 2-21　使用逆光拍摄的图像

图 2-22　使用侧逆光拍摄的图像

操作提示

在拍摄逆光照片时，一定要选择光线不强烈的日出或者日落时分进行，否者阳光可能会烧坏相机感光元件。

2.3　使用 Bridge 批处理照片图像

 使用 Photoshop 进行图像处理时，往往会产生大量的图像文件，而且图像处理过程中还会用到大量的素材图像，如何有效地管理这些文件是提高工作效率的关键。下面将讲解使用 Bridge 管理图像的方法。

2.3.1　启动 Bridge 并浏览图像

Bridge 是一款用于辅助 Photoshop 查看并管理图像的软件，在 Bridge 中用户能很直观地查看到 Photoshop 所能打开的所有文件的预览图，从而加快用户打开图像的速度，提高工作效率。在使用 Bridge 前，用户还需启动 Bridge。

实例 2-2　使用 Bridge 浏览图像 ●●●

1 选择【文件】/【在 Bridge 中浏览】命令，打开如图 2-23 所示的 Adobe Bridge 对话框。

2 在"桌面"下拉列表中选择要浏览图像所在的文件夹后，图像浏览区中就会显示当前文件下所有图像的预览效果，如图 2-24 所示。

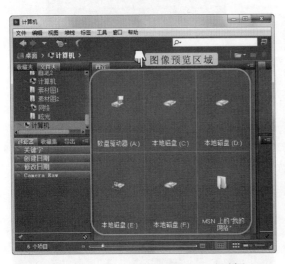

图 2-23　打开 Adobe Bridge 对话框

图 2-24　浏览指定文件夹下的图像

3 若想对某个图像进行缩放观察，可选择该图像，然后直接拖动对话框底部的缩放滑块，如图 2-25 所示。

4 若要改变图像浏览区中图像的详细信息，可选择【视图】/【详细信息】命令，得到的预览方式如图 2-26 所示。

在 Photoshop CS6 的工作界面下方的 Mini Bridge 面板中，单击 启动Bridge 按钮，可以启动 Mini Bridge 来管理图像。

图 2-25　放大预览图像

图 2-26　设置图片预览方式

2.3.2　重命名图像

在 Bridge 中浏览图像后,为了便于编辑,可直接在 Bridge 中对图像进行重命名。Bridge 可实现一次对一个或多个图像文件进行重命名。下面将分别介绍其操作方法。

1. 单量重命名

单量重命名是指一次只能对一个图像文件进行重命名。其方法是,双击图像文件名,此时文件名呈可编辑状态,如图 2-27 所示。输入新的文件名,并按"Enter"键确认,重命名后如图 2-28 所示。

图 2-27　重命名状态

图 2-28　重命名后的文件

操作提示

在 Bridge 对话框中,单击其下方的 ■■■■ 按钮,也可设置图像的预览方式。

2．批量重命名

批量重命名是指同时对多个图像文件进行重命名，命名后的文件名会以一定的序列方式出现，如第一个文件名为 "B1.jpg"，第二个为 "B2.jpg"，第三个则为 "B3.jpg"。

其方法是，打开需要批量重命名的图像文件夹，并选中需要重命名的图像。选择【工具】/【批重命名】命令，打开 "批重命名" 对话框，在 "新文件名" 栏下设置重命名的文件名，单击 重命名 按钮，如图 2-29 所示。Photoshop 会自动根据设置对选中的所有文件进行重命名，如图 2-30 所示。

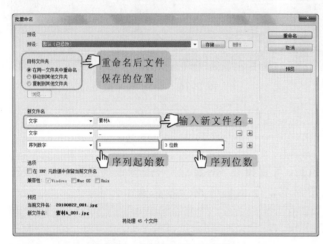

图 2-29　设置重命名规则

图 2-30　重命名后

2.3.3　旋转与删除图像

使用 Bridge 管理图像时，为了便于观察预览效果，可以对图像进行顺时针或逆时针旋转。对于一些不再需要的图像，还可使用 Bridge 将其删除。

 使用 Bridge 编辑 "编辑" 文件夹 ●●●

下面将在 Bridge 中打开 "编辑" 文件夹，在其中旋转图像，以便查看图像效果，再删除不需要的图像。

参见光盘　光盘\素材\第 2 章\编辑
光盘\效果\第 2 章\编辑

1 启动 Bridge，在 "文件夹" 列表框中选择 "编辑" 文件夹，并选中要旋转的图像 "3.jpg"，如图 2-31 所示。

2 单击 Bridge 对话框中工具栏右侧的 按钮将图像顺时针旋转 90°，如图 2-32 所示。使用相同的方法将 "5.jpg" 图像顺时针旋转 90°。

在 "批重命名" 对话框的 "目标文件夹" 栏中选中 单选按钮时，重命名后的文件就被剪切到指定的文件夹中，源文件夹则变成空文件夹。

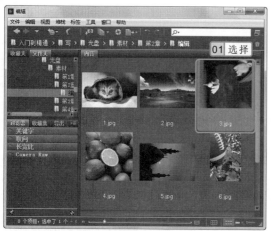

图 2-31　选择需要旋转的图像

图 2-32　旋转图像

3 在图像预览区中选择要删除 "4.jpg" 图像，单击工具栏右侧的 █ 按钮。在打开的提示
对话框中单击 ▭确定▭ 按钮，如图 2-33 所示。删除后的效果如图 2-34 所示。

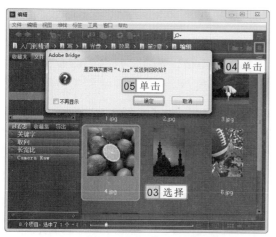

图 2-33　选择要删除的图像

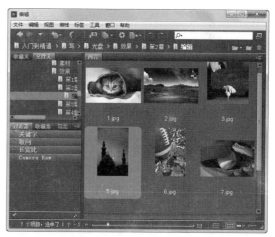

图 2-34　删除后的效果

2.3.4　标记图像

Bridge 允许为不同的图像做不同颜色的标记，并根据图像的重要性做出重要级别提示，
用户可根据提示更好地预览图片。

1. 颜色标记

通过颜色标记可以更快地在 Bridge 中查找到图像。其使用方法是，在图像预览区中选
择需要标记的图像，并右击选择的图像，在弹出的快捷菜单中选择"标签"命令，然后
在弹出的子菜单中选择一种颜色标记命令，如图 2-35 所示。标记颜色后的图像显示效果如

要取消颜色标记，只需右击需要取消颜色标记的图像，并在弹出的快捷菜单中选择【标记】/
【无标记】命令。

图 2-36 所示。

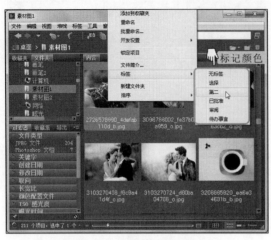

图 2-35　选择标记颜色

图 2-36　标记后的图像显示

2．级别标记

在 Bridge 中不但可以通过标记颜色来区分图像的重要性，同时还能使用更加细致的级别标记图像。其方法是，在图像预览区中选择要标记的图像，选择"标签"命令，在弹出的菜单中选择一种星形作为级别提示的命令，如图 2-37 所示。标记重要级别后的图像显示如图 2-38 所示。

图 2-37　选择标记级别

图 2-38　标记级别后的图像显示

3．根据标记预览图像

为图像创建了标记后，就可以根据标记来选择预览或选择图像。其方法是，单击 Bridge 对话框中工具栏右侧的 按文件名排序▼ 按钮，在弹出的下拉菜单中选择"按标签"命令，如图 2-39

标记级别时以星形的个数来确定图像的重要性，星形数量越多表示该图像文件越重要。

所示，按照筛选方式重排后的图像预览区如图 2-40 所示。

图 2-39　选择筛选方式　　　　　　图 2-40　按筛选方式重排图像位置

2.4　缩放图像

在图像编辑过程中，有时需要对编辑的图像进行放大或缩小显示，以利于图像的编辑。缩放图像可以通过状态栏以及缩放工具来实现。下面将分别进行讲解。

2.4.1　通过状态栏缩放图像

当新建或打开一个图像时，在图像窗口底部状态栏的左侧数值框中便会显示当前图像的显示百分比，如图 2-41 所示。改变该数值时可以实现图像的缩放，如将该图像显示百分比设置为 100% 时的显示效果如图 2-42 所示。

图 2-41　状态栏中的显示百分比　　　　图 2-42　通过状态栏放大图像显示

在按住 "Alt" 键的同时，上下滚动鼠标滚轮也可快速对图像进行缩放。

2.4.2　通过缩放工具缩放图像

使用缩放工具 🔍 缩放图像是很多用户最常采用的方式。其使用方法是，在工具箱中选择缩放工具 🔍，此时鼠标光标形状为 🔍，每单击一次都会对图像进行放大操作，如图 2-43 所示。按住"Alt"键不放，此时鼠标光标形状为 🔍，单击一次，图像将被缩小，如图 2-44 所示。

需要注意的是，如用户选择缩放工具后，按住鼠标左键不放，使用鼠标上下拖动也可放大或缩小图像。

图 2-43　放大图像

图 2-44　缩小图像

2.5　导入、导出与置入图像

在 Photoshop 中不仅能对位图进行处理，还可以处理矢量图以及视频文件。除此之外，还可以将图像置入软件中转换为智能图层进行编辑，下面将分别进行讲解。

2.5.1　导入与导出图像

在 Photoshop CS6 中，使用"导入"命令可以导入视频文件或者对扫描的文件进行处理。导入视频文件的方法是，选择【文件】/【导入】/【视频帧到图层】命令，在"打开"对话框中选择需要导入的视频文件即可导入。如在"导入"子菜单中选择"WIA 支持"命令，连接了扫描仪的用户则可以通过提示将扫描仪中的图片进行扫描，然后导入 Photoshop 中。

"导出"命令能够将用户制作的图像文件导入到矢量软件中，如 CorelDRAW 和 Illustrator 等，除此之外，还能够将视频导出到相应的软件中进行编辑。

选择【窗口】/【导航器】命令，打开"导航器"面板。使用鼠标拖动该面板下方的滑块，也可放大或缩小图像。

2.5.2　置入图像

　　置入图像就是将目标文件直接打开并置入到正在编辑的文件图层的上一层。置入文件可以使图片在 Photoshop 中缩小之后，再放大到原来的大小，仍然保持原有的分辨率，不至于产生马赛克现象。

实例 2-4　**制作"天使"图像** ●●●

　　下面将打开"天使.jpg"图像，通过"置入"命令置入"羽毛.jpg"图像，并对置入的图像进行修饰。

参见
光盘
光盘\素材\第 2 章\天使.jpg、羽毛.jpg
光盘\效果\第 2 章\天使.psd

1　打开"天使.jpg"图像，如图 2-45 所示。选择【文件】/【置入】命令，打开"置入"对话框，在其中选择"羽毛"图像，单击 [　置入(P)　] 按钮。

2　"羽毛"图像将自动放置到"天使"图像中心位置，如图 2-46 所示。

图 2-45　打开图像

图 2-46　置入图像

3　将鼠标光标移动到"羽毛"图像左下角的空心圆点附近，当鼠标光标形状变为 ↰ 时，向左上角移动鼠标，旋转图像。再使用鼠标按住右上角的空心，向右上角拖动放大图像，如图 2-47 所示，按"Enter"键确定置入。

4　在"图层"面板中选择"羽毛"图层。单击"正常"下拉列表框，在其中选择"颜色加深"选项，如图 2-48 所示。

图 2-47　置入图像

图 2-48　转换为智能图层

　　置入图像后，都会在图像中"图层"面板中显示一个智能图层，双击该图层中的智能图标，进入该图像进行单独编辑。

2.6　设置图像和画布大小

 要在 Photoshop 中绘制图像，应该了解一些图像的基本调整方法，其中包括图像和画布大小的调整。下面将分别进行讲解。

2.6.1　查看和设置图像大小

要查看或改变图像大小以及分辨率，可通过"图像大小"对话框进行。选择【图像】/【图像大小】命令，在打开的"图像大小"对话框中可以查看当前图像的大小，如图 2-49 所示。"图像大小"对话框中各项的含义如下。

- "像素大小"和"文档大小"栏：通过在数值框中输入数值来改变图像大小。
- "分辨率"数值框：通过在数值框中设置分辨率来改变图像大小。
- ☑缩放样式(Y)复选框：选中该复选框，可在设置一个参数时，其他参数随之发生等比例尺寸缩放。
- ☑约束比例(C)复选框：选中该复选框，在"宽度"和"高度"数值框后面将出现 ⑧ 标志，表示改变其中一项设置时，另一项也将按相同比例改变。
- ☑重定图像像素(I)复选框：选中该复选框可以改变像素的大小。

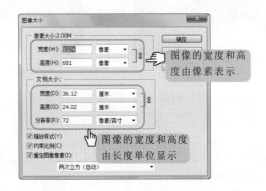

图 2-49　"图像大小"对话框

2.6.2　设置画布大小

图像画布尺寸指的是当前图像周围工作空间的大小，为画布重新设置大小，可裁剪图像，也可扩大图像的空白区域。

实例 2-5 》 为"放松"图像扩大画布 ●●●

下面将打开"放松.jpg"图像，首先为图像去色，再使用"画布大小"对话框，重新

如果要在"图像大小"对话框中分别设置图像的宽度和高度，应在设置前取消选中 ☐约束比例(C) 复选框。

设置画布的宽度。

参见
光盘
光盘\素材\第 2 章\放松.jpg
光盘\效果\第 2 章\放松.jpg

1 打开"放松.jpg"图像，选择【图像】/【调整】/【去色】命令，为图像去色，如图 2-50 所示。

2 选择【图像】/【画布大小】命令，打开"画布大小"对话框，在其中设置"高度"、"画布扩展颜色"分别为"9"、"黑色"，单击 确定 按钮，如图 2-51 所示。返回图像窗口，如图 2-52 所示。

图 2-50　为图像去色

图 2-51　设置画布大小

图 2-52　扩充图像后的效果

2.6.3　裁剪图像

在处理图像时，有时为增强图像的冲击力，会将图像中多余空白的区域进行裁剪，增加图像主体在图像中所占的面积，从而达到突出图像主体的目的，裁剪图像都是通过裁剪工具完成的。

实例 2-6　**裁剪"五色画布"图像** ●●●

参见
光盘
光盘\素材\第 2 章\五色画布.jpg
光盘\效果\第 2 章\五色画布.psd

1 打开"五色画布.jpg"图像，在工具箱中选择裁剪工具 。此时图像四周将出现裁剪框。

2 将鼠标光标移动到图像右边中间的裁剪线上，使用鼠标将裁剪线向左边拖动，如图 2-53 所示。

3 按"Enter"键确定裁剪。在工具箱中按住横排文字工具 不放，在弹出的工具选择栏中选择直排文字工具 。在其工具属性栏中设置"字体"、"字体大小"分别为"汉真

操 作 提 示

在"画布大小"对话框中可以通过单击"定位"栏中的箭头符号来决定画布所要增加或减少尺寸的方向。

广标"、"48 点",在图像右上角单击并输入"五色画布",如图 2-54 所示。

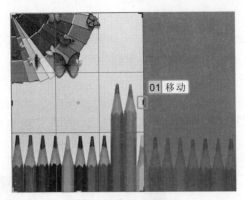

图 2-53　裁剪图像

图 2-54　完成裁剪输入文字

2.7　基础实例——制作会展宣传海报

本章的基础实例将制作会展宣传海报,在制作时将通过新建图像、打开图像、裁剪图像、移动图像和添加文字等方法,在图像中增加人像以突出会展主题,并强调视觉效果,最终效果如图 2-55 所示。

图 2-55　会展宣传海报

2.7.1　行业分析

本例制作的会展宣传海报属于活动宣传的一部分。会展宣传海报按推出时间可以分为前期海报和活动海报两种。一般前期海报是起到预告、宣传的作用,这种海报在各行各业的前期宣传造势中经常用到。制作前期海报时可以适当对活动保留一定的悬念,以增加活动神秘感,但一定要确保制作的海报有一定的吸引力,否则前期海报将没有效果。活动海报一定用于在活动现场招贴,要对活动内容有一定的引导和辅助作用。

本例将制作活动海报,由于前期宣传已经透露了会展的相关事宜,所以在制作该会展宣传海报时并不会在其中添加大量的信息。

2.7.2　操作思路

为更快完成本例的制作，并且尽可能运用本章讲解的知识，本例的操作思路如下。

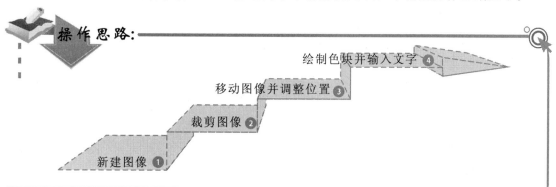

操作思路：

绘制色块并输入文字 ④

移动图像并调整位置 ③

裁剪图像 ②

新建图像 ①

2.7.3　操作步骤

下面介绍制作展会宣传海报的方法，其操作步骤如下：

参见
光盘

光盘\素材\第 2 章\展会
光盘\效果\第 2 章\展会宣传海报.psd
光盘\实例演示\第 2 章\制作展会宣传海报

1 选择【文件】/【新建】命令，打开"新建"对话框。在其中设置"名称"、"宽度"、"高度"、"分辨率"、"颜色模式"分别为"展会宣传海报"、"1800"、"1100"、"72"、"RGB 颜色"，单击 确定 按钮，如图 2-56 所示。

2 选择【文件】/【打开】命令，打开"打开"对话框。在"查找范围"下拉列表框中找到"展会"文件夹，在下方的预览框中选择"人物 1.jpg"图像，单击 确定 按钮，如图 2-57 所示。

图 2-56　新建图像

图 2-57　打开图像

操 作 提 示

在新建文件时，一定要注意颜色模式是否为 RGB 颜色模式，否者可能出现在编辑图像时，整个图像为灰色的情况。

3 按 "Ctrl+R" 快捷键，显示标尺。在工具箱中选择裁剪工具 🔲，使用鼠标将图像两边的裁剪线向中间拖动，如图 2-58 所示。

4 按 "Enter" 键确定裁剪，在工具箱中选择移动工具 ⊹，使用鼠标将 "人物 1" 图像拖动到 "展会宣传海报" 中，并将其放置在图像左边，如图 2-59 所示。

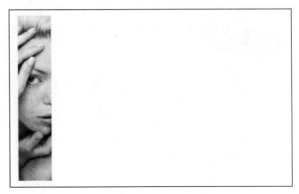

图 2-58　裁剪图像　　　　　　　　　　　　图 2-59　移动图像

5 使用相同的方法打开 2~6 张人物图像，使用裁剪工具对其进行裁剪，并用移动工具将其移动到 "会展宣传海报" 中，调整位置，如图 2-60 所示。

6 按 "F7" 键，打开 "图层" 面板，在其中选中背景图层。按 "D" 键，重置前景色和背景色，再按 "Alt+Delete" 快捷键使用黑色填充背景颜色，如图 2-61 所示。

图 2-60　将其他图像移动到宣传海报中　　　　图 2-61　使用黑色填充背景

7 在工具箱中选择直排文字工具 🔳，在其工具属性栏中设置 "字体"、"字体大小"、"颜色" 分别为 "方正综艺简体"、"80 点"、"白色"，在图像左上方单击并输入 "ANDneet 的摄影世界" 文本，将 "ANDneet 的摄影世界" 图层的 "不透明度" 设置为 "70%"，如图 2-62 所示。

8 打开 "浮点.psd" 图像，按 "F7" 键，打开 "图层" 面板，选择 "浮点" 图层，使用移动工具将其移动到 "会展宣传海报" 图像中，如图 2-63 所示。在 "浮点" 图像中选择 "联合主办:" 图层，使用移动工具将其移动到 "会展宣传海报" 图像的左下角。

按 "D" 键时，要注意电脑的输入法为英文输入法，否者将无法重置前景色和背景色。

图 2-62　输入文字

图 2-63　添加浮点

2.8　基础练习——制作双色双子效果

本章主要介绍了下载素材和拍摄照片时图像的主要构图方法、拍摄手法与使用 Bridge 管理图像的方法。缩放图像、导入、导出图像以及设置图像画布大小的方法。这些都是管理图像、编辑图像时经常使用到的操作。

　　本次练习制作双色双子效果，首先使用"画布大小"命令扩大画布并使用灰色进行填充，再使用魔术棒工具选中图像中的白色区域，按"Shift+Ctrl+I"组合键反选选区。按"Ctrl+C"快捷键复制图像，按"Ctrl+V"快捷键粘贴图像。再按"Ctrl+T"快捷键并使用鼠标拖动翻转图像，按"Enter"键确定。选择【图像】/【编辑】/【去色】命令为图像去色，效果如图 2-64 所示。

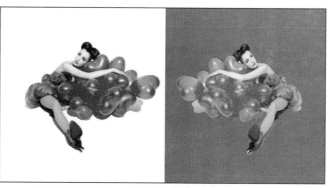

图 2-64　制作双色双子效果

　　　参见　　光盘\素材\第 2 章\双色双子.jpg
　　　光盘　　光盘\效果\第 2 章\双色双子.psd
　　　　　　　光盘\实例演示\第 2 章\制作双色双子效果　>>>>>>>>>>

该练习的操作思路与关键提示如下。

操 作 提 示

也可选择【图像】/【编辑】/【黑白】命令为图像去色。

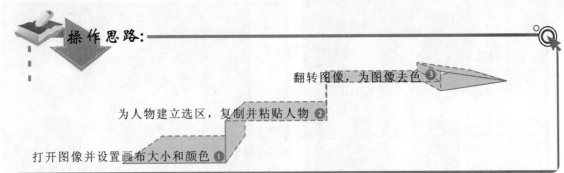

操作思路：

翻转图像，为图像去色 **3**

为人物建立选区，复制并粘贴人物 **2**

打开图像并设置画布大小和颜色 **1**

关键提示：

在"画布大小"对话框中，设置"宽度"、"画布扩展颜色"分别为"17"、"灰色"，并在"定位"栏中单击◄按钮。

2.9　知识问答

查看图像和编辑图像的过程中，难免会遇到一些难题，如在"新建"对话框中设置背景色、分辨率会不会影响清晰度等。下面将介绍查看图像和编辑图像中常见的问题及解决方案。

问：当用户新建一个图像文件时，可以直接在"新建"对话框中使用背景色填充背景色吗？

答：可以。在新建图像之前，可以先在工具箱下方的背景色拾色器中设置好所需的颜色，然后在"新建"对话框的"背景内容"下拉列表框中选择背景色即可。

问：在关闭图像时，有时会弹出一个提示对话框，这是在什么情况下出现的呢？

答：在绘制图像的过程中，如果没有及时保存文件，那么关闭文件时将会弹出一个提示对话框，提醒用户是否对该文件进行保存，或者取消关闭操作。

问：在使用缩放工具放大图像时，能无限放大图像吗？

答：不能，当图像放大到一定程度时，缩放工具将显示为🔍状态，这时将意味着图像已经不能再放大。使用放大工具后若想查看其他超出显示区的图像，除可通过拖动滚动条调整显示区域外，还可在工具箱中选择抓手工具🖐后，使用鼠标拖动来移动画面。

问：在编辑图像时，如果图像分辨率太低，通过"图像大小"对话框设置图像的大小时，会对图像清晰度有影响吗？

答：当然会有影响，当将图像分辨率由小变大时，图像将变模糊。当图像分辨率由大变小时，图像在放大时将会变模糊。

若想置入的图像完全属于图像，必须对图像进行栅格化处理。其方法是，在"图层"面板中右击生成的智能图层，在弹出的快捷菜单中选择"栅格化图层"命令。

硬件对图像处理的影响

　　图像有大有小，当打开一个较大的图像文档时，也许会花费较长的等待时间，这主要与使用的电脑有关。与用于文字编辑、办公事务管理电脑不同的是，用于平面设计的电脑在运算速度、内存储容量和显示质量等方面的要求很高，就目前的电脑技术水平而言，主要性能指标如下。

◎ **内存储器容量**：内存储器简称"内存"，内存容量越大，处理图像的工作越稳定、可靠，处理速度也能相应快一些。

◎ **连续工作性能**：平面设计往往持续一整天或更长的时间，电脑应能长期稳定地连续工作。如果采用兼容电脑，则需要购买质量好的部件，并尽量不进行 CPU 超频设置。所谓"CPU 超频设置"，是指在兼容 CPU 上进行高于标准工作频率的设置，使 CPU 处于超负荷运行状态，并采用大风扇降温等措施来避免烧毁 CPU。这样的设置很难保证电脑长期稳定工作。

◎ **显示效果**：在所有性能指标中，最苛刻的条件就是显示效果。由于平面设计对色彩和清晰度有十分严格的要求，因此在配置电脑时应尽量配备适合平面设计的显示器。

　　启动 Bridge 的过程中，如果被打开的文件夹下图像文件太多，或是尺寸过大，则系统会花费大量的时间来启动 Bridge。

第 3 章

通过选区修饰图像

绘制选区

矩形 套索 魔棒

认识选区
编辑选区

设置画笔样式

仿制图案 红眼修复

修饰和擦除图像
模糊 锐化 橡皮擦

在 Photoshop 中若想对图像中的局部区域进行编辑，最好使用选区进行操作。若想建立不同形状或不同效果的选区，就需要使用一些工具来实现。本章将介绍使用 Photoshop CS6 自带的各种工具建立规则的选区和不规则的选区，使读者掌握选区的各种编辑操作。

本章导读

3.1　认识选区

在 Photoshop 中，很多操作都需要先建立选区，再进行操作。在使用选区前还需要知道选区的含义和设计过程中的作用。下面将进行详细讲解。

3.1.1　选区的概念

在绘制图像和对图像进行局部处理时，必须绘制选区。使用选区绘制工具在图像中生成的呈流动的蚂蚁爬行状显示的图像区域就是选区，如图 3-1 所示。由于图像是由像素构成，所以选区也由像素组成，像素是构成图像的基本单位，不能再分，故选区至少包含一个像素。如图 3-2 所示为图像放大到一定程度时观察到的选区对像素的选择。

图 3-1　选区在图像中的显示效果

图 3-2　选区对像素的选择

选区有 256 个级别，这和通道中 256 级灰度是相对应的。对于灰度模式的图像所创建的选区可以为透明，有些像素可能只有 50%的灰度被选中，当执行删除命令时，也只有 50%的像素被删除。

3.1.2　选区的作用

选区的作用是在图像处理时保护选区外的图像。用户对图像的所有操作都只对选区内的图像有效，这样与选区外的图像互不影响。对图像进行填充颜色或进行色调调整时，作用范围只限于选区内的图像，如图 3-3 所示。

图 3-3　使用白色填充选区

将图像放大到一定程度时，可以发现呈块状显示的像素，由于选区是由像素组成，所以选区边缘就是像素的边缘，非直线形的选区边缘将呈锯齿状显示。

3.2 绘制规则形状选区

在编辑图像时，有时需要编辑一些比较规则的形状选区，如矩形和圆形选区，甚至是单行、单列的选区。下面就将对如何在 Photoshop CS6 中绘制规则形状的选区进行讲解。

3.2.1 使用矩形选框工具

绘制规则的形状选区最常用的便是矩形选框工具，通过它可以绘制具有不同特点的矩形选区，下面介绍其使用方法。

1. 绘制自由矩形选区

绘制自由矩形选区是指在系统默认的参数设置下绘制具有任意长度和宽度的矩形选区。其方法是，选择工具箱中的矩形选框工具▣，在图像窗口中单击鼠标确定选区的起始位置，如图 3-4 所示。拖动鼠标确定选区的大小，到所需位置后释放鼠标，如图 3-5 所示。

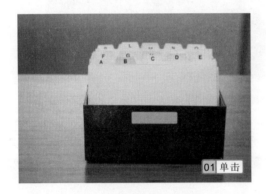

图 3-4　确定选区起点

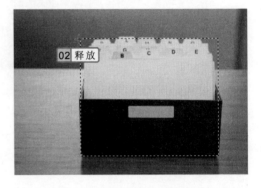

图 3-5　拖动确定选区大小

2. 绘制具有固定大小的矩形选区

在一些特殊情况下，用户可能会根据需要绘制固定大小的选区，此时就可以通过矩形选框工具绘制具有固定长度和宽度的矩形选区，这在要求精确的平面作品中非常实用。

 实例 3-1 ▶ 为"盒子"的标牌绘制选区 ●●●

📀 参见光盘　光盘\素材\第 3 章\盒子.jpg　　▶▷▷▷▷▷▷▷▷

1 打开"盒子.jpg"图像，再选择工具箱中的矩形选框工具▣。

若想绘制正方形，可按住"Shift"键，再拖动鼠标绘制选区。

2 在工具属性栏下的"样式"下拉列表框中选择"固定大小"选项，并在其右侧的"宽度"和"高度"数值框中分别输入"100 像素"和"64 像素"，如图 3-6 所示。

3 在图像窗口中单击完成绘制，如图 3-7 所示。

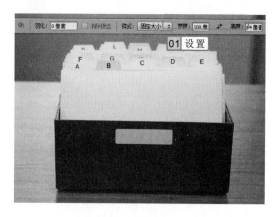

图 3-6　设置工具属性栏

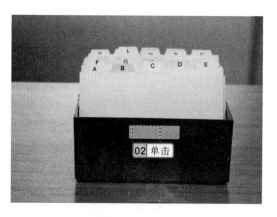

图 3-7　绘制选框

3．绘制具有固定比例的矩形选区

通过绘制固定大小的矩形选区可以看出，矩形选区是由宽度和高度两个参数控制其大小，用户可以通过设置宽度和高度之间的比例来控制绘制后的矩形形状。其方法是，选择工具箱中的矩形选框工具▣，并在工具属性栏下设置"样式"类型为"固定比例"，然后在"宽度"和"高度"数值框中输入两者之间比例关系的数值。在图像窗口按住鼠标左键不放并拖动，绘制选区。如图 3-8 和图 3-9 所示为设置不同长宽比例后绘制的矩形选区。

图 3-8　长宽比为 1:2

图 3-9　长宽比为 5:1

3.2.2　使用椭圆选框工具

除了绘制矩形选区外，用户还可以通过椭圆选框工具绘制椭圆或正圆选区，如图 3-10 所示，椭圆选框工具和矩形选框工具对应的工具属性栏相同，绘制选区的方法也完全一样。

操 作 提 示

如果在工具属性栏中将"样式"设置为"固定大小"，Photoshop 会延用这次设置。如果想重新回到自由绘制模式下，必须先将"样式"重新设置为"正常"。

在工具箱中按住矩形选框工具不放，在弹出的工具选项栏中选择椭圆选框工具 ◯，再按住鼠标左键不放并拖动即可在图像上绘制出一个椭圆选区。按 "Shift" 键的同时，按住鼠标左键不放并拖动可绘制一个正圆选区。

需要注意的是，选框工具的工具属性栏都有一个 [☑消除锯齿] 复选框，只有在选择椭圆选框工具时才变为可用，其目的是用来平滑选区边缘，但由于图像是由像素组成的，所以只能尽量平滑选区边缘，但不能完全实现平滑，如图 3-11 所示。

图 3-10　正圆选区

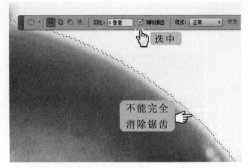

图 3-11　消除锯齿后的选区

3.2.3　使用单行/单列选框工具

使用单行选框工具 ▭ 和单列选框工具 ▯，可以方便地在图像中创建具有一个像素宽度的水平或垂直选区。其使用方法是，在工具箱中按住矩形选框工具不放，在弹出的工具选项栏中选择单行选框工具 ▭ 或单列选框工具 ▯，在图像窗口中单击即可。如图 3-12 和图 3-13 所示为放大显示创建后的单行和单列选区效果。

图 3-12　单行选区

图 3-13　单列选区

3.3　绘制不规则形状选区

在实际工作中经常需要选择一些不规则的选区，若是使用常用的选框工具便不能满足需要。这时用户就可通过 Photoshop 中的其他选框工具来创建各种形状较复杂的选区。

完成选区编辑操作后，可以按 "Ctrl+D" 快捷键取消选区。

3.3.1　使用套索工具

使用套索工具 ○ 可以在图纸上任意绘制自由选区。其使用方法是，在工具箱中选择套索工具 ○ ，在图像中按住鼠标左键不放并拖动绘制选区，如图 3-14 所示。释放鼠标，则自动生成如图 3-15 所示的选区。

图 3-14　绘制选区图 　　　　　　　　　　　　图 3-15　得到选区

3.3.2　使用多边形套索工具

若需要建立的选区是多变有规则的直线时，就可以使用多边形套索工具 ♡ 。其使用方法是，在工具箱中按住套索工具不放，在弹出的工具选项栏中选择多边形套索工具 ♡ 。使用鼠标在图像中单击确定选区的起点。在其他地方单击创建第二点，此时所单击点之间会出现相连接的线段，如图 3-16 所示。继续单击创建其他点，最后在起始点处单击以封闭选区，如图 3-17 所示。

此外，若是觉得选区的节点位置不对，可直接按"Backspace"键删除上一个节点。

图 3-16　绘制选区 　　　　　　　　　　　　图 3-17　得到选区

按"L"键可快速选择工具箱中套索工具组中当前显示的工具，按"Shift+L"快捷键可在自由套索工具、多边形套索工具和磁性套索工具之间进行切换。

3.3.3　使用磁性套索工具

　　使用磁性套索工具 █ 可以在图像中沿颜色边界捕捉像素，从而形成选择区域。该工具适用于选择的图像与周围颜色具有较大的反差时。其使用方法是，在工具箱中按住套索工具不放，在弹出的工具选项栏中选择磁性套索工具 █，并在图像中颜色反差较大的地方单击确定选区起始点。沿着颜色边缘慢慢移动鼠标，系统会自动捕捉图像中对比度较大的颜色边界并产生定位点，如图 3-18 所示。最后移动到起始点处单击完成选区的绘制，如图 3-19 所示。

图 3-18　沿颜色边缘移动鼠标

图 3-19　得到选区

3.3.4　使用快速选择工具

　　快速选择工具 █ 适合在具有强烈颜色反差的图像中相当快速地绘制出选区。其使用方法是，在工具箱中选择快速选择工具 █，然后在图像中需要选择的区域拖动鼠标，所经过的区域将会被选择，如图 3-20 所示。在不释放鼠标的情况下继续沿着要绘制的区域拖动鼠标，直至得到需要的选区为止，如图 3-21 所示。

图 3-20　拖动经过要选择的区域

图 3-21　沿白色背景拖动后的选区

　　在使用磁性套索工具移动鼠标的过程中，如果遇到拐角比较大或者颜色对比不是很大时，可单击鼠标，手动增加定位点。

3.3.5　使用魔棒工具

使用魔棒工具 魔 可以根据图像中相似的颜色来绘制选区。其方法是，在工具箱中按住快速选择工具不放，在弹出的工具选项栏中选择魔棒工具 魔，最后在图像中的某个点处单击，如图 3-22 所示。图像中与单击处颜色相似的区域会自动进入绘制的选区内，如图 3-23 所示。选中魔术棒工具属性栏中的 ☑连续 复选框，此复选框用来控制所绘制选区是否连续，当选中该复选框时，只选择与单击取样处颜色相似的连续颜色区域。

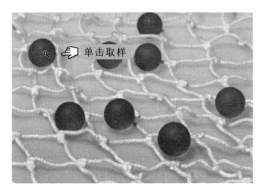

图 3-22　确定取样点

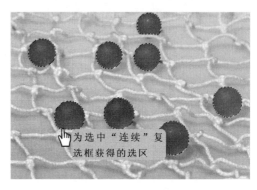

图 3-23　得到选区

此外，通过调整在魔术棒工具属性栏中的"容差"数值框可调整选区大小。容差值越大选区越大，容差值越小选区越小。

3.4　编辑选区

绘制完选区后，如果觉得选区还不能达到要求，这时可通过对选区进行各种编辑操作，让选区更加合理、易于操作，从而大大简化用户的操作难度，提高编辑效率。

3.4.1　选区的运算

在图像处理过程中，有时不能一次成功地创建选区，这时可使用其他选区对已存在的选区进行运算来得到需要的最终选区，选区运算包括选区的添加、减去和交叉。下面对选区运算的方法进行讲解。

- ◎ **选区的添加**：添加选区是指将最近绘制的选区与已存在的选区进行相加计算，从而实现两个选区的合并。其方法是，单击选框工具属性栏中的"添加到选区"按钮 ◼，或按住"Shift"键进行选区的添加操作。如图 3-24 所示为在工具属性栏中单击"添加到选区"按钮 ◼ 后使用椭圆选区绘制的两个正圆。如图 3-25 所示为释放鼠标后对两个正圆选区进行添加后的效果。

操　作　提　示

按"W"键可快速选择魔棒工具组中当前显示的工具，按"Shift+W"快捷键可在魔棒工具和快速选择工具之间进行切换。

图 3-24　绘制两个选区

图 3-25　选区的添加

- 选区的减去：减去选区是指将最近绘制的选区与已存在的选区进行相减运算，最终得到的是原选区减去新选区后的选区。其方法是，单击选框工具属性栏中的"从选区减去"按钮，或按住"Alt"键进行选区的减去操作。如图 3-26 所示为将两个正圆选区进行减去后的效果。
- 选区的交叉：选区交叉是指将最近绘制的选区与已存在的选区进行交叉运算，最终得到的是两个选区共同拥有的部分。其方法是，单击选框工具属性栏中的"与选区交叉"按钮，即可进行选区的交叉操作。如图 3-27 所示为将两个正圆选区进行交叉后的效果。

图 3-26　选区的减去

图 3-27　选区的交叉

3.4.2　移动选区图像

在 Photoshop CS6 中创建选区后，将鼠标光标移动到选区中拖动选区，即可移动选区。除移动选区外，用户还可以移动选区中的图像到任意位置。移动选区图像的方法是，在图像上建立选区，如图 3-28 所示。单击工具箱中的移动工具，将鼠标光标移动到图像的选区内，按住鼠标左键拖动，将选区移动到需要的位置，如图 3-29 所示。

需要注意的是，使用移动工具不但能将选区中的图像移动到该图像中的任意位置，还能将图像移动到其他图像中，移动前需要保证已打开接受选区图像的图像，再使用移动工具直接将选区移动到接受选区图像的图像中。

在图像没有载入选区的情况下，也能使用移动工具调整图像位置。不同的是，如果没有载入选区，则会移动该图层上的所有图像，而载入选区后，则只移动选区范围内的图像。

图 3-28　建立选区选择移动工具

图 3-29　移动选区中的图像

3.4.3　反向选择选区

在编辑图像时，若需要选择一些边缘很复杂的图形，而图像背景很简单，则可通过反向选择选区的方法选择需要的图像。其方法是，使用选区工具建立选区，如图 3-30 所示。选择【选择】/【反向】命令或按 "Shift+Ctrl+I" 组合键反选选区，得到主体图像选区，如图 3-31 所示。

图 3-30　选取背景图像

图 3-31　反选选区

3.4.4　选区的修改

在 Photoshop CS6 中绘制好选区后，有时为了更好地处理图像，可对选区进行扩展、收缩、平滑和增加选区的操作，下面分别对其进行介绍。

- 扩展选区：扩展选区就是将当前选区按设定的像素量向外扩充。选择【选择】/【修改】/【扩展】命令，在打开的 "扩展选区" 对话框的 "扩展量" 数值框中输入扩展值，然后单击 确定 按钮，如图 3-32 所示。

在获取选区后，如果选区边缘与图像并不是特别贴合，可以使用套索工具组中的工具对选区边缘进行加选或减选操作。

图 3-32　扩展选区

- **收缩选区**：收缩选区是扩展选区的逆向操作，即将选区向内进行缩小。选择【选择】/【修改】/【收缩】命令，在打开的"收缩选区"对话框的"收缩量"数值框中输入收缩值，然后单击 确定 按钮，如图 3-33 所示。

图 3-33　收缩选区

- **平滑选区**：平滑选区用于消除选区边缘的锯齿，使选区边界变得连续而平滑。选择【选择】/【修改】/【平滑】命令，在打开的"平滑选区"对话框的"取样半径"数值框中输入平滑值，然后单击 确定 按钮，如图 3-34 所示。

图 3-34　平滑选区

行家提醒

通过对选区进行平滑操作，可以减少选区边缘的锯齿而使其变得平滑。

◆ **增加选区边界**：增加选区边界操作用于在选区边界处向外再增加一条边界，新选区位于两条边界中间。选择【选择】/【修改】/【边界】命令，打开"边界选区"对话框，在"宽度"数值框中输入相应的数值，然后单击 确定 按钮，如图 3-35 所示。

图 3-35　增加选区边界

◆ **羽化选区**：通过羽化选区操作，可以使选区边缘变得柔和，在图像合成中常用于使图像边缘与背景色进行融合。在图像中创建选区后，选择【选择】/【修改】/【羽化】命令或按"Shift+F6"快捷键，打开"羽化选区"对话框，在"羽化半径"数值框中输入羽化半径值，单击 确定 按钮，然后在选区中填充颜色，即可看到羽化效果，如图 3-36 所示。填充颜色的相关知识将在第 4 章中进行讲解。

图 3-36　羽化选区

3.4.5　保存和载入选区

在图像处理过程中，用户可以将所绘制的选区存储起来，需要用时再载入到图像窗口中，还可以将存储的选区与当前窗口中的选区进行运算，以得到新的选区。

实例 3-2 ▶ 创建并保存"树叶"选区 ●●●

下面将打开"树叶.jpg"图像，并在其中使用磁性套索工具选择树叶图像，将选区进

操 作 提 示

如果要使绘制后的选区具有羽化属性，可以在绘制选区之前，在选框工具属性栏的"羽化"数值框中输入羽化值，这样绘制出来的选区可具有羽化效果。

行保存，再选中全图。通过载入选区操作，将"树叶"图像从选区中减去。

 光盘\素材\第 3 章\树叶.jpg　

1 打开"树叶.jpg"图像，选择工具箱中的磁性套索工具 。使用鼠标沿着图像中的树叶边缘移动，选中整个选区，如图 3-37 所示。

2 选择【选择】/【存储选区】命令，在打开的"存储选区"对话框的"名称"文本框中输入"树叶"，然后单击 确定 按钮，如图 3-38 所示。

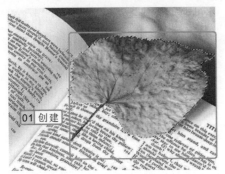

图 3-37　建立选区

图 3-38　"存储选区"对话框

3 按 "Ctrl+A" 快捷键，为全部图像建立选区。

4 选择【选择】/【载入选区】命令，打开"载入选区"对话框，在"通道"下拉列表框中选择"树叶"选项，在"操作"栏下选中 从选区中减去(S) 单选按钮，即表示当前选区将减去载入后的选区，如图 3-39 所示。单击 确定 按钮，当前选区减去载入选区后的效果如图 3-40 所示。

图 3-39　"载入选区"对话框

图 3-40　最终选区

3.4.6　变换选区

建立选区后，用户还可以通过变换选区对绘制好的选区做特殊变形处理。其操作方法是，创建选区后，选择【选择】/【变换选区】命令，当在选区周围出现带有控制点的变换

"载入选区"对话框中"操作"栏下的 4 个选项，分别对应矩形选框、魔棒等选区工具的属性栏中的 按钮组，分别用来实现新建通道、合并通道、减去通道和交叉通道的操作。

框时，在变换框中右击，在弹出的快捷菜单中选择一种变换命令，选择相应的变换效果，如缩放、旋转和切换等。变换选区后选区中的图像将不会有改变，对选区进行变换后，用户可执行如填充、描边等操作美化图像，填充、描边操作将在第 4 章进行讲解。下面将具体介绍各种变换选区的操作方法。

- **缩放变换**：在快捷菜单中选择"缩放"命令后，将鼠标光标移动到变换框或任意控制点上，当鼠标光标变成 ⤡、⤢、↔或 ↕ 形状时按住鼠标左键不放并拖动，实现选区的缩放变换，如图 3-41 所示。
- **旋转变换**：在快捷菜单中选择"旋转"命令后，将鼠标光标移至变换框旁边，当鼠标光标变为 ↻ 形状时，按住鼠标左键不放并拖动，可使选区按顺时针或逆时针方向旋转，如图 3-42 所示。

图 3-41　缩放变换

图 3-42　旋转变换

- **斜切变换**：斜切变换是指选区以自身的一边作为基线进行变换。在快捷菜单中选择"斜切"命令后，将鼠标光标移至控制点旁边，当鼠标光标变为 ▸▸ 或 ▸↕ 形状时，按住鼠标左键不放并进行拖动即可实现选区的斜切变换，如图 3-43 所示。
- **扭曲变换**：扭曲变换是指选区各个控制点产生任意位移，从而带动选区的变换。在快捷菜单中选择"扭曲"命令后，将鼠标光标移至任意控制点上，按住鼠标左键不放并拖动，即可实现选区的扭曲变换，如图 3-44 所示。

图 3-43　斜切变换

图 3-44　扭曲变换

操作提示

在选区变换时，如果要实现选区 90° 或 180° 的旋转，可根据实际情况直接选择快捷菜单中的"旋转 180°"、"旋转 90°（顺时针）"和"旋转 90°（逆时针）"等命令。

- 透视变换：透视变换就是使选区从不同的角度观察都具有一定的透视关系，常用来调整选区与周围环境间的平衡关系。在快捷菜单中选择"透视"命令，将鼠标光标移至变换框 4 个角任意控制点上，按住鼠标左键不放并水平或垂直拖动，实现选区的透视变换，如图 3-45 所示。
- 变形变换：在快捷菜单中选择"变形"命令后，选区内会出现垂直相交的变形网格线，这时在网格内单击并拖动鼠标可实现选区的变形，也可单击并拖动网格线两端的黑色实心点，实心点处会出现一个调整手柄，这时拖动调整手柄可实现选区的变形，如图 3-46 所示。

图 3-45　透视变换

图 3-46　变形变换

3.5　使用工具修复图像

对于有污点或破损的图像，可以通过 Photoshop 中的修复工具组进行修复处理。该工具组可以将取样点的像素信息非常自然地复制到图像其他区域，并保持图像的色相、饱和度、高度以及纹理等属性。

3.5.1　使用仿制图章工具

使用仿制图章工具 ▲ 可以将图像复制到原图像的其他位置或其他的图像中，是修复图像时经常使用到的工具。

实例 3-3　复制"仙人掌"图像中的对象 ●●●

参见
光盘　　光盘\素材\第 3 章\仙人掌.jpg
　　　　光盘\效果\第 3 章\仙人掌.jpg

1　打开"仙人掌.jpg"图像，再选择工具箱中的仿制图章工具 ▲，在其工具属性栏中设置画笔大小为"100 像素"，不透明度为"80%"。

仿制图章工具中的"不透明度"下拉列表框用于设置绘制后仿制区域物体的不透明度，数值越小越透明，"流量"下拉列表框用于设置鼠标的压力程度，数值越小效果越淡。

2 按住 "Alt" 键, 此时鼠标光标将变为 ⊕ 形状, 单击图像中后面的那株仙人掌, 确定要复制的参考点, 如图 3-47 所示。

3 选定参考点后, 释放 "Alt" 键, 将鼠标光标移动到图像左上角进行涂抹, 参考点处的图像将出现在用户正在涂抹的区域, 如图 3-48 所示。

图 3-47　建立参考点

图 3-48　复制图像

3.5.2　使用图案图章工具

使用图案图章工具 █ 可以将 Photoshop 中自带的图案或自定义的图案填充到图像中。其使用方法是, 在工具箱中按住仿制图章工具不放, 在弹出的工具选项栏中选择图案图章工具 █, 单击其工具属性栏中的下拉按钮 █, 在弹出的面板中选择一种填充图案, 如图 3-49 所示。在将鼠标光标移动到图像中需要填充图案的位置进行涂抹, 如图 3-50 所示。

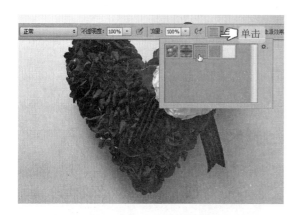

图 3-49　设置填充图案

图 3-50　涂抹效果

3.5.3　使用污点修复工具

污点修复工具 █ 主要用于快速修复图像中的斑点或小块杂物等, 适合小面积图像、结

操　作　提　示

选择图案图章工具后, 工具属性栏中的"印象派效果"复选框用于设置填充后的图案是否产生艺术效果, 这种艺术效果是随机的, 用户可自行练习观察。

构不复杂的快速修复。其使用方法是，在工具箱中选择污点修复工具 ，将鼠标光标直接移动到需要进行修复的图像区域。直接使用鼠标在图像上进行涂抹，被涂抹的区域将呈现半透明的黑色，如图 3-51 所示。修复后的图像如图 3-52 所示。

图 3-51　涂抹图像

图 3-52　修复图像

3.5.4　使用修复画笔工具

使用修复画笔工具 可以用图像中与被修复区域相似的颜色去修复破损图像，其使用方法与仿制图章工具基本相同，只是使用修复画笔工具修复的区域图像边缘更加柔和，适合于图像纹理稍复杂的图像。其使用方法是，在工具箱中按住污点修复工具不放，在弹出的工具选项栏中选择修复画笔工具 ，在其工具属性栏中选择画笔大小后，按住"Alt"键，当鼠标光标变成 时在参考点上取样，如图 3-53 所示。释放"Alt"键后将鼠标移动到需要修复的图像上涂抹，效果如图 3-54 所示。

图 3-53　选区参考点

图 3-54　完成图

需要注意的是，图像的颜色差距较大，最好经常按"Alt"键选择修复对象附近的图像区域为参考点。此外，也可以通过单击鼠标而不是通过鼠标涂抹的方式进行修复。

按"J"键可以快速选择修复工具组中正在使用的工具，按"Shift+J"快捷键可以在修复画笔工具组中的 4 个工具之间进行切换。

3.5.5　使用修补工具

修补工具是一种使用最频繁的修复工具，其工作原理与修复工具相同，只是修补工具需要用套索工具绘制一个自由选区，然后通过将该区域内的图像拖动到目标位置，从而完成对目标处图像的修复。

实例 3-4 使用修补工具删除图像中的物体 ●●●

参见
光盘　光盘\素材\第 3 章\贝壳.jpg
　　　光盘\效果\第 3 章\贝壳.jpg ▶▶▶▶▶▶▶▶▶▶

1. 打开"贝壳.jpg"图像，在工具箱中按住污点修复工具不放，在弹出的工具选项栏中选择修补工具。

2. 使用鼠标沿着图像左下角的贝壳边缘绘制一个选区，如图 3-55 所示。

3. 按住鼠标左键不放并拖动选区到一处与划痕处具有相似颜色的区域，可以发现拖动后的区域中的图像显示在拖动前的区域处，如图 3-56 所示。释放鼠标，按 "Ctrl+D" 快捷键取消选区完成对该处划痕的修复处理。

图 3-55　绘制选区

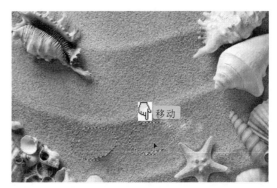
图 3-56　修复图像

3.5.6　内容感知移动工具

内容感知移动工具主要用于在图像中随意移动物体的位置。和移动工具单纯的移动图像不同，使用该工具移动图像后的图像将会被自动修复，不需要用户多次使用修复工具对图像进行重复修复的操作。

实例 3-5 使用内容感知移动工具移动图像中的物体 ●●●

参见
光盘　光盘\素材\第 3 章\蝴蝶.jpg
　　　光盘\效果\第 3 章\蝴蝶.jpg ▶▶▶▶▶▶▶▶▶▶

1. 打开"蝴蝶.jpg"图像，在工具箱中按住污点修复工具不放，在弹出的工具选项栏中

在使用修补工具修复图像时，若要修复的物体有阴影一定要将阴影也包含在创建的选区中。

选择内容感知移动工具 。使用鼠标在需要移动的物体边缘绘制选区，如图 3-57 所示。

2 再将鼠标光标移动到选区中，将物体移动到需要移动的新位置，如图 3-58 所示。

图 3-57　绘制选区

图 3-58　移动选区

3 释放鼠标，稍等片刻后即可看到图像已被移动，如图 3-59 所示。按"Ctrl+D"快捷键，使用仿制图章工具对图像右边不自然的颜色区域进行自动填充修复，如图 3-60 所示。

图 3-59　移动图像

图 3-60　修复图像

3.5.7　使用红眼工具

利用红眼工具 可以快速去除照片中人物眼睛中由于闪光灯引发的红色、白色或绿色反光斑点。

实例 3-6　使用红眼工具去除人物的红眼 ●●●

参见
光盘
光盘\素材\第 3 章\人物照片.jpg
光盘\效果\第 3 章\人物照片.jpg　　>>>>>>>>>

1 打开"人物照片.jpg"图像，如图 3-61 所示。在工具箱中按住污点修复工具不放，

在红眼工具的工具属性栏中，"瞳孔大小"数值框可以设置眼睛暗色的中心大小；"变暗量"数值框可以设置瞳孔的暗度。

在弹出的工具选项栏中选择红眼工具 ⁺ 。

2 在其工具属性栏中设置"瞳孔大小"、"变暗量"分别为"50%"、"50%"。

3 将鼠标光标移动到人物右眼中的红斑处单击，去除该处的红眼，如图 3-62 所示。继续在人物左眼处的红斑处单击，以去掉该处的红眼。

图 3-61　打开图像

图 3-62　在右眼红斑处单击

3.6　修饰图像

在处理图像时，增强图像局部效果往往能使图像的视觉效果大大提升。而在 Photoshop CS6 中用户可通过修饰图像局部的色彩和饱和度等参数，对图像局部进行细节调整。

3.6.1　使用模糊工具

使用模糊工具 ◌ 可降低图像中相邻像素之间的对比度，从而使图像产生模糊的效果。该工具在处理远近关系的照片中经常被使用到。

模糊工具属性栏中的"强度"数值框用于控制模糊效果的强弱效果，数值越大效果越强，一般在使用模糊工具时可将"强度"设置为"100%"。

实例 3-7 ▶ **使用模糊工具模糊照片背景** ●●●

下面将使用模糊工具对"酒杯"图像的背景进行模糊，从而突出酒杯本身。

参见
光盘
光盘\素材\第 3 章\酒杯.jpg
光盘\效果\第 3 章\酒杯.jpg
>>>>>>>>

1 打开"酒杯.jpg"图像，在工具箱中选择模糊工具 ◌ ，并在其工具属性栏中设置"画笔大小"、"强度"分别为"200 像素"、"80%"，如图 3-63 所示。

在使用模糊工具时，若想增强图像的层次感，可以在第一次对图像进行模糊后，再次使用模糊工具对其他需要强调的地方进行模糊。

2 使用鼠标在图像中除去中间酒杯的位置处来回涂抹，最终效果如图 **3-64** 所示。

图 3-63　设置工具属性栏

图 3-64　最终效果

3.6.2　使用锐化工具

　　锐化工具 ▲ 的作用与模糊工具刚好相反，能使模糊的图像变得清晰，常用于增加图像的细节表现。其使用方法是，在工具箱中按住模糊工具不放，在弹出的工具选项栏中选择锐化工具 ▲，在其工具属性栏中设置画笔大小以及强度参数，如图 **3-65** 所示，然后将鼠标光标移动到图像上需要变清晰的区域进行涂抹，如图 **3-66** 所示。

图 3-65　设置参数

图 3-66　完成效果

3.6.3　使用涂抹工具

　　使用涂抹工具 ✋ 可以模拟手指绘图在图像中产生颜色流动的效果。如果图像在颜色与颜色之间的边界生硬，或颜色与颜色之间过渡不好，可以使用涂抹工具，将过渡颜色柔

　　在使用锐化工具对图像进行处理时，"强度"值可先设置小一些，以防止锐化过度，导致图片失真。

和化。其使用方法是，在工具箱中按住模糊工具不放，在弹出的工具选项栏中选择涂抹工具 ，在其工具属性栏中设置画笔大小以及强度参数，如图 3-67 所示。使用鼠标在图像中需要产生流动效果的地方进行涂抹，如图 3-68 所示。

图 3-67　设置参数

图 3-68　最终效果

3.6.4　使用减淡和加深工具

使用减淡工具可以快速增加图像中特定区域的亮度。加深工具的作用与减淡工具相反，通过降低图像的曝光度来降低图像的亮度。

这两个工具操作方法相同。打开素材图像，如图 3-69 所示。按住鼠标左键不放，在图像中需要减淡或加深的部分反复拖动，被涂抹后的图像区域将发生变化，如图 3-70 和图 3-71 所示。需要注意的是，这两个工具的工具属性栏中的"范围"下拉列表框是用于调整亮度的范围的。

图 3-69　原图像

图 3-70　减淡效果

图 3-71　加深效果

操作提示

在涂抹工具的工具属性栏中选中手指绘画复选框，将会在涂抹图像时加入前景色。

3.6.5　使用海绵工具

　　海绵工具 用于增加或降低图像的饱和度，产生像海绵吸水一样的效果，从而为图像增加或减少光泽感。

　　打开图像文件，如图 3-72 所示。在需要改变饱和度的区域来回涂抹。在海绵工具的工具属性栏"模式"下拉列表框中设置饱和度，当选择"降低饱和度"时，表示降低图像中色彩饱和度；选择"饱和"时，表示增加图像中色彩饱和度，使用海绵工具涂抹后的图像效果如图 3-73 和图 3-74 所示。

图 3-72　原图像　　　　　　　图 3-73　降低饱和度　　　　　　图 3-74　增加饱和度

3.7　擦除图像

　　在绘制图像或者编辑图像时，有时需要将多余的物体去除。此时就可使用橡皮擦工具组将其擦除。在橡皮擦工作组中有 3 种工具，各工具擦除的对象有所不同，适用于各个方面。

3.7.1　使用橡皮擦工具

　　使用橡皮擦工具 可擦除图像中的部分对象，还可减弱图像的局部颜色，擦除的部分将由背景色填充。橡皮擦的使用方法很简单，其使用方法是，打开图像，如图 3-75 所示。在工具箱中选择橡皮擦工具 ，在其工具属性栏中设置不透明度和流量等参数，使用鼠标对需要删除图像的区域进行涂抹，效果如图 3-76 所示。

　　若想通过使用橡皮擦工具将图像中部分颜色减弱，可通过降低不透明度和流量来实现。

　　按"O"键可以快速选择修饰工具组中正在使用的工具，按"Shift+O"快捷键可以在减淡工具、加深工具和海绵工具之间进行切换。

图 3-75　原图像

图 3-76　使用橡皮擦工具后

3.7.2　背景橡皮擦工具

　　背景橡皮擦工具 用于擦除图像的背景，常被用于平面设计的抠图领域。其使用方法是，在工具箱中按住橡皮擦工具不放，在弹出的工具选择栏中选择背景橡皮擦工具 ，然后在其工具属性栏中单击 按钮，并设置容差等参数。使用鼠标在需要删除图像的区域单击，进行背景色取样，如图 3-77 所示。最后使用鼠标对相应的区域进行涂抹，删除背景，如图 3-78 所示。

图 3-77　对背景色取样

图 3-78　擦除图像

　　在背景橡皮擦工具属性栏中，"限制"下拉列表框用于设置擦除图像时擦除区域的限制。"容差"数值框和选区工具的作用相同，数值越大可擦除的范围越多，数值越小可擦除的范围越小。

　　在背景色橡皮擦工具属性栏中选中 保护前景色 复选框，只擦除和前景色相同的颜色区域。

3.7.3　魔术棒橡皮擦工具

魔术棒橡皮擦工具的效果和背景橡皮擦工具的效果基本相同，只是魔术棒橡皮擦可以一次性擦除图像中一定容差的相邻颜色。其使用方法是，在工具箱中按住橡皮擦工具不放，在弹出的工具选择栏中选择魔术棒橡皮擦工具，然后在其工具属性栏中设置容差等参数，再将鼠标光标移动到需要删除图像的区域，如图 3-79 所示。单击鼠标后，该区域中颜色接近的区域将被擦除，如图 3-80 所示。

图 3-79　移动鼠标　　　　　　　　　　图 3-80　删除图像

3.8　基础实例

本章的提高实例中将为图像制作光环以及为突出图像中某种颜色，让用户进一步掌握选区的使用、选区的修改、橡皮擦工具的使用以及修饰图像的方法。

3.8.1　为图像添加光环

本例将为"暗夜天使"图像添加一个光环，在图像中绘制选区并修改选区，最后使用橡皮擦工具对图像进行擦除以制作光圈，最终效果如图 3-81 所示。

图 3-81　为"暗夜天使"图像添加背景光环

若在使用魔术橡皮擦工具时，想将图像中的某个颜色一次性删除，可在其工具属性栏中取消选中□连续复选框。

1．行业分析

　　本例制作的为"暗夜天使"图像添加光圈是平面设计中经常会使用到的，通过处理后能使图像更美观、更加有视觉冲击力。

　　一般在平面设计中为图像添加光环的情况都是图像中的某些物体需要突出展现，从而选择起到突出重点作用的光环来进行，但在为图像添加光环时，不能一概而论。需要根据图像的颜色、主题和表达意义来进行选择制作。例如，在处理儿童照时为了表达出儿童天真、浪漫的个性，就应该采用类似白色或是浅金色的柔和的光圈效果。

2．操作思路

　　为更快完成本例的制作，并且尽可能运用本章讲解的知识，本例的操作思路如下。

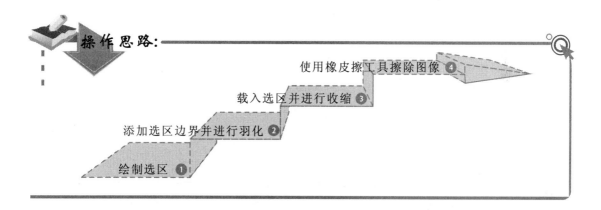

3．操作步骤

　　下面介绍将通过选区、修改选区和橡皮擦工具为"暗夜天使"图像添加光环，其操作步骤如下：

　光盘\素材\第 3 章\暗夜天使.jpg
　　　　光盘\效果\第 3 章\暗夜天使.jpg
　　　　光盘\实例\第 3 章\为图像添加光环

1　打开"暗夜天使.jpg"图像，在工具箱中选择椭圆选框工具 。按住鼠标左键不放并从左上向右下方拖动，绘制一个椭圆形的选区，如图 3-82 所示。

2　选择【选择】/【修改】/【边界】命令，打开"边界选区"对话框，在"宽度"数值框中输入"30"，单击 确定 按钮。

3　选择【选择】/【修改】/【羽化】命令，打开"羽化选区"对话框，在"羽化半径"数值框中输入"5"，单击 确定 按钮，如图 3-83 所示。

　　在制作光环时，一定要注意光线渐变的自然性，否则会使光环显得很突兀。

图 3-82　绘制椭圆选区　　　　　　　　　　图 3-83　设置羽化值

4 在工具箱中选择橡皮擦工具，在工具属性栏中设置"画笔大小"、"不透明度"分别为"110 像素"、"40%"，使用鼠标在图像选区中随意涂抹几下，效果如图 3-84 所示。

5 选择【选择】/【修改】/【收缩】命令，在打开的"收缩选区"对话框的"收缩量"数值框中输入"10"，单击 确定 按钮。

6 在工具箱中选择橡皮擦工具，在工具属性栏中设置"画笔大小"、"不透明度"分别为"30 像素"、"80%"，使用鼠标在图像选区中随意涂抹几下，效果如图 3-85 所示。按"Ctrl+D"快捷键取消选区。

图 3-84　对选区进行涂抹　　　　　　　　　图 3-85　再次对选区进行涂抹

3.8.2　突出图像中的某种颜色

本例将打开"蜡烛"图像，通过选区降低图像周围图像的对比度，提高玫瑰花的图像对比度，效果如图 3-86 所示。

如想渐变效果更好，可以在使用"边界"命令时，将边界值设置得更大，再收缩选区，一层一层地慢慢擦除选区中的图像。

图 3-86　编辑后的图像

1．行业分析

突出图像中某种颜色的手法，在设计行业中经常被使用到。使用这种方法并不会让图像黯然失色，反而会使图像通过颜色的对比产生强调主题的效果。这也是不少设计大师喜欢使用这种手法的原因。

突出图像中某种颜色，主要有两种方法：一种是让陪体完全灰度化，主体保持鲜艳；另一种是降低陪体的对比度，增强主题的对比度。这两种处理方法，可根据用户所想表达的意义不同而选择不同。降低陪体的对比度的处理方法更适合处理单纯的静物照或是风景照。将陪体完全灰度化则适合处理纪实题材或有深刻含义的图像。

2．操作思路

为更快完成本例的制作，并且尽可能运用本章讲解的知识，本例的操作思路如下。

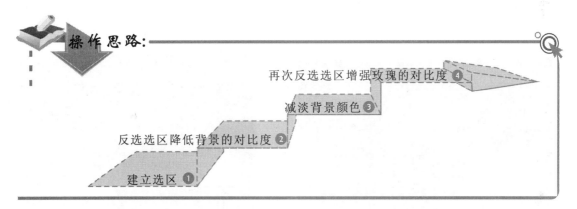

操作思路：

再次反选选区增强玫瑰的对比度 ❹

减淡背景颜色 ❸

反选选区降低背景的对比度 ❷

建立选区 ❶

3．操作步骤

下面将在"蜡烛"图像中建立选区，并通过海绵工具以及减淡工具对图像进行处理，

操 作 提 示

在对图像使用海绵工具降低其对比度后，也可以使用模糊工具对图像的背景稍微进行模糊处理。

其操作步骤如下：

参见
光盘
光盘\素材\第 3 章\蜡烛.jpg
光盘\效果\第 3 章\蜡烛.jpg
光盘\实例演示\第 3 章\突出图像中的某种颜色

1 打开 "蜡烛.jpg" 图像，在工具箱中选择磁性套索工具 。拖动鼠标使用该工具对玫瑰花建立选区，如图 3-87 所示。

2 选择【选择】/【反向】命令，反向建立选区。在工具箱中选择海绵工具 ，在其工具属性栏中设置 "画笔大小"、"模式"、"流量" 分别为 "400 像素"、"降低饱和度"、"100%"，使用鼠标对图像反复进行涂抹，效果如图 3-88 所示。

图 3-87　建立选区

图 3-88　降低图像饱和度

3 在工具箱中选择减淡工具 ，在其工具属性栏中设置 "画笔大小"、"曝光" 分别为 "200 像素"、"100%"。使用鼠标对图像中的蜡烛进行涂抹，效果如图 3-89 所示。

4 选择【选择】/【反向】命令，在工具箱中选择海绵工具 ，在其工具属性栏中设置 "画笔大小"、"模式"、"流量" 分别为 "400 像素"、"饱和"、"80%"，使用鼠标对图像反复进行涂抹，效果如图 3-90 所示。按 "Ctrl+D" 快捷键取消选区。

图 3-89　增强蜡烛亮度

图 3-90　增强玫瑰饱和度

在使用海绵工具对玫瑰进行涂抹时，一定要小心进行涂抹，涂抹过度会使玫瑰失真。

3.9 基础练习

本章主要介绍了在 Photoshop 中建立选区和修饰图像的方法，下面将通过两个练习进一步巩固这些方法在工作中的应用，通过选区能更精确地修饰图像。

3.9.1 虚化图像

本次练习将打开"小船"图像，建立选区，再使用减淡工具虚化图像边缘，效果如图 3-91 所示。

图 3-91　虚化图像

参见
光盘

光盘\素材\第 3 章\小船.jpg
光盘\效果\第 3 章\小船.jpg
光盘\实例演示\第 3 章\虚化图像

该练习的操作思路与关键提示如下。

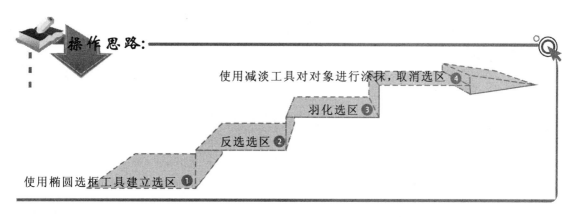

操作思路：

使用减淡工具对对象进行涂抹，取消选区 ④

羽化选区 ③

反选选区 ②

使用椭圆选框工具建立选区 ①

操 作 提 示

制作虚化效果建立选区时，需将选区建立在图像右边船头的位置。

关键提示:

图像的羽化半径设置为"40 像素"。

在减淡工具属性栏中设置"画笔大小"、"范围"、"曝光度"分别为"200 像素"、"阴影"、"100%"。

3.9.2 为图像填充背景

本次练习将打开"陀螺"图像,并使用多边形套索工具建立选区,扩张选区后反向建立选区,最后使用图案图章工具填充图像背景,最终效果如图 3-92 所示。

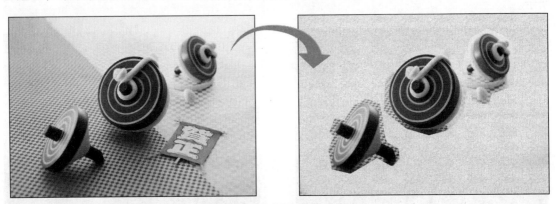

图 3-92 为图像填充背景

 参见
光盘

光盘\素材\第 3 章\陀螺.jpg
光盘\效果\第 3 章\陀螺.jpg
光盘\实例演示\第 3 章\为图像填充背景.swf >>>>>>>>>>

该练习的操作思路与关键提示如下。

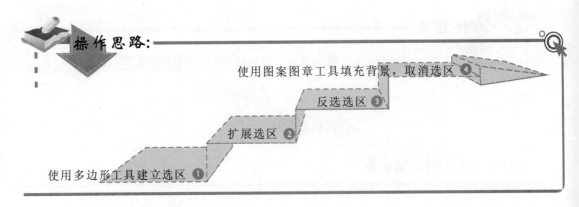

操作思路:

使用图案图章工具填充背景,取消选区 ④

反选选区 ③

扩展选区 ②

使用多边形工具建立选区 ①

行 家 提 醒

在绘制完第一个选区后,按住"Shift"键的同时使用鼠标继续单击创建第二个选区。

关键提示:

图像的扩展量设置为"5 像素"。

设置图案图章工具属性栏的"画笔大小"、"不透明度"、"流量"分别为"200 像素"、"100 像素"、"100%",在下拉列表框▧中选择最后一项。

3.10　知识问答

在使用选区工具和修饰图像的过程中难免会遇到一些难题,如变换为圆角选区、修复图像后怎样保持真实感等。下面将介绍通过选区修饰图像时常见的问题及解决方案。

问: 绘制矩形选区后,如何将其变换为圆角的选区呢?

答: 选择【选择】/【修改】/【平滑】命令,打开"平滑"对话框,在该对话框中设置的参数越大,圆角的幅度越大。

问: 在使用修复工具修复图像后,为什么总感觉图像不太真实?

答: 在修复图像时,通常需要将图片放大,然后再进行处理,做到多取样和多涂抹,让处理的对象和周边的环境相符合,这样才能使处理后的图片更真实。

修复老照片

　　Photoshop 是一款功能全面的软件,不但能应用于平面设计、插画和网站设计等方面,在家庭处理照片时也能起到很好的作用,如修复老照片。

　　使用 Photoshop 修复老照片一般使用的是仿制图章工具、污点修复工具、修复画笔工具和修补工具。使用这几种工具就能修复老照片中出现的大部分问题,如裂痕、刮痕、污点和残缺破损等。

运用仿制图章工具时可以按住"Alt"键在一幅图像中单击获取样点,然后在图像中的另一个区域拖动鼠标,这时取样处的图像就被复制到该处。

第4章

填充色彩并绘制图像

选择颜色

填充颜色

绘制图像

设置画笔样式

选区的描边与填充

还原与恢复操作

颜色的运用能够为画面增添许多效果。要在 Photoshop 中为图像填充颜色，首先要学会选择颜色，包括前景色、背景色的设置，"颜色"面板中吸管工具的运用等，还应掌握图像的描边和各种填充方式。掌握这些工具的使用将有利于图像的颜色处理，本章将详细介绍选择与填充颜色工具的使用，以及如何对图像的图案进行填充等操作。

本章导读

4.1　选择颜色

在为图像填充颜色之前，首先要明白如何选择颜色。选择颜色的方法很多，包括"颜色"面板组的使用、"拾色器"对话框的使用以及吸管工具的运用等。

4.1.1　前景色与背景色

在 Photoshop CS6 中，前景色和背景色位于工具箱下方。默认状态下，前景色为黑色，背景色为白色，如图 4-1 所示。单击工具箱下方的前景色和背景色切换按钮，可以使前景色和背景色互换。单击前景色和背景色的默认按钮，能将前景色和背景色恢复为默认的黑色和白色。通过前景色和背景色的设置，在图像处理过程中能够更快速地设置和调整颜色。

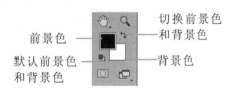

图 4-1　前景色/背景色

4.1.2　使用"拾色器"对话框

"拾色器"对话框是设置前景色和背景色最常使用的工具，能根据用户的需要设置出任何颜色。

打开"拾色器"对话框的方法是，单击工具箱下方的前景色或背景色图标，打开如图 4-2 所示的"拾色器"对话框。在对话框中拖动颜色区域的三角滑块，可以改变左侧主颜色框中的颜色范围，用鼠标单击颜色区域，可吸取需要的颜色，吸取后的颜色值将显示在右侧对应的选项中，设置完成后单击 确定 按钮。

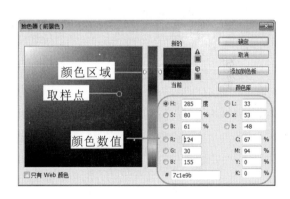

图 4-2　"拾色器"对话框

4.1.3　使用吸管工具

吸管工具位于工具箱中，通过吸取图像中的颜色作为前景色或背景色，在使用该工具前应保证工作界面中有图像文件被打开或被创建。

按"Alt + Delete"快捷键可以填充前景色，按"Ctrl + Delete"快捷键可以填充背景色。

其使用方法是在工具箱中选择吸管工具 ，移动鼠标光标到图像中需要的颜色上单击，将单击处的颜色作为前景色，如图 4-3 所示。如果在按住 "Alt" 键的同时单击，则可将单击处的颜色作为背景色，如图 4-4 所示。

图 4-3　设置前景色　　　　　　　　　　图 4-4　设置背景色

4.1.4　使用 "颜色" 面板组

　　在 Photoshop CS6 中除了使用吸管工具以及 "拾色器" 对话框设置颜色外，还可以通过 "颜色" 面板组设置颜色。
　　其使用方法是选择【窗口】/【颜色】命令或按 "F6" 键，打开 "颜色" 面板组。"颜色" 面板组中有 "颜色" 面板和 "色板" 面板，两者都用于设置颜色，如图 4-5 和图 4-6 所示。单击 "颜色" 面板中的前景色或背景色颜色块，拖动右侧滑动条上的滑块，可实现前景色或背景色的调制，也可双击前景色或背景色颜色块，在打开的 "拾色器" 对话框中设置颜色。"色板" 面板由大量调制好的颜色块组成，选择前景色后，单击任意一个颜色块将其设置为前景色，按住 "Ctrl" 键的同时单击，则可将其设置为背景色。

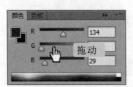
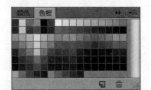

图 4-5　"颜色" 面板　　　　　　　　　　图 4-6　"色板" 面板

4.2　选区的描边与填充

选区工具除能帮助用户限制编辑区域外，通过对选区进行描边和填充处理，也能得到很多不错的效果。

　　"色板" 面板中的色块都是 Photoshop CS6 系统配置好的颜色，用户可以根据自己的需要添加或删除各种色块。

4.2.1　描边选区

描边选区是指使用一种颜色沿选区边界进行填充的操作。其使用方法是，选择【编辑】/【描边】命令，打开如图 4-7 所示的"描边"对话框，设置参数后单击 确定 按钮完成描边选区。"描边"对话框中各选项的含义如下。

- "宽度"数值框：在该数值框中输入数值，可以设置描边后生成填充线条的宽度，其取值范围为 1~250 像素。

- "颜色"色块：用于设置描边的颜色，单击其右侧的颜色图标可以打开"颜色"对话框，在其中可设置其他描边颜色。

图 4-7　"描边"对话框

- "位置"栏：用于设置描边位置。选中 内部(I) 单选按钮表示在选区边界以内进行描边；选中 居中(C) 单选按钮表示以选区边界为中心进行描边；选中 居外(U) 单选按钮表示在选区边界以外进行描边。

- "混合"栏：设置描边后颜色的不透明度和着色模式。

- 保留透明区域(P) 复选框：选中该复选框后进行描边时将不影响原图层中的透明区域。

如图 4-8 所示为对选区使用黑色居中，填充 2 像素和 15 像素后的描边效果。

填充 2 像素　　　　　　　　　填充 15 像素

图 4-8　使用不同描边宽度后的效果

4.2.2　填充选区

填充选区是指在创建的选区内部填充颜色或图案，这种操作方法在处理时经常用到。

实例 4-1　为选区填充图像 ●●●

下面打开"瓶子.jpg"图像，对图像建立选区，并通过"填充"对话框对图像的背景

在为图像进行描边处理后，如果再次载入图像选区，则显示的是图像轮廓选区，而不是描边之前的单一选区范围。

填充图像，增强图像效果。

参见光盘	光盘\素材\第 4 章\瓶子.jpg
	光盘\效果\第 4 章\瓶子.jpg

1 打开"瓶子.jpg"图像，在工具箱中选择磁性套索工具。使用鼠标在瓶子周围建立选区，选择【选择】/【反向】命令。

2 选择【编辑】/【填充】命令，在打开的"填充"对话框的"使用"下拉列表框中选择"图案"选项。在"自定图案"下拉列表框中选择第三个选项，在"模式"下拉列表框中选择"颜色加深"选项，单击确定按钮，如图 4-9 所示。

3 返回编辑窗口，按"Ctrl+D"快捷键，效果如图 4-10 所示。

图 4-9　设置填充效果

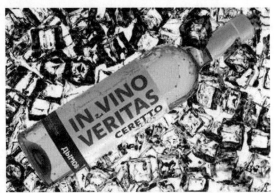

图 4-10　完成填充

4.3　填充颜色

为图像填充颜色可以让图像更加美观，在 Photoshop 中不但能通过"填充"对话框填充颜色，还可通过其他一些简单的方法对图像填充单色或多色渐变，下面将分别进行介绍。

4.3.1　使用油漆桶工具

油漆桶工具可用于在选区或图层中的图像中填充指定的颜色或图像。其使用方法是，单击工具箱中的渐变工具不放，在弹出的工具选择栏中选择油漆桶工具，然后使用鼠标在需要填充的区域单击。油漆桶工具属性栏如图 4-11 所示，其中各选项的含义如下。

图 4-11　油漆桶工具属性栏

▶ **前景**下拉列表框：用于设置填充的内容，默认为前景色，也可在下拉列表框中选

在"填充"对话框的"使用"下拉列表框中选择"颜色"选项。再在打开的"拾色器（填充颜色）"对话框中可指定填充的颜色。

择"图案"选项。当设置填充内容为图案后，工具属性栏中的  选项变为可用。

- "模式"下拉列表框：用于设置填充的渐变颜色与它下面的图像进行混合的方式，各选项的作用与图层的混合模式相同。
- "容差"文本框：用于设置填充时的范围，该值越大，填充的范围就越大。
- ☑消除锯齿复选框：选中该复选框后，填充图像后的边缘会尽量平滑。
- ☑连续的复选框：选中该复选框后，填充时将填充与单击处颜色一致并且连续的区域。
- ☑所有图层复选框：选中该复选框后，填充时将应用填充内容到所有图层中相同的颜色区域。

使用红色前景色和系统默认图案，如图4-12所示，在图像区域单击进行填充，填充后的效果分别如图4-13和图4-14所示。

图4-12　填充前的效果　　　　图4-13　填充前景色　　　　图4-14　填充图案

4.3.2　使用渐变工具

渐变是指两种或多种颜色之间的过渡效果。渐变工具的使用方法是，在工具箱中选择渐变工具▇，在其工具属性栏中设置好渐变颜色和渐变模式等参数后，将鼠标光标移动到图像窗口中适当的位置处单击，并拖动到另一位置后释放鼠标即可进行渐变填充，拖动的方向和长短不同，得到的渐变效果也各不相同。

渐变工具属性栏如图4-15所示，其中各选项的含义如下。

图4-15　渐变工具属性栏

- ▇▇▇下拉列表框：单击其右侧的▇按钮将打开如图4-16所示的"渐变工具"面板，其中提供了16种颜色渐变模式供用户选择，单击面板右侧的▇按钮，在弹出的下拉菜单中可以选择其他渐变方式。

图4-16　"渐变工具"面板

- ▇按钮：单击该按钮，可从起点（单击位置）到终点以直线方向进行颜色的逐渐改变。
- ▇按钮：单击该按钮，可从起点到终点以圆形图案沿半径方向进行颜色的逐渐改变。

操作提示

在设置好渐变颜色后，可以单击"渐变工具"面板，将该颜色保存到面板中，方便下一次使用。

- ■按钮：单击该按钮，可围绕起点按顺时针方向进行颜色的逐渐改变。
- ■按钮：单击该按钮，可在起点两侧进行对称性的颜色逐渐改变。
- ■按钮：单击该按钮，可从起点向外侧以菱形方式进行颜色的逐渐改变。
- "不透明度"下拉列表框：用于设置填充渐变颜色的透明程度。
- ☑反向复选框：选中该复选框后产生的渐变颜色将与设置的渐变顺序相反，如图 4-17 所示为选中反向复选框的状态，如图 4-18 所示为未选中该复选框的状态。

图 4-17　选中复选框的状态　　　　图 4-18　未选中复选框的状态

- ☑仿色复选框：选中该复选框，可使用递色法来表现中间色调，使渐变更加平滑。
- ☑透明区域复选框：选中该复选框，可在 下拉列表框中设置透明的颜色段。

在 Photoshop 中包括了线性、径向、对称、角度对称和菱形 5 种渐变方式，效果如图 4-19 所示。

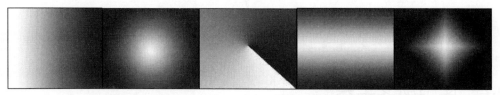

图 4-19　线性、径向、对称、角度对称和菱形渐变

4.3.3　渐变样本的编辑

虽然系统为用户提供了不同的渐变样本，但有时却不能满足绘图的需要，这时用户可自定义需要的渐变样本。

在 Photoshop 中要想编辑样本，只能在"渐变编辑器"对话框中进行，单击渐变工具属性栏中 下拉列表框的渐变样本显示框 ，打开如图 4-20 所示的"渐变编辑器"对话框。

通过渐变编辑器，不但可以方便地载入系统自带的其他渐变，还可以加工处理已存在的渐变，以得到新的渐变。

预设的渐变

当前样本的名字

设置样本效果

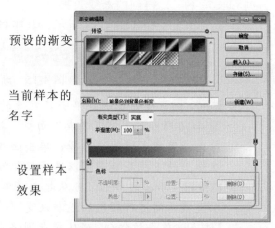

图 4-20　"渐变编辑器"对话框

在使用油漆桶工具做填充时，应先设置好前景色中的颜色，系统默认的是使用前景色对图像进行填充。

1．载入渐变

在"渐变编辑器"对话框的"预设"栏中提供了16种预设渐变，若是觉得这些渐变都不能满足需要，可通过载入的方法添加到"预设"栏中。其方法是，打开"渐变编辑器"对话框，单击 载入(L)... 按钮，在打开的"载入"对话框中选择需要载入的渐变文件，如图 4-21 所示。单击 载入(L)... 按钮，返回"渐变编辑器"对话框，可看到添加到"预设"栏中的渐变，如图 4-22 所示。

图 4-21　"载入"对话框

图 4-22　载入后的渐变样本

2．编辑渐变

编辑渐变就是对当前选择的渐变进行再编辑，主要包括颜色和透明度的设置，通过预览条上的颜色和透明度滑块来实现，如图 4-23 所示。

图 4-23　颜色和透明度编辑区

（1）颜色的设置和增加

为渐变添加颜色都是通过色标来实现的，其可以让渐变颜色更加丰富、美观。

实例 4-2　为渐变添加、设置颜色 ●●●

1 打开"渐变编辑器"对话框，在"预设"栏中选择需要编辑的渐变预设图标。单击

用户可以在网上下载一些渐变效果，再将渐变效果载入到 Photoshop 中。也可存储自己编辑的渐变，在需要时载入到 Photoshop 中。存储渐变的方法是，在"渐变编辑器"对话框中单击 存储(S)... 按钮，在打开的对话框中设置存储地址。

预览条底部改变颜色的色标，此时"色标"栏下部分参数设置变为可用，如图 4-24 所示。

2 单击"颜色"色块，在打开的"拾色器（色标颜色）"对话框中选择一种颜色，此时该色标的颜色就会发生相应的变化，如图 4-25 所示。

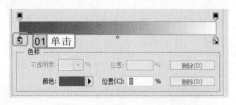

图 4-24　单击选择要编辑的滑块　　　　图 4-25　调制颜色后的滑块

3 如果要增加更多的颜色过渡，只需在预览条底部任意位置单击即可增加色标，如图 4-26 所示。再双击添加的色标，在打开的"拾色器（色标颜色）"对话框中选择一种颜色也可为色标添加颜色，效果如图 4-27 所示。

图 4-26　单击要增加色标的位置　　　　图 4-27　为增加的色标设置颜色

（2）透明度颜色的设置和增加

若想渐变具有不同程度的透明效果，可为渐变添加透明度颜色的设置。设置渐变的透明度可通过"不透明度"色标来完成。

实例 4-3　为渐变添加、设置不透明度 ●●●

1 打开"渐变编辑器"对话框，在"预设"栏中选择需要编辑的渐变预设图标。单击预览条顶部要改变的不透明度色标，此时"色标"栏上部分参数设置变为可用，如图 4-28 所示。

2 单击"不透明度"数值框右侧的　按钮，然后拖动滑块调整不透明度，此时预览条上就会实时显示改变后的透明效果，如图 4-29 所示。

图 4-28　选择要编辑的不透明度色标　　　图 4-29　调整不透明度色标的透明度

在设置渐变时，用户除可直接在"不透明度"、"位置"等数值框中输入数值设置渐变效果外，还可直接拖动预览条上的色标来设置渐变效果。

3 在预览条顶部空白的地方单击可增加一个不透明度色标，如图 4-30 所示，然后再通过"不透明度"数值框设置其透明度，通过"位置"数值框设置其在预览条上的位置，如图 4-31 所示。

图 4-30　增加不透明度色标

图 4-31　调整透明度和位置

4.4　绘制图像

在 Photoshop 中处理图像时，为了丰富图像画面经常需要自己绘制图像。在工具箱中有很多绘制图像的工具，其效果和作用都有所不同。下面讲解这些工具的操作方法。

4.4.1　使用画笔工具

在 Photoshop 中最常用的绘图工具就是画笔工具，使用画笔工具绘图实质就是使用某种颜色在图像中进行颜色填充，在填充过程中不但可以随意调整画笔笔触的大小，还可以控制填充颜色的透明度、流量和模式。首先设置前景色，在工具箱中选择画笔工具，将鼠标光标移动到要绘制图像的区域，按住鼠标左键不放并进行拖动，当绘制了满意的图像后释放鼠标。

画笔工具属性栏如图 4-32 所示，其中各选项的含义如下。

图 4-32　画笔工具属性栏

- 按钮：单击该按钮，在弹出的下拉列表框中将显示出预设画笔样式选项。
- "画笔大小"下拉列表框：单击其右侧的按钮，可在弹出的面板中设置画笔的主直径和硬度等。
- "模式"下拉列表框：用于设置画笔工具混合颜色效果。在其下拉列表框中列出了 25 种模式，每种模式都可以为图像创建不同的效果。
- "不透明度"下拉列表框：用于设置画笔颜色的不透明度，数值越大颜色越深。
- 按钮：连接绘图板后才能正常使用，用于控制绘画时画笔的压力。单击该按钮将对不透明度使用压力。
- "流量"下拉列表框：用于设置画笔的压力程度，数值越大，颜色越深。

按"D"键可复位前景色和背景色，按"X"键可交换前景色和背景色。

> ▶  按钮：单击该按钮后，可用喷枪方式处理绘制的画笔效果。
> ▶ 按钮：连接绘图板后才能正常使用，用于控制绘画时画笔的压力，单击该按钮将由流量使用压力。

使用多边形套索工具建立选区，再使用画笔大小为"100 像素"，不透明度、流量都为"100%"的画笔工具绘制五角星，如图 4-33 所示。使用画笔大小为"100 像素"，不透明度为"40%"，流量为"40%"的画笔工具绘制的五角星如图 4-34 所示。

图 4-33　不透明度为 100% 时绘制的五角星　　　图 4-34　不透明度为 40% 时绘制的五角星

4.4.2　使用铅笔工具

通过铅笔工具能在图像上绘制出边缘明显的直线或曲线，与画笔工具的使用方法基本相同。其方法是，设置前景色后，在工具箱中按住画笔工具不放，在弹出的工具选项栏中选择铅笔工具，然后在工具属性栏中设置画笔大小、不透明度等参数后，使用鼠标在图像中拖动即可进行绘制。如图 4-35 所示为设置"画笔大小"、"不透明度"分别为"5 像素"、"50%"时绘制的翅膀效果，如图 4-36 所示为设置"画笔大小"、"不透明度"分别为"15像素"、"80%"时绘制的翅膀效果。

图 4-35　画笔大小为 5 像素　　　　　　　　图 4-36　画笔大小为 15 像素

行家提醒

在使用铅笔工具和画笔工具时，若想绘制直线，只需按住"Shift"键不放，并拖动鼠标进行绘制。

需要注意的是，用户在铅笔工具属性栏中选中  复选框后，则在使用 "铅笔工具" 在图像中拖动时将使用前景色进行绘制。停止移动鼠标时右击，再使用鼠标进行拖动将使用背景色进行绘制。

4.4.3　使用颜色替换工具

"颜色替换工具" 能够简化图像中特定颜色的替换操作，可以使用选取的前景色在目标颜色上绘画。在工具箱中按住画笔工具不放，在弹出的工具栏中选择颜色替换工具，其工具属性栏如图 4-37 所示。

图 4-37　颜色替换工具属性栏

- ◑ "模式" 下拉列表框：用于设置绘画模式，选择不同选项将会出现不同的叠加效果，该下拉列表框中包括 "色相"、"饱和度"、"颜色" 和 "亮度" 4 个选项。
- ◑ 按钮：用于选择取样方式，如 "连续"、"一次" 和 "背景色板" 等。
- ◑ "限制" 下拉列表框：用于设置画笔替换颜色的范围。如选择 "不连续" 选项，可替换出现在画笔下的样本颜色；选择 "连续" 选项，可替换与紧挨画笔处颜色相似的颜色；选择 "查找边缘" 选项，可替换包含样本颜色的连接区域。
- ◑ "容差" 数值框：用于设置相关颜色的容差，数值越低，选择的相似颜色越少。

如图 4-38 所示为模式为 "颜色" 时颜色替换工具效果，如图 4-39 所示为模式为 "明度" 时颜色替换工具效果。

图 4-38　模式为 "颜色" 时的效果

图 4-39　模式为 "明度" 时的效果

4.4.4　使用混合器画笔工具

使用混合器画笔工具能在图像上绘制出油画的效果。在混合器画笔工具中可以在画笔上定义使用多种颜色，再以混合的方式进行绘制。

在混合器画笔工具属性栏中，"潮湿" 数值框用于控制在图像中获取颜色的量，数值越

操 作 提 示

有些颜色模式不能使用颜色替换工具，如位图、索引和多通道等。

大，获取的颜色越多。"载入"数值框用于控制前景色的浓度，数值越高，色彩越浓。"混合"数值框用于控制绘制后与图像描边的混合比，数值越高，融合度越好。

　在"苹果"图像上绘制图像 ●●●

下面打开"苹果.jpg"图像，通过颜色替换工具重新绘制图像中的苹果，并使用颜色替换工具对图像边缘进行处理，使图像变得更加美观。

参见
光盘

光盘\素材\第 4 章\苹果.jpg
光盘\效果\第 4 章\苹果.jpg

1　打开"苹果.jpg"图像，在工具箱中按住画笔工具不放，在弹出的工具选项栏中选择混合器画笔工具。

2　在其工具属性栏中单击画笔大小右边的 按钮，在弹出的面板中选择第 12 个画笔预设，如图 4-40 所示。单击"混合画笔组合"下拉列表框，在其中选择"潮湿，线混合"选项，如图 4-41 所示。

图 4-40　选择画笔

图 4-41　画笔组合

3　按"Alt"键的同时使用鼠标在图像中苹果上方单击，如图 4-42 所示。使用鼠标在苹果上由上向下涂抹，如图 4-43 所示。

图 4-42　建立参考点

图 4-43　绘制图像

在"混合画笔组合"下拉列表框中选择了混合画笔样式后，用户就无须再设置潮湿、载入和混合等参数。

4 使用相同的方法对整个苹果进行涂抹，如图 4-44 所示。在工具属性栏中将画笔大小设置为"50 像素"。按"Alt"键的同时使用鼠标在苹果梗上单击，并从苹果梗根部向上进行绘制，如图 4-45 所示。

图 4-44　绘制苹果

图 4-45　绘制苹果梗

5 按"Alt"键的同时使用鼠标对后面的苹果进行涂抹，效果如图 4-46 所示。

6 将前景色设置为"白色"，在工具箱中选择颜色替换工具 ，在其工具属性栏中设置"画笔大小"、"模式"、"容差"分别为"100 像素"、"颜色"、"30%"。使用鼠标在除苹果以外的区域进行涂抹，效果如图 4-47 所示。

图 4-46　绘制后面的苹果

图 4-47　使用颜色替换工具绘制图像

4.5　设置画笔样式

在 Photoshop 中想要使用画笔轻松地完成绘制任务，除选择合适的画笔工具外，还需要设置画笔样式。通过设置不同的画笔样式，能使绘制出的线条出现翻天覆地的变化。

操 作 提 示

在使用混合器画笔工具绘制苹果时，可将图像放大进行绘制。另外，在绘制时想保证图像的效果，最好在苹果上多设置几个参考点。

4.5.1　查看并选择画笔样式

　　Photoshop 内置了多种画笔样式，方便用户使用。通过"画笔"面板就可以方便地查看并选择其他画笔样式。其方法是，选择【窗口】/【画笔】命令，或按"F5"键即可打开"画笔"面板，如图 4-48 所示。若想选择需要的画笔，只需在"画笔"面板右边的画笔样式列表框中单击需要的画笔样式即可使用。需要注意的是，若想保证"画笔"面板为可用状态，必须在工具箱中选择画笔工具。

　　此外，用户还可在"画笔预设"面板中更加清楚地查看到画笔的样式。选择【窗口】/【画笔预设】命令，打开如图 4-49 所示的"画笔预设"面板。在其列表框中也可选择需要的画笔样式。

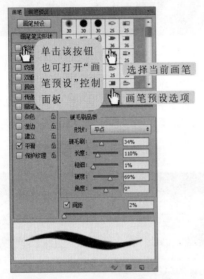

图 4-48　"画笔"面板

图 4-49　"画笔预设"面板

4.5.2　设置与应用画笔样式

　　与编辑渐变样式一样，当 Photoshop 预设的画笔样式不能满足绘图的需要时，可以通过"画笔"面板编辑或创建的新画笔样式来完成。

实例 4-5　设置画笔样式在"风景"图像中进行绘制 ●●●

　　下面将在"风景.jpg"图像中选择画笔工具并进行设置，最后使用画笔工具在图像上进行绘制。

参见
光盘　　光盘\素材\第 4 章\风景.jpg
　　　　光盘\效果\第 4 章\风景.jpg

　　除可自定义画笔外，用户还可将网上下载的画笔样式载入到 Photoshop 中。其方法是，在"画笔预设"面板中单击█按钮。在弹出的快捷菜单中选择需要的画笔预设即可。

1　打开"风景.jpg"图像，在工具箱中选择画笔工具 。将前景色设置为"白色"，背景色设置为"蓝色"。

2　选择【窗口】/【画笔】命令，打开"画笔"面板，选择"画笔笔尖形状"选项。在画笔样式选项栏中选择第 3 种画笔预设。设置"大小"为"30 像素"，"硬度"、"间距"分别为"12%"、"80%"，如图 4-50 所示。

3　选中 ☑散布 复选框，再选中 ☑两轴 复选框。设置"散布"为"500%"，在其下方的"控制"下拉列表框中选择"渐隐"选项。设置"数量"、"数量抖动"分别为"2"、"0%"，如图 4-51 所示。

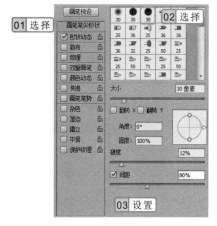

图 4-50　设置画笔笔尖形状

图 4-51　设置散布

4　选中 ☑颜色动态 复选框，设置"前景/背景抖动"为"45%"，在其下方的"控制"下拉列表框中选择"渐隐"选项，如图 4-52 所示。

5　将鼠标光标移动到图像左下角，按住鼠标左键不放并向图中间拖动，释放鼠标再将鼠标从右上方向图中心拖动，效果如图 4-53 所示。

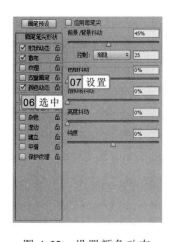

图 4-52　设置颜色动态

图 4-53　绘制图像

用户将从网上下载的画笔样式载入到 Photoshop 中后，可在"画笔预设"面板中单击 按钮，在弹出的下拉菜单中选择需要的画笔预设。

4.6　还原与恢复操作

在图像处理过程中，有时会产生一些误操作或对处理后的最终效果不满意，需要将图像返回到某个状态再重新处理。Photoshop 提供了强大的恢复功能来解决这一问题。

4.6.1　通过菜单命令操作

　　用户在处理图像时，经常对图像的操作进行不断测试和修改，发现失误后返回到上一步重新再来。还原与恢复的操作方法是，选择【编辑】/【后退一步】命令，如图 4-54 所示。如果想重新返回到当前操作状态，可选择【编辑】/【还原状态更改】命令，如图 4-55 所示。按"Ctrl+Z"快捷键也可撤销一步操作，但再次按"Ctrl+Z"快捷键将执行恢复操作。

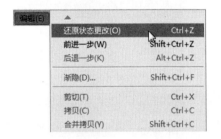

图 4-54　还原操作　　　　　　　　　　　　图 4-55　恢复操作

4.6.2　通过"历史记录"面板操作

　　通过菜单和快捷键只能还原或恢复一步操作，而通过"历史记录"面板可以将图像恢复到任意操作步骤状态。其方法是，在"历史记录"面板中单击选择相应的历史命令，如图 4-56 所示为当前图像操作状态，如图 4-57 所示为返回到以前的某个图像操作时的状态。

图 4-56　当前图像操作状态　　　　　　图 4-57　返回到以前某个图像操作状态

　　Photoshop 中的"历史记录"面板在默认情况下最多只能记录 20 步操作，当超过 20 步时，系统就会自动删除前面的操作步骤。

4.7　基础实例

本章的基础实例中对"相册"图像通过描边的方式添加发光效果，并新建文档，通过设置画笔样式绘制一幅梅花。让读者进一步掌握使用画笔、设置画笔样式以及填充图像的方法。

4.7.1　为图像添加发光效果

本例将对"相册"图像进行编辑，使相册中的人物照片周围出现发光效果，最终效果如图 4-58 所示。

图 4-58　为图像添加发光效果

1．行业分析

本例制作的"相册"图像添加发光效果，是在图像处理时经常使用到的手法。使用这种手法可以在不影响图像原貌的情况下，对图像进行修饰。

为图像添加发光效果美化照片，在制作影楼相册集时经常被使用到。在相册中为图像添加发光效果，除能起到修饰作用外，还能起到缓冲颜色的作用，使镶入相册的图像看起来不唐突。

虽然影楼制作的相册看似不同，但其封面材质一般分为 PU 面相册、工艺纸面相册、铜版纸面相册和卡纸面相册等。其中 PU 面相册图像效果最好。除封面材质不同外，影楼常见相册的尺寸一般有 6 寸、8 寸、10 寸和 12 寸等。其中以 8 寸、10 寸最为常见，有些影楼还会根据顾客的特殊需求推出异形相册，如对于拍结婚照的顾客推荐使用夫妻相册，顾客从左边或是右边翻开都能看到自己的照片。

2．操作思路

为更快完成本例的制作，并且尽可能运用本章讲解的知识，本例的操作思路如下。

"描边"对话框中的"模式"下拉列表框用于设置描边颜色与图像产生的混合效果，具体参阅本书第 6 章有关图层混合的介绍。

操作思路：

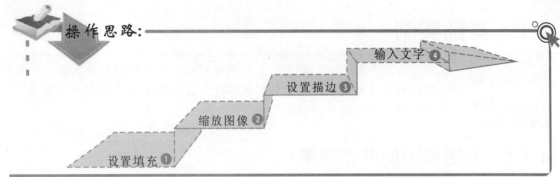

输入文字 4
设置描边 3
缩放图像 2
设置填充 1

3．操作步骤

下面介绍为图像添加发光效果的方法，其操作步骤如下：

参见
光盘

光盘\素材\第 4 章\相册.jpg、人物 1.jpg
光盘\效果\第 4 章\相册.psd
光盘\实例演示\第 4 章\为图像添加发光效果

1 打开"相册.jpg"图像，选择【编辑】/【填充】命令，打开"填充"对话框。在"内容"栏中的"使用"列表框中选择"图案"选项。单击"自定图案"下拉列表框，在弹出的下拉列表框中单击 按钮，在弹出的列表框中选择"自然图案"选项。返回"自定图案"下拉列表框，在其中选择第 3 个选项，设置"模式"、"不透明度"分别为"划分"、"45%"，单击 确定 按钮，如图 4-59 所示。

2 打开"人物 1.jpg"图像。在工具箱中选择多边形选框工具 ，在其工具属性栏中设置"羽化"为"20 像素"，使用鼠标在人物周围建立选区。

3 使用移动工具，将人物移动到"相册"图像中，按"Ctrl+T"快捷键，将人物缩小，按"Enter"键，效果如图 4-60 所示。

图 4-59　设置填充

图 4-60　缩放图像

4 选择【编辑】/【描边】命令，打开"描边"对话框。设置"宽度"、"颜色"、"不透明度"分别为"15 像素"、"白色"、"50%"，单击 确定 按钮，如图 4-61 所示。

"描边"对话框中的"不透明度"数值框用于设置描边后产生描边颜色的透明程度。

5 在工具箱中选择画笔工具 ✏。按"F5"键，打开"画笔"面板，在其中选择"画笔笔尖形状"选项，在"画笔样式"栏中选择第2个画笔样式，设置"画笔大小"、"间距"分别为"15像素"、"160%"。

6 设置前景色为"白色"，按住"Shift"键不放，拖动鼠标在图像右上角绘制一条直线。在工具箱中选择横排文字工具，在其工具属性栏中设置"字体"、"字体大小"、"颜色"分别为"黑体"、"14点"、"白色"，在图像右上角输入"青春年华"，如图4-62所示。

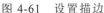

图 4-61　设置描边

图 4-62　输入文字

4.7.2　绘制水墨梅花

本实例将使用画笔工具绘制一幅水墨梅花画，练习灵活运用画笔工具绘制图像，最终效果如图4-63所示。

图 4-63　水墨梅花图

1. 行业分析

本例绘制的"水墨梅花"图像是中国画的一种，以中国画特有的材料之一———墨为主要原料，加以清水引为浓墨、淡墨、干墨、湿墨和焦墨等，画出不同浓淡（黑、白、灰）层次，别有一番韵味，称为"墨韵"，是以水墨为主的一种绘画形式。

在平面设计行业中，有时需要手绘标志或者图像，此时就需要用户掌握使用 Photoshop

在使用画笔工具绘制过程中不需要随时在工具属性栏中改变画笔直径的大小，可直接按"["键减小直径，按"]"键增大直径。

中的画笔工具进行绘制的方法。使用画笔工具能很轻松地模仿出各种现实中存在的画笔效果。通过 Photoshop 绘制的图像可直接被使用，不需要从传统纸质媒体中提取图像再进行编辑，这样不但大大减少了编辑时间，而且降低了多次编辑转换对图像质量的损耗。

绘制水墨画的基本要素包括单纯性、象征性和自然性。相传水墨画始于唐代，成于五代，盛于宋元，明清及近代以来续有发展。以笔法为主导，充分发挥墨法的功能。"墨即是色"，指墨的浓淡变化就是色的层次变化，"墨分五彩"，指缤纷的色彩可以用多层次的水墨色度代替。

2．操作思路

为更快完成本例的制作，并且尽可能运用本章讲解的知识，本例的操作思路如下。

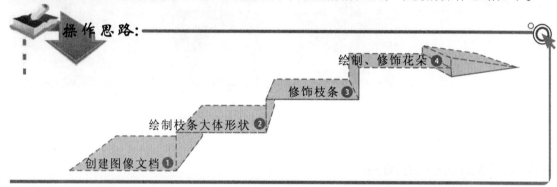

操作思路：

绘制、修饰花朵 ④
修饰枝条 ③
绘制枝条大体形状 ②
创建图像文档 ①

3．操作步骤

下面介绍为图像添加发光效果的方法，其操作步骤如下：

参见 光盘\效果\第 4 章\水墨梅花.psd
光盘 光盘\实例演示\第 4 章\绘制水墨梅花

1 选择【文件】/【新建】命令，在打开的"新建"对话框中进行如图 4-64 所示的设置，单击 确定 按钮。

2 设置前景色为"灰色（#f0f3ea）"，按"Alt+Delete"快捷键使用前景色填充图像，如图 4-65 所示。

图 4-64　"新建"对话框

图 4-65　填充图像

在工具属性栏中为一种画笔样式设置不透明度和流量后，当选择另一种画笔样式时，工具属性栏中的参数将还原到默认状态。

3 将前景色设置为黑色，在工具箱中选择画笔工具 ✎，选择"窗口"/"画笔预设"命令，打开"画笔预设"面板。

4 单击"画笔预设"面板右上角的 ▤ 按钮，在弹出的下拉菜单中选择"湿介质画笔"命令，在打开的提示对话框中单击 追加(A) 按钮，将湿介质画笔样式追加到当前控制面板中，如图 4-66 所示。

5 再次单击"画笔预设"面板右上角的 ▤ 按钮，在弹出的下拉菜单中选择"大列表"命令，以改变画笔样式的显示状态。

6 在"画笔预设"面板中选择"深描水彩笔"样式，如图 4-67 所示。然后在面板上方的"大小"数值框中设置不同的画笔大小，在图像中绘制出梅花的枝条雏形，如图 4-68 所示。

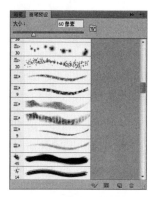

图 4-66　载入画笔样式

图 4-67　选择画笔样式

7 继续使用当前画笔沿枝条边缘绘制一些细节，以突出枝条的苍劲感，如图 4-69 所示。

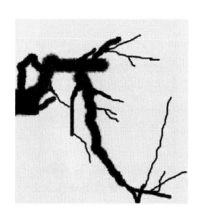

图 4-68　选择画笔样式

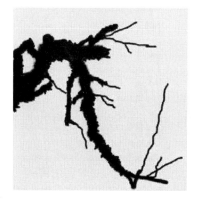

图 4-69　增加枝条细节

8 设置前景色为"灰色（#6b6c66）"，在画笔工具属性栏中设置"不透明度"为"30%"，使用不同的画笔沿枝条反复涂抹，以突出枝条的明暗关系，如图 4-70 所示。

9 使用载入"湿介质画笔"的方法载入"自然画笔 2"到"画笔预设"面板中，然后选择"旋绕画笔 20 像素"画笔样式。

操作提示

若是觉得画笔样式列表框中的画笔样式太多，可单击面板右上角的 ▤ 按钮，在弹出的下拉菜单中选择"复位画笔"命令，清除多余的画笔样式。

10 在画笔工具属性栏中设置"不透明度"、"流量"均为"50%"，设置不同大小的画笔，单击绘制不同大小的花瓣，在花瓣颜色较深的地方可多单击几次，如图 4-71 所示。

图 4-70　突出枝条明暗关系

图 4-71　绘制花瓣

11 在"画笔预设"面板中选择"柔角 5 像素"画笔样式，并设置画笔大小为"6 像素"。在面板中单击■按钮，打开"画笔"面板，如图 4-72 所示。

12 在打开的"画笔"面板中选中☑形状动态复选框，设置"大小抖动"栏下的"控制"为"渐隐"，在其后方的数值框中输入"25"，如图 4-73 所示。

图 4-72　设置画笔样式

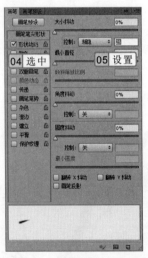

图 4-73　设置画笔动态效果

13 在画笔工具属性栏中设置"不透明度"为"80%"，放大显示某个花瓣，拖动鼠标绘制 4 条渐隐线条，以得到花蕊效果，如图 4-74 所示。

14 继续在其他花瓣处拖动鼠标绘制花蕊，如图 4-75 所示。最后使用画笔在图像左下侧手动绘制"暗香浮动"图像。

在使用画笔工具完成图像的绘制后，还可以通过放大或缩小笔触，对细节部分进行补充描绘。

图 4-74　绘制花蕊

图 4-75　绘制其他花蕊

4.8　基础练习

本章主要介绍了在 Photoshop CS6 中选择、填充颜色以及绘制图像的方法，通过本章的学习，用户在使用画笔工具绘制原创图像、填充颜色和描边时将会更加轻松。

4.8.1　绘制光盘

本练习将制作一个光盘的正面碟面和背面碟面效果。主要练习选区、渐变颜色的编辑和填充。光盘效果如图 4-76 所示。

图 4-76　光盘效果

参见
光盘

光盘\素材\第 4 章\光盘.jpg
光盘\效果\第 4 章\光盘.psd
光盘\实例演示\第 4 章\绘制光盘

该练习的操作思路与关键提示如下。

在做圆锥渐变填充时，要找到选区的中心点，可以按"Ctrl+R"快捷键显示标尺，然后从上边和左边分别拖出两条参考线，交叉点即为中心点。

操作思路:

用橡皮擦工具处理成部分透明效果 ③

编辑渐变颜色，缩小选区并进行填充 ②

使用椭圆选框工具创建选区 ①

关键提示:

在使用渐变工具绘制渐变时，应在其工具属性栏中选择"角度渐变"进行渐变。

4.8.2　绘制桃花

本基础练习将利用画笔工具、多边形选框工具以及填充等方法，绘制如图 4-77 所示的桃花图像。

图 4-77　白描桃花

　参见　光盘\效果\第 4 章\白描桃花.psd
光盘　光盘\实例演示\第 4 章\绘制桃花

该练习的操作思路与关键提示如下。

操作思路:

使用画笔工具加强树枝轮廓，绘制花朵 ③

填充选区并取消选区 ②

新建文件，使用选区工具绘制树枝 ①

在使用画笔工具加强树枝效果时，为了使树枝粗细有序，最好使用不同的画笔大小绘制不同的枝段。

关键提示：

在绘制图像时先将前景色设置为"黑色"，画笔样式选择"硬边圆"。

4.9　知识问答

在使用画笔以及"画笔"面板的过程中，用户需要花费大量的时间才能掌握设置画笔样式的技巧和方法。下面讲解在使用画笔工具和"画笔"面板时可能遇到的问题及解决方案。

问：使用画笔工具在图像中绘制星光闪烁效果时，画笔状态不好设置，怎么办？

答：主要是对工具使用方法及技巧还不是很熟悉，其实在 Photoshop 中是不用自己画星光效果的，在"画笔"面板中就有这种样式的笔尖，选择星形、交叉排线以及星形放射画笔形状，在图像窗口中就可以绘制出不同的星光效果。

问：有时需要将现有的前景色与背景色对换，如果先用吸管工具 将前景色设为与背景色相同，但要再将背景色更改为前景色时该如何操作呢？

答：其实将前景色与背景色对调的方法非常简单，只需直接单击工具箱中前景色和背景色图标 右上侧的 按钮；另外，也可双击前景色图标打开"拾色器"对话框，记住当前前景色的 RGB 值，以后输入相同的值就可以保持颜色与原来的前景色相同了。

问：选择画笔工具后，可以在属性栏中设置画笔属性，这和"画笔"面板中的各项设置有什么不同呢？

答：在画笔工具属性栏中只能进行一些基本设置，更多的设置要通过"画笔"面板来完成，如形状动态、颜色动态等。

 **数位板的作用**

Photoshop CS6 提供的图像编辑和修改工具不仅可以用来合成图像，还可以用来进行手动绘图。目前用电脑绘制卡通漫画大致有两种方法：一种是先用传统工具手绘，然后用扫描仪扫描到足够的精度之后在图像处理软件中进行上色和处理；另一种是直接在电脑软件中用鼠标或数位板绘制。如果资金允许，建议使用数位板，便于绘制出完美的效果。

数位板是一种外设，客户需要单独购买，然后根据开发商提供的安装程序安装后才能使用。

第5章

色调与色彩的调整

调整图像的色彩   调整图像的色调

调整 HDR 色调

色调均化
调整特殊色调和色彩

COCO

在处理图像时，为了使照片的颜色和色调符合需要，用户需要对图像进行调整。利用 Photoshop 中的各种颜色调整命令，可以对图像进行偏色矫正、反向处理和明暗度调整等操作。掌握这些命令的使用将有利于图像的后期处理，本章将详细介绍 Photoshop CS6 中各种调整命令的使用方法。

本章导读

5.1　调整图像的色调

 Photoshop 作为一个专业的平面图像处理软件,内置了许多调整图像色调的命令。为了增强图像的效果,用户可对图像的色调进行调整,如增加图像的对比度等,以达到强化图像效果的目的。

5.1.1　调整亮度/对比度

　　"亮度/对比度"命令用于调整图像中的亮度和对比度参数。其使用方法是,选择【图像】/【调整】/【亮度/对比度】命令,打开"亮度/对比度"对话框,分别在"亮度"和"对比度"数值框中输入数值以调整图像的亮度和对比度,单击 确定 按钮,图像效果如图 5-1 所示。

图 5-1　调整图像亮度和对比度

5.1.2　调整色阶

　　"色阶"命令常用于精确调整图像的中间色和对比度,也是处理图像时使用较频繁的命令之一。

调整曝光不足的照片 ●●●

　　下面将使用"色阶"对话框调整图像的曝光度和对比度,使图像更加艳丽、更加美观。

参见
光盘 　光盘\素材\第 5 章\小船.jpg
　　　　光盘\效果\第 5 章\小船.jpg 　　　　　　　　　　　　　>>>>>>>>>

1 打开"小船.jpg"图像,可看到该照片曝光不足且颜色不丰富,如图 5-2 所示。
2 选择【图像】/【调整】/【色阶】命令,打开"色阶"对话框。使用鼠标将"输入色阶"栏中的白色输入滑块向左拖动,如图 5-3 所示,以增加图像曝光度。

　　在"亮度"数值框中输入数值为负时,将降低图像的亮度;输入数值为正时,将增加图像的亮度。

图 5-2　打开图像

图 5-3　调整输入色阶

3 使用鼠标将"输出色阶"栏下方的白色输入滑块向左拖动，如图 **5-4** 所示，以增加图像曝光度和对比度。

4 在对话框中单击灰色吸管工具，在图像中单击右下角的绿草，修正图像颜色，单击 确定 按钮，如图 **5-5** 所示。

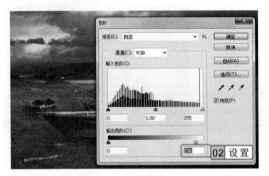

图 5-4　调整输出色阶

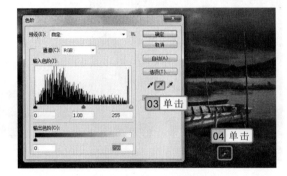

图 5-5　修正颜色

5.1.3　调整曲线

　　"曲线"命令可以调整图像的亮度和对比度，并且能纠正图像偏色等现象，但与"色阶"命令相比，该命令的调整更为精确。

 调整"猴子"图像曲线 ●●●

参见　光盘\素材\第 5 章\猴子.jpg
光盘　光盘\效果\第 5 章\猴子.jpg　　　　　　　>>>>>>>>

1 打开"猴子.jpg"图像，如图 5-6 所示。选择【图像】/【调整】/【曲线】命令，打开"曲线"对话框。

2 将鼠标光标置于调节线的右上方，然后单击增加一个调节点。按住鼠标左键不放并向下方拖动添加的调节点，如图 5-7 所示。图像会即时显示亮度增加后的效果。

　　在"色阶"对话框的"通道"下拉列表框中选择一种颜色后，可对图像的某种颜色单独进行调整。

图 5-6　打开图像

图 5-7　增加亮度

3 调整后发现图像右下侧的亮度依然不够，在调节线左下侧单击再添加一个调节点，按住鼠标左键不放并向左适当拖动，如图 5-8 所示。单击 确定 按钮，调整后的效果如图 5-9 所示。

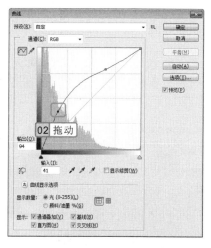

图 5-8　继续调整亮度

图 5-9　完成调整后的效果

5.1.4　调整色彩平衡

"色彩平衡"命令可在图像原色的基础上，根据需要添加其他颜色，或增加某种颜色的补色以减少该颜色的数量，从而改变图像的原色彩。

实例 5-3 **调整"绿叶"图像颜色** ●●●

下面将通过"色彩平衡"命令调整图像颜色，将绿色的树叶调整为黄色的树叶。

操 作 提 示

在"曲线"对话框中调整曲线时，双击曲线可以得到一个调整点，如果想要将调整的曲线恢复为原状，可以按住"Alt"键不放，这时 取消 按钮将变为 复位 按钮，单击该按钮即可。

参见 光盘\素材\第 5 章\绿叶.jpg
光盘 光盘\效果\第 5 章\绿叶.jpg

1 打开 "绿叶.jpg" 图像, 如图 5-10 所示。选择【图像】/【调整】/【色彩平衡】命令,
打开 "色彩平衡" 对话框。

2 在 "色阶" 数值框中设置参数为 "+70"、"0"、"−100", 将图像颜色调整为黄色, 如
图 5-11 所示。

图 5-10　打开图像　　　　　　　　　　　　图 5-11　调整中间调颜色

3 在 "色调平衡" 栏中选中 阴影(S) 单选按钮。在 "色阶" 数值框中输入 "0"、"−46"、"−94",
单击 确定 按钮, 效果如图 5-12 所示。

4 在工具箱中选择加深工具 , 在其工具属性栏中设置 "画笔大小"、"范围"、"曝光度"
分别为 "298 像素"、"中间调"、"50%", 使用鼠标在图像四周进行涂抹, 如图 5-13
所示。

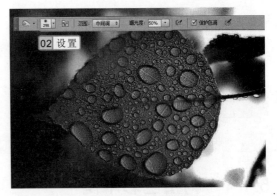

图 5-12　调整阴影颜色　　　　　　　　　　图 5-13　加深背景颜色

5.1.5　调整阴影和高光

"阴影/高光" 命令可以单独对图像中的暗部、亮部区域的亮度进行增加或降低, 在处
理图像曝光时经常被用到。其使用方法是, 选择【图像】/【调整】/【阴影/高光】命令,

在 "色彩平衡" 对话框中, 阴影、中间调、高光分别对应图像中的低色调、半色调和高色调,
选中相应的单选按钮即可对图像中对应的色调区域进行调整。

打开"阴影/高光"对话框，如图 5-14 所示。在其中输入阴影和高光的数值，单击 确定 按钮，效果如图 5-15 所示。

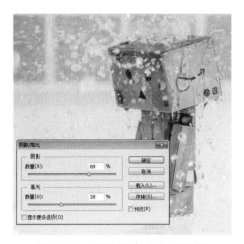

图 5-14　"阴影/高光"对话框

图 5-15　完成调整后的效果

　　"阴影/高光"对话框中的"阴影"滑块用于控制图像中阴影部分的显示，数值越大，图像中的阴影越少。"高光"滑块用于控制图像中高光部分的显示，数值越大，显示的高光区域越多。

5.1.6　调整通道混合器

　　"通道混合器"命令可以将图像中不同通道的颜色进行混合，从而达到改变图像色彩的目的。其使用方法是，选择【图像】/【调整】/【通道混合器】命令，打开"通道混合器"对话框，如图 5-16 所示。在其中设置输出通道、源通道等参数，单击 确定 按钮，效果如图 5-17 所示

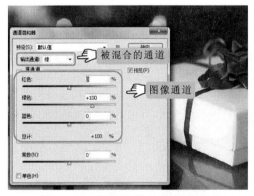

图 5-16　设置通道混合器的参数

图 5-17　完成调整后的效果

　　"通道混合器"对话框中的"常数"数值框用于调整输出通道的灰度值，此值为正数时图像为白色，为负数时图像为黑色。

　　在"通道混合器"对话框中选中 ☑单色(H) 复选框，可创建仅包含灰色值的图像。

5.1.7　调整 HDR 色调

"HDR 色调"命令可对曝光过度的图像中的缺失细节进行调整，能快速对曝光过度的图像进行修复。

 调整曝光过度的图像 ●●●

参见光盘　光盘\素材\第 5 章\回眸.jpg
光盘\效果\第 5 章\回眸.jpg

1 打开"回眸.jpg"图像，如图 5-18 所示。选择【图像】/【调整】/【HDR 色调】命令，打开"HDR 色调"对话框。

2 在打开的对话框中设置"灰度系数"、"曝光度"、"细节"分别为"1.00"、"-0.59"、"30"，如图 5-19 所示。单击 确定 按钮，效果如图 5-20 所示。

图 5-18　打开图像

图 5-19　设置 HDR 色调

3 在工具箱中选择加深工具，在其工具属性栏中设置"画笔大小"、"曝光度"分别为"200 像素"、"30%"，使用鼠标对背景图像进行涂抹，效果如图 5-21 所示。

图 5-20　设置完成

图 5-21　加深背景颜色

在使用减淡工具对图像进行调整时，不要对图像的阴影部分进行涂抹。

5.2　调整图像的色彩

通过不同的颜色可以让图像传达出不同的感觉。在 Photoshop 中除了有很多可调整色调的命令外，还有很多可以调整图像色彩的命令。各命令的使用范围都有所不同，下面将分别对其进行讲解。

5.2.1　调整色相/饱和度

"色相/饱和度"命令可以对图像的色相、饱和度和亮度进行调整，最终达到改变图像色彩的目的。

　调整曝光过度的图像 ●●●

参见
光盘　光盘\素材\第 5 章\玫瑰.jpg
　　　光盘\效果\第 5 章\玫瑰.jpg　>>>>>>>>>>

1️⃣　打开"玫瑰.jpg"图像，使用磁性套索工具绘制出玫瑰所在的选区，如图 5-22 所示。

2️⃣　选择【选择】/【修改】/【扩展】命令，在打开的"扩展"对话框中设置"扩展量"为"2"，单击 ▭确定▭ 按钮。

3️⃣　选择【图像】/【调整】/【色相/饱和度】命令，打开"色相/饱和度"对话框，选中☑着色(O)复选框，设置"色相"、"饱和度"分别为"218"、"80"，单击▭确定▭按钮，如图 5-23所示。

图 5-22　建立选区　　　　　图 5-23　设置"色相/饱和度"参数

4️⃣　选择【选择】/【反向】命令，反向建立选区。选择【图像】/【调整】/【亮度/对比度】命令，在打开的对话框中设置"亮度"、"对比度"分别为"79"、"-5"，单击 ▭确定▭ 按钮，如图 5-24 所示。按"Ctrl+D"快捷键取消选区，如图 5-25 所示。

操　作　提　示

若不绘制选区，使用"色相/饱和度"命令即是对整个图像进行色彩调整，绘制选区后，则只对选区内的图像进行调整。这一局部色彩调整的方法也同样适用于其他色彩调整命令。

图 5-24　设置亮度/对比度参数　　　　　　　　图 5-25　完成编辑

5.2.2　去色

"去色"命令可以去除图像中所有颜色信息，从而使图像呈灰度显示，但图像的色彩模式不变。如图 5-26 所示为原图像，选择【图像】/【调整】/【去色】命令后，即可得到灰度图像，如图 5-27 所示。

图 5-26　原图像显示　　　　　　　　　　图 5-27　灰度图像效果

5.2.3　黑白

"黑白"命令可以将色彩图像方便地转换为黑白照片效果，并且调整图像的黑白色调，或者为图像添加单一色调效果。其使用方法是，选择【图像】/【调整】/【黑白】命令，打开"黑白"对话框，如图 5-28 所示。在打开的对话框中设置需要调整的颜色数值，数值越大，颜色越亮。设置完成后单击 确定 按钮，效果如图 5-29 所示。

若用户想制作单色调效果，则只需在"黑白"对话框中选中 色调(T) 复选框，再设置色相、饱和度等参数即可。

通过"色相/饱和度"命令调整图像色彩，如果被调整的图像无色或呈灰色显示，应选中 着色(O) 复选框后再进行调整，因为这类图像本身没有色相或饱和度，调整起来很难看到变化。

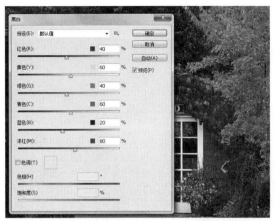

图 5-28　设置黑白命令参数

图 5-29　完成设置

5.2.4　调整匹配颜色

"匹配颜色"命令可以使作为源的图像色彩与作为目标的图像进行混合，从而达到改变目标图像色彩的目的。

实例 5-6 ▷ 匹配两幅图的颜色 ●●●

参见
光盘　　光盘\素材\第 5 章\图像 1.jpg、图像 2.jpg
　　　　光盘\效果\第 5 章\匹配颜色.jpg

1 打开"图像 1.jpg"和"图像 2.jpg"，如图 5-30 和图 5-31 所示。

图 5-30　打开图像 1

图 5-31　打开图像 2

2 将"图像 2"设置为当前图像，选择【图像】/【调整】/【匹配颜色】命令，打开"匹配颜色"对话框，在"源"下拉列表框中选择"图像 1.jpg"选项，再设置"明亮度"、"颜色强度"分别为"110"、"109"，单击　确定　按钮，如图 5-32 所示。返回图像窗口可见图像 1 中的颜色已被匹配到图像 2 中，效果如图 5-33 所示。

操 作 提 示

如果在"匹配颜色"对话框中没有设置源图像，则对"渐隐"参数的调整将不产生任何变化，但可以通过调整"亮度"和"颜色强度"参数来实现对目标图像明暗度和饱和度的控制。

图 5-32　设置匹配颜色参数

图 5-33　完成效果

5.2.5　调整可选颜色

"可选颜色"命令可以对 RGB、CMYK 和灰度等模式的图像中特定的颜色进行调整，而不影响其他颜色。其使用方法是打开需调整的图像，选择【图像】/【调整】/【可选颜色】命令，打开"可选颜色"对话框，如图 5-34 所示。在"颜色"下拉列表中选择要调整的颜色。通过设置青色、洋红、黄色和黑色等参数来改变所选颜色的显示效果，如图 5-35 所示。

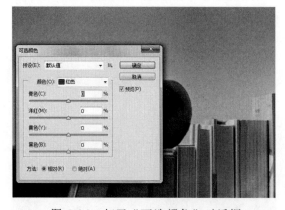

图 5-34　打开"可选颜色"对话框

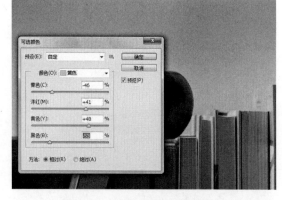

图 5-35　调整参数改变颜色显示

5.2.6　调整渐变映射

"渐变映射"命令可以使用渐变颜色对图像进行叠加，从而改变图像色彩。其使用方法是打开需调整的图像，如图 5-36 所示。选择【图像】/【调整】/【渐变映射】命令，打

在使用可选颜色命令调整图像颜色时，经常需要对多种颜色进行调整才能将颜色调整得合理、恰当。

开"渐变映射"对话框，单击"灰度映射所使用的颜色"栏下方的▼按钮，在弹出的选择列表框中选择需要的渐变样式，如图 5-37 所示。单击 确定 按钮完成操作。

此外，单击"灰度映射所使用的颜色"栏下方的颜色条，可打开"渐变编辑器"对话框，在其中用户可设置需要的渐变效果。

图 5-36　打开图像

图 5-37　编辑渐变映射

5.2.7　照片滤镜

"照片滤镜"命令可以模拟传统光学滤镜特效，以使图像呈暖色调、冷色调或其他颜色色调显示。

 将"光点"图像调整为暖色调 ●●●

下面使用"可选颜色"和"照片滤镜"命令将图像的绿色调整为黄色，使图像呈现暖色效果。

> 参见
> 光盘　光盘\素材\第 5 章\光点.jpg
> 光盘\效果\第 5 章\光点.jpg　➤>>>>>>>>

1️⃣ 打开"光点.jpg"图像，选择【图像】/【调整】/【可选颜色】命令，打开"可选颜色"对话框。

2️⃣ 在"颜色"下拉列表框中选择"蓝色"选项，分别设置"青色"、"洋红"、"黄色"、"黑色"分别为"+100"、"-100"、"-100"、"+83"，如图 5-38 所示。

3️⃣ 在"颜色"下拉列表框中选择"黑色"选项，分别设置"青色"、"洋红"、"黄色"、"黑色"分别为"-26"、"+26"、"+7"、"+10"，单击 确定 按钮，如图 5-39 所示。

在渐变混合器中可以设置多种渐变颜色，其渐变颜色的设置方法与使用渐变工具时的操作相同。

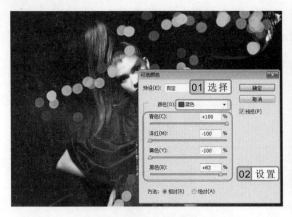

图 5-38　设置绿色

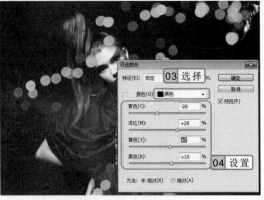

图 5-39　设置黄色

4 选择【图像】/【调整】/【照片滤镜】命令，打开"照片滤镜"对话框。在"滤镜"下拉列表框中选择"红"选项，设置"浓度"为"50"，如图 5-40 所示。单击 确定 按钮，效果如图 5-41 所示。

图 5-40　设置照片滤镜

图 5-41　完成设置

5.2.8　曝光度

"曝光度"命令可以将曝光不足或曝光过度的照片调整到正常效果，在处理风景照时它经常被用到。

实例 5-8 **调整"秋叶"图像的曝光度** ●●●

参见　光盘\素材\第 5 章\秋叶.jpg
光盘　光盘\效果\第 5 章\秋叶.jpg　➤➤➤➤➤➤➤

1 打开"秋叶.jpg"图像，使用磁性套索工具对树叶建立选区，如图 5-42 所示。选择【选择】/【反向】命令，反向建立选区。

在"照片滤镜"中，选中☑预览(P)复选框可以预览设置的图像效果，如果不选中，则在确认设置后才能在图像显示区域中显示设置的效果。

2 选择【图像】/【调整】/【曝光度】命令，打开"曝光度"对话框，设置"曝光度"、"灰度系数校正"分别为"+0.64"、"1.12"，单击 确定 按钮，如图 5-43 所示。

图 5-42　建立选区

图 5-43　设置曝光度

3 选择【选择】/【反向】命令，反向建立选区。选择【选择】/【修改】/【扩展】命令，设置"扩展量"为"5"，单击 确定 按钮。再选择【选择】/【修改】/【羽化】命令，设置"羽化半径"为"5"，单击 确定 按钮，如图 5-44 所示。

4 选择【图像】/【调整】/【阴影/高光】命令，打开"阴影/高光"对话框，在其中分别设置"阴影"、"高光"的数量为"11"、"7"，单击 确定 按钮，如图 5-45 所示。按"Ctrl+D"快捷键取消选区。

图 5-44　设置羽化半径

图 5-45　设置"阴影/高光"参数

操作提示

在修复照片时，为了增加图像的层次感，最好使用选区工具协助对图像颜色的调整。

5.2.9　色调均化

"色调均化"命令可让画面色调对比度更加匀称，使用后 Photoshop 将重新对图像的亮度进行调整。其使用方法是在图像中对需要调整的图像建立选区。选择【图像】/【调整】/【色调均化】命令，打开"色调均化"对话框，如图 5-46 所示。选择需要的效果后，单击 确定 按钮，效果如图 5-47 所示。

图 5-46　打开"色调均化"对话框　　　　　　图 5-47　完成效果

在"色调均化"对话框中选中 ⊙ 基于所选区域色调均化整个图像(E) 单选按钮，将选区中最亮和最暗的颜色设置为标准，调整整个图像的色调。选中 ⊙ 仅色调均化所选区域(S) 单选按钮，将只对选区中的图像调整色调。

5.2.10　变化

"变化"命令可以直观地为图像增加或减少某些色彩，还可以方便地控制图像的明暗关系。其使用方法是选择【图像】/【调整】/【变化】命令，打开如图 5-48 所示的"变化"对话框。在"变化"对话框左上角有两个缩略图，分别用于显示调整前和调整后的图像效果。在"变化"对话框中间及下方显示可调节的颜色效果，用户只需单击所需效果的图像缩略图即可选择颜色效果，调整完成后单击 确定 按钮。

需要注意的是，在"变化"对话框中除了"原稿"和 3 个"当前挑选"缩略图在单击时不会产生任何变化外，单击其他缩略图时可根据缩略图名称来即时调整图像的颜色或明暗度，单击次数越多，变化越明显。此外，在"变化"对话框中，选中 ⊙ 阴影 单选按钮后可调节暗调区域；选中 ⊙ 中间调 单选按钮后可调节中间调区域；选中 ⊙ 高光 单选按钮后可调节高光区域；选中 ⊙ 饱和度 单选按钮后可调整图像饱和度。"精细粗糙"滑块用于调整图像的精密程度。

使用"变化"命令调整图像的实质就是通过综合改变图像的色彩平衡、对比度、饱和度和亮度来达到改变图像色彩的目的。

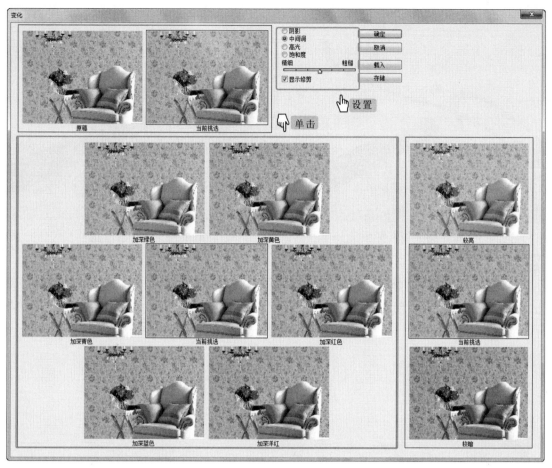

图 5-48　"变化"对话框

5.2.11　替换颜色

　　"替换颜色"命令可以快速改变图像中某些区域中颜色的色相、饱和度和明暗度，不需用户一项项地慢慢进行调整。

 改变"画笔"图像中颜料的颜色 ●●●

参见　光盘\素材\第 5 章\画笔.jpg
光盘　光盘\效果\第 5 章\画笔.jpg

1 打开"画笔.jpg"图像，如图 5-49 所示。选择【图像】/【调整】/【替换颜色】命令，打开"替换颜色"对话框。

2 在对话框中单击 ✎ 按钮，使用鼠标在图像中有颜料的位置上单击几次，建立颜色参考区域，如图 5-50 所示。

　　在使用"变化"命令时，若是对调整的效果不满意，可以单击"原稿"缩略图返回到调整变化前的效果。

图 5-49　打开图像

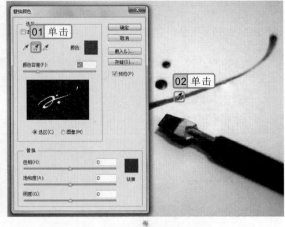

图 5-50　选择参考点

3 在"替换颜色"对话框中设置"色相"、"饱和度"、"明度"分别为"-67"、"-24"、"+31"，并观察图像中颜料的位置是否还有蓝色区域未被替换颜色，若有，则单击未被替换的蓝色区域，颜色即被替换，如图 5-51 所示。单击 确定 按钮，完成后如图 5-52 所示。

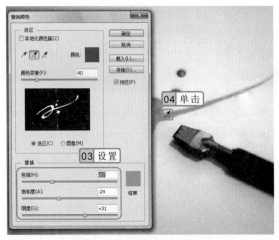

图 5-51　设置替换后的颜色

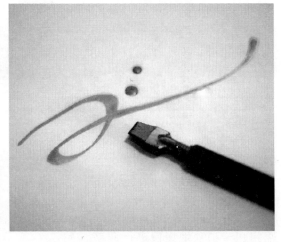

图 5-52　完成设置

5.3　调整特殊色调和色彩

Photoshop 除了可以矫正偏色的照片或替换图像的颜色外，还可以将普通的图像制作成特殊的颜色效果。这些效果虽然不能直接使用，但在后期加工时经常用到。下面将对图像色调和色彩产生特殊效果的方法进行讲解。

"替换颜色"对话框中的缩略图显示了将被替换颜色的区域。若是选择了不需要的颜色，可在对话框中单击 按钮，再单击图像中不需要的颜色区域即可。

5.3.1　反相

　　"反相"命令可以反转图像中的颜色。该命令可以创建边缘蒙版，以便向图像的选定区域应用锐化和其他调整。执行"反相"命令后再次执行该命令时，即可还原图像颜色。其使用方法是选择【图像】/【调整】/【反相】命令，或按"Ctrl+I"快捷键。如图 5-53 所示为应用前的效果，如图 5-54 所示为应用后的效果。

图 5-53　使用"反相"命令前的效果

图 5-54　使用"反相"命令后的效果

5.3.2　阈值

　　"阈值"命令可以将图像转换为高对比度的黑白图像，除此之外还可以制作出版画效果。其使用方法是打开图像后，选择【图像】/【调整】/【阈值】命令，打开"阈值"对话框，拖动下方的滑块，或在"阈值色阶"数值框中输入数值，单击 确定 按钮可得到黑白版画效果，前后效果对比如图 5-55 所示。

图 5-55　调整阈值前后效果对比

操 作 提 示

　　图像颜色对比度越大，使用"阈值"命令后的效果越好。

5.3.3　色调分离

"色调分离"命令可以指定图像的色调级数，并按此级数将图像的像素映射为接近的颜色。其使用方法是打开图像，选择【图像】/【调整】/【色调分离】命令，打开"色调分离"对话框，设置"色阶"参数，单击 确定 按钮完成调整，前后效果对比如图 5-56 所示。

图 5-56　调整色调分离效果前后对比

5.4　基础实例

本章的基础实例中将对"小猫"和"森林"图像使用调色命令、选区工具和画笔工具将其处理为需要的色彩效果，让读者进一步掌握调整图像的方法。

5.4.1　为"小猫"图像调制柔和色调

本例将对"小猫"图像使用调色命令、画笔工具和选区工具，使图像颜色更加柔和，前后效果对比如图 5-57 所示。

图 5-57　"小猫"图像调整柔和色调前后对比

"反相"、"阈值"和"色调分离"这 3 种命令的操作都较为简单，在平面设计中会经常用到。

1．行业分析

　　本例将制作并处理宠物照片，宠物摄影已经成为不少有经济实力的宠物饲养者所感兴趣的话题。目前市面上的宠物摄影大多花费昂贵，所以宠物摄影是一项比较有潜力的行业。

　　众所周知，宠物照和儿童照一样不易拍摄，这也是造成宠物摄影价钱昂贵的原因之一。想要拍摄好宠物照并不困难，下面列举出几个在拍摄宠物照时需要注意的事项。

- ◎ **器材的选择**：拍摄宠物时，为了拍摄出更好的效果，建议尽量使用单反相机，一般的卡片机从曝光到光圈的设置上来说远远不及单反相机。
- ◎ **光线的要求**：在拍摄宠物照时，最好利用自然光，且选择阳光不强烈、天色不灰暗时进行，选择这种时候是因为使用自然光更有利于宠物毛发的展示。如果一定要在室内进行拍摄，最好使用闪光灯。
- ◎ **快门的使用**：由于宠物和儿童一样生性好动，所以只能在快门足够快时，才能抓拍到合适的照片。这也是为什么在拍摄照片时，一定要确保光线充足的原因。
- ◎ **吸引注意力的技巧**：为了更容易拍摄到宠物一些特有的表情和神态，在进行拍摄时，可以借助一些宠物喜欢的道具吸引宠物的注意力。

2．操作思路

　　为更快完成本例的制作，并且尽可能运用本章讲解的知识，本例的操作思路如下。

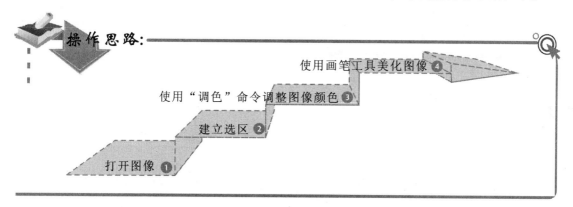

操作思路：

使用画笔工具美化图像 ④

使用"调色"命令调整图像颜色 ③

建立选区 ②

打开图像 ①

3．操作步骤

　　下面介绍为"小猫.jpg"图像调制柔和色调的方法，其操作步骤如下：

参见光盘　　光盘\素材\第 5 章\小猫.jpg
　　　　　　　光盘\效果\第 5 章\小猫.jpg
　　　　　　　光盘\实例演示\第 5 章\为"小猫"图像调制柔和色调

1 打开"小猫.jpg"图像，选择【图像】/【调整】/【曲线】命令，打开"曲线"对话框，在调节线上添加两个调节点，如图 5-58 所示，单击 ▭确定▭ 按钮。

操作提示

　　在小猫周围建立选区时，最好将图像放大，再使用磁性套索工具进行选取。建立选区时一定要注意小猫身下绿草的选取。

2　使用磁性套索工具围绕小猫创建一个选区，如图 5-59 所示。按"Shift+Ctrl+I"组合
　键反向建立选区。

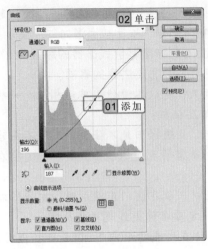

图 5-58　调整曲线　　　　　　　　　　　　　　图 5-59　建立选区

3　选择【图像】/【调整】/【色相/饱和度】命令，打开"色相/饱和度"对话框。在其
　中设置"色相"为"-42"，单击 确定 按钮，如图 5-60 所示。

4　选择【图像】/【调整】/【可选颜色】命令，打开"可选颜色"对话框。在"颜色"下
　拉列表框中选择"黄色"选项，再设置"青色"、"黄色"分别为"-74"、"-16"，单击
　 确定 按钮，如图 5-61 所示。

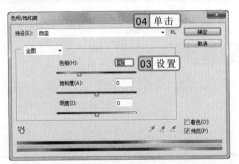

图 5-60　设置"色相/饱和度"对话框　　　　　　图 5-61　可选颜色

5　选择【图像】/【调整】/【照片滤镜】命令，打开"照片滤镜"对话框。设置"滤镜"、
　"浓度"分别为"加温滤镜（85）"、"41"，单击 确定 按钮。按"Ctrl+D"快捷键取
　消选区。

5.4.2　制作下雪效果

　　本例将对"下雪"图像使用调色命令、减淡工具和加深工具，使图像呈现出下雪的效
果，制作前后效果对比如图 5-62 所示。

　　为了使调整效果理想，在处理大部分图像前，最好使用"曲线"命令增大图像的对比度。

图 5-62 制作下雪效果前后对比

1．行业分析

本例制作、处理风景照，其方法很多，大部分操作都是通过调整颜色来实现的。

拍摄风景照的难度并不低于人物照，有些地方的景物四季不同，由于时间等客观原因的影响，往往无法在合适的时间段去拍摄需要的景物。因为一些特殊原因，平面设计师有时就需要使用 Photoshop 变化风景照的时间，如夏天变秋天、春天变冬天等。

2．操作思路

为更快完成本例的制作，并且尽可能运用本章讲解的知识，本例的操作思路如下。

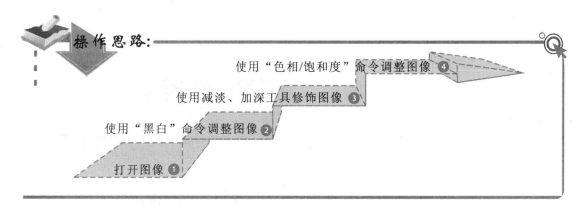

操作思路：

使用"色相/饱和度"命令调整图像 ❹

使用减淡、加深工具修饰图像 ❸

使用"黑白"命令调整图像 ❷

打开图像 ❶

3．操作步骤

下面介绍为"大雪.psd"图像制作下雪效果的方法，其操作步骤如下：

参见
光盘

光盘\素材\第 5 章\大雪.psd、雪点.psd
光盘\效果\第 5 章\大雪.psd
光盘\实例演示\第 5 章\制作下雪效果

❶ 打开"大雪.psd"图像，选择【图像】/【调整】/【黑白】命令，打开"黑白"对话

由于并不需要突出图像中的某个物体，所以本例不需要建立选区对某个物体进行单独处理。

框，将"红色"、"黄色"、"绿色"、"青色"、"蓝色"、"洋红"分别设置为"128"、"128"、"188"、"100"、"128"、"100"，单击 确定 按钮，如图 5-63 所示。

2 在工具箱中选择加深工具，在其工具属性栏中设置"画笔大小"、"曝光度"分别为"200 像素"、"43%"，使用鼠标对天空进行涂抹。在工具箱中选择减淡工具，在其工具属性栏中设置"画笔大小"为"100 像素"，使用鼠标在松树以及远山上进行涂抹，效果如图 5-64 所示。

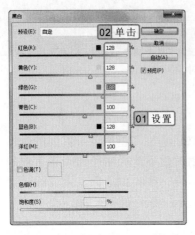

图 5-63　设置"黑白"对话框

图 5-64　处理松树及远山

3 选择【图像】/【调整】/【色相/饱和度】命令，打开"色相/饱和度"对话框，选中 着色(O) 复选框，设置"色相"、"饱和度"分别为"192"、"2"，单击 确定 按钮，如图 5-65 所示。

4 将前景色设置为黑色，在工具箱中选择矩形选框工具，使用鼠标在图像中间绘制一个矩形选区，如图 5-66 所示。

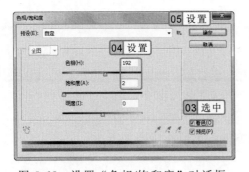

图 5-65　设置"色相/饱和度"对话框

图 5-66　绘制选区

5 按"Shift+Ctrl+I"组合键反向建立选区。按"Alt+Delete"快捷键，使用前景色填充选区，按"Ctrl+D"快捷键取消选区。

由于设置图层混合模式的关系，这里使用黑色的前景色填充选区，其效果不再是选区被黑色填充。图层的相关知识将在第 6 章中进行讲解。

6 打开"雪点.psd"图像，在工具箱中选择移动工具 ▸┿。使用鼠标将"雪点"图像拖动
到"大雪"图像中。

5.5　基础练习

 本章主要介绍了在 Photoshop CS6 中如何通过各种命令对颜色进行调整。
下面将通过两个练习进一步巩固调整图像方面的知识，使用户在调整图像
颜色时更加得心应手。

5.5.1　调整偏色图像

本基础练习将矫正偏色的图像，矫正偏色图像前后的效果对比如图 5-67 所示。在操作
过程中将运用到"色彩平衡"和"亮度/对比度"命令。

图 5-67　调整偏色图像前后效果

　　　光盘\素材\第 5 章\石阶.jpg
参见　光盘\效果\第 5 章\石阶.jpg
光盘　光盘\实例演示\第 5 章\调整偏色图像 ➤➤➤➤➤➤➤➤

该练习的操作思路与关键提示如下。

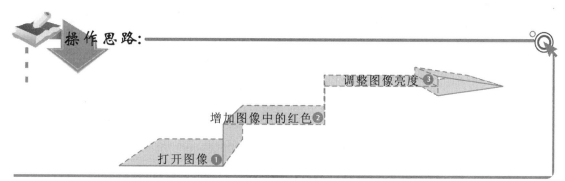

操作思路：

调整图像亮度 ❸

增加图像中的红色 ❷

打开图像 ❶

操　作　提　示

在运用"调整"命令对图像进行颜色矫正时，可以将多个调整命令相结合来操作，这样能得到
更好的图像效果。

关键提示：

在"色彩平衡"对话框中设置"色阶"为"+100"、"–53"、"0"。在"亮度/对比度"对话框中设置"亮度"、"对比度"分别为"18"、"0"。

5.5.2 制作老照片效果

本实例将素材图像处理成老照片效果，主要使用"色相/饱和度"和"照片滤镜"命令，完成前后的效果对比如图 5-68 所示。

图 5-68 制作前后效果对比

参见光盘　光盘\素材\第 5 章\羊皮卷.jpg、房屋.jpg
光盘\效果\第 5 章\老照片.psd
光盘\实例演示\第 5 章\制作老照片效果

该练习的操作思路与关键提示如下。

操作思路：

对"房屋"图像调整色相 ④

将"房屋"图像移动到"羊皮卷"图像中 ③

打开"房屋"图像 ②

对"羊皮卷"图像去色并调整色相 ①

在外出拍照后，会发现一些照片由于天气或者光线的原因而产生了不同程度的偏色，这时可以根据偏色的具体情况，选择不同的调整颜色命令对其进行矫正。

关键提示：

对"羊皮卷"图像的操作：选择"去色"命令，在"色相/饱和度"对话框中选中☑着色(O)复选框，设置"色相"、"饱和度"分别为"44"、"22"。

对"房屋"图像的操作：在"黑白"对话框中选中☑色调(T)复选框。设置"色相"、"饱和度"分别为"42"、"20"，再设置"红色"、"黄色"、"绿色"、"青色"、"蓝色"、"红色"分别为"40"、"60"、"40"、"60"、"20"、"80"。

5.6　知识问答

在使用调色命令调整图像颜色的过程中，难免会遇到一些难题，如有些调色命令不能正常使用，无法快速校正图像颜色等。下面将介绍在使用调色命令的过程中常见的问题及解决方案。

问：为什么在调整有些图像时，很多调色命令都呈现灰色不可用状态？

答：这是由于图像的色彩模式不正确造成的，若编辑的图像为灰度、索引和位图等色彩模式时，"图像"菜单下的多数调整命令无法使用。此时，用户只需将图像转换为 RGB 颜色模式即可。操作方法是选择【图像】/【模式】/【RGB 颜色】命令。

问：在处理图像时，有没有能快速对图像的颜色和对比度进行快速调整的方法呢？

答：用户可以运用一些方便快捷的命令为一些图像快速调整颜色，然后再对各颜色参数进行矫正。在 Photoshop CS6 中选择"图像"菜单，在其中有 3 个自动调整颜色命令，分别为"自动色调"、"自动对比度"和"自动颜色"，选择相应命令后，Photoshop 将自动对图像进行调整。

知识　关联　色彩的重要性

专业平面设计师要表现出广告的主题和创意，充分展现色彩的魅力，首先必须认真分析研究色彩的各种因素。由于生活经历、年龄、文化背景、风俗习惯和生理反应有所区别，人们有一定的主观性，同时又对颜色的象征性、情感性的表现有着许多共同的感受。在色彩配置和色彩组调设计中，设计师要把握好色彩的冷暖对比、明暗对比、纯度对比、面积对比、混合调合、面积调合、明度调合、色相调合和倾向调合等，色彩组调要保持画面的均衡、呼应以及色彩的条理性，广告画面要有明确的主色调，要处理好图形色和组调色的关系。

选择"自动颜色"命令，Photoshop CS6 将通过搜索图像中的明暗程度来表现图像的暗调、中间调和高光，以自动调整图像的对比度和颜色。

第6章

图层的基础知识

图层的基本操作

查找图层

图层的基础知识

多个图层的操作
设置图层混合模式

本章导读

使用 Photoshop 处理图像时，为了制作出神奇的效果，往往需要使用图层，可以说图层的应用是处理图像的关键，同时也是 Photoshop 中非常重要的一个功能。本章将详细介绍图层的基本应用，主要包括图层的概念、图层的基本操作、多个图层的操作和设置图层混合模式等。

6.1　图层的基本概念

图层是 Photoshop 的核心功能之一，通过它用户才能随心所欲地对图像进行编辑和修饰，如果没有图层，用户将很难用 Photoshop 处理出优秀的作品。

6.1.1　图层简介

当新建一个图像文档时，Photoshop 会自动在新建的图像窗口中生成一个图层，这时用户就可以通过绘图工具在图层上进行绘图。由此可以看出，图层的作用是装载各种各样的图像，是图像的载体，没有图层，图像是不存在的。一个图像通常都是由若干个图层组成，如图 6-1 所示的图像分别由"背景图层"、"瓶身图层"和"花纹图层" 3 个图层中的图像组成。

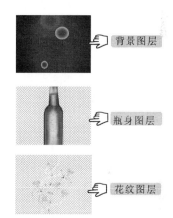

背景图层

瓶身图层

花纹图层

图 6-1　图像效果

6.1.2　认识"图层"面板

在 Photoshop 中，图像包含的图层都会以列表的方式显示在"图层"面板中，图层的存储、创建、复制或删除等管理工作都是通过"图层"面板实现的。默认情况下，"图层"面板位于工作界面的右侧。此外，按"F7"键也可打开"图层"面板，如图 6-2 所示。

"图层"面板中最底部的图层称为背景图层，其右侧有一个锁形图标，表示图层被锁定，不能进行移动、更名等操作。其他图层位于背景图层之上，可以进行任意移动或更名等常用操作。在"图层"面板中空白的地方将以灰白相间的方格显示，表示该区域为透明。多图层的图像效果就是通过这样一些叠加在一起的图层展示出来的。位于面板图层列表下方的图层将被上方的图层遮盖。如图 6-3 所示为将"红心"图层置于图像底部的效果，再

图层的出现使图像处理变得更简单，用户只需在不同的图层上绘制不同的图像，然后将它们组合到一起，当需要编辑某部分图像时，只需选择该部分图像所在的图层进行操作即可。

将"红心"图层置于图像顶层的效果。

图 6-2 "图层"面板

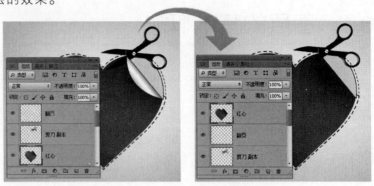
图 6-3 移动红心图层的效果

6.2 图层的基础操作

通过"图层"面板，用户可以方便地实现图层的创建、复制、删除、排序、链接和合并等操作，这些操作都是制作复杂图像时必须要掌握的图层基础操作。

6.2.1 新建图层

若要创建一个新的图层，首先要新建或打开一个图像文档，再通过"图层"面板快速进行创建。其使用方法是，单击"图层"面板底部的 按钮，可快速创建具有默认名称的新图层，图层名依次为"图层 1、图层 2、图层 3……"，如图 6-4 所示。

图 6-4 创建图层前后的"图层"面板

6.2.2 选择图层

只有选择了图层，才能对图像进行编辑及修饰。如果要选择某个图层，只需在"图层"面板中单击要选择的图层，被选择图层的背景呈蓝色显示。

选择【图层】/【新建】/【图层】命令，或按"Shift+Ctrl+N"组合键，打开"新建图层"对话框，在其中单击 确定 按钮也可新建图层。

此外，用户若想同时选择多个连续图层，其使用方法是，选择需要的第一个图层，再按住"Shift"键的同时单击最后一个图层以选择其他图层，如图 6-5 所示。用户若想选择不连续的图层，其使用方法是，按住"Ctrl"键的同时选择需要选择的图层，如图 6-6 所示。

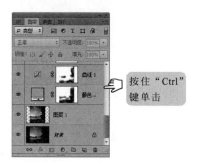

图 6-5　选择连续的图层　　　　　　　图 6-6　选择不连续的图层

6.2.3　重命名图层

在"图层"面板的图层列表中往往会显示很多的图层，若按默认的格式对图层进行命名，用户会不易区分图层。此时，便可通过重命名图层来区分各个图层。其使用方法是，在"图层"面板的图层列表中双击需要重命名的图层名字，如图 6-7 所示。该图层名将呈现可输入的文本框状态，此时在该文本框中输入新名称，如图 6-8 所示，再按"Enter"键完成重命名。

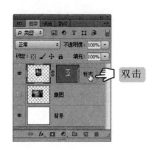
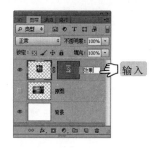

图 6-7　双击需改名的图层　　　　　　图 6-8　重命名图层

6.2.4　复制图层

编辑图像时，为了使用诸如叠加等效果，可使用复制图层的操作。所谓复制图层就是为已存在的图层创建图层副本。其使用方法是，选择将要复制的图像，并将其拖动到"图层"面板底部的■按钮上，此时鼠标光标变成手形图标，如图 6-9 所示。释放鼠标，图层将被复制，如图 6-10 所示。

在"图层"面板中选择要复制的图层后，按"Ctrl+J"快捷键可快速复制一个新图层。复制生成的图层位于源图层之上。

图 6-9　拖动图层到"新建"按钮上

图 6-10　创建的图层

6.2.5　隐藏与显示图层

当一幅图像有较多的图层时，为了便于操作可以将其中不需要显示的图层进行隐藏，或将需要的图层显示，其方法如下：

◗ **隐藏图层**：在"图层"面板中单击需要隐藏图层名前方的 👁 图标。单击该图标后将隐藏图层，如图 6-11 所示。

◗ **显示图层**：在"图层"面板中单击需要显示图层名前方的 ▨ 图标。单击该图标后将显示图层。

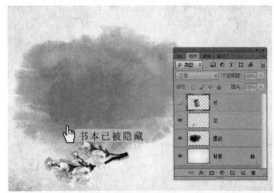

图 6-11　隐藏图层

6.2.6　删除图层

为了保证"图层"面板中图层列表的简洁，避免误操作的出现，对于不需使用的图层，可以将其删除，删除图层后，该图层中的图像也将被删除。删除图层的常见方法如下：

◗ 选择需要删除的图层，再选择【图层】/【删除】/【图层】命令，在打开的提示对话框中单击 是(Y) 按钮。

◗ 选择需要删除的图层，在"图层"面板底层单击 🗑 按钮，在打开的提示对话框中单击 是(Y) 按钮。

将需要删除的图层拖动到"图层"面板底层，当鼠标移至"删除"按钮 🗑 上，释放鼠标即可删除图层。

选择要删除的图层，按"Delete"键也可快速删除图层。

6.2.7　调整图层排列顺序

　　图层中的图像具有上层覆盖下层的特性，所以适当地调整图层排列顺序可以制作出更为丰富的图像效果。调整图层排列顺序的操作非常简单，其使用方法是，选择需要排列顺序的图层，使用鼠标将图层拖动至目标位置，如图 6-12 所示，当目标位置显示一条高光线时释放鼠标，如图 6-13 所示。

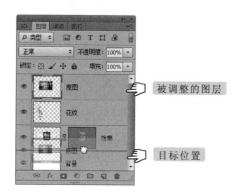

图 6-12　拖动图层

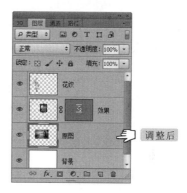

图 6-13　调整图层顺序

6.2.8　查找图层

　　制作一些复杂的广告效果时，有时会面对几十甚至上百个图层，这些图层往往会有不同的类型和不同名称，而要从图像中找到其中一个图层会相当浪费时间。为了不在寻找图层上花费大量的时间，用户可通过查找图层的方式，查找任意类型或是任意图层名的图层。

在"平面装帧"图像中查找图层 ●●●

　　下面将在"平面装帧.psd"图像中通过查找图层功能查找所有的文字图层以及"图 1"图层。

　　参见
　　光盘　光盘\素材\第 6 章\平面装帧.psd

① 打开"平面装帧.psd"图像，按"F7"键，打开"图层"面板，如图 6-14 所示。
② 在"图层"面板顶层单击 **T** 按钮，此时图层列表中将会显示所有的文字图层，如图 6-15 所示。
③ 在"图层"面板顶层的"类型"下拉列表框中选择"名称"选项，在其后方的文本框中输入"图 1"，如图 6-16 所示。

　　在"图层"面板顶层单击 **T** 按钮后，单击其后方的 ■ 按钮，可以关闭查找图层。

图 6-14　打开"图层"面板　　　图 6-15　查找文字图层　　　图 6-16　查找"图 1"图层

6.3　多个图层的操作

修改图像时，可能需要对多个图像进行移动，此时，若逐个对图层进行编辑会影响编辑图像的操作速度。为了节约时间，用户可以对多个图层一起进行操作，下面将讲解常见的多个图层的操作方法。

6.3.1　链接图层

图层的链接是指将多个图层链接成一组，可以同时对链接的多个图层进行移动、变换和复制操作。其使用方法是，同时选择需要建立链接的图层，单击"图层"面板底部的 按钮，如图 6-17 所示。此时链接后的图层名称右侧会出现链接图标 ，表示选择的图层已被链接，如图 6-18 所示。

图 6-17　选择要链接的图层　　　　　　图 6-18　完成链接

6.3.2　合并图层

合并图层就是将两个或两个以上的图层合并到一个图层上。在完成较复杂图像的处理后，通常会产生大量的图层，这会使图像数据变大，电脑处理速度变慢，此时可根据需要对图层进行合并，以减少图层的数量。合并图层的几种情况分别介绍如下。

　● 向下合并图层：是指将当前图层与其下方的第一个图层进行合并，其方法是选择需

如果要取消图层间链接，需要先选择所有的链接图层，然后单击"图层"面板底部的 按钮。

要合并的两个图层中位于上方的图层，再选择【图层】/【合并图层】命令，或按
"Ctrl+E"快捷键。如图 6-19 所示为执行向下合并图层前后的效果。

图 6-19　向下合并图层前后的效果

○ **合并可见图层**：是指将当前所有的可见图层合并成一个图层，其方法是选择【图层】/
【合并可见图层】命令。

○ **拼合图层**：是指将所有可见图层进行合并，而隐藏的图层将被丢弃，其方法是选择
【图层】/【拼合图像】命令。

○ **盖印图层**：是指将所选图层下方的所有图层内容合并新建一个图层，盖印前的图层
并不会消失，其方法是按"Shift+Ctrl+Alt+E"组合键。

6.3.3　对齐图层

对齐图层是指将链接后的图层按一定的规律进行对齐，多用于制作海报、商品介绍等
需要对齐很多图像的情况。对齐图层的方法很多，主要介绍以下几种：

○ 选择需要对齐的图层，再选择【图层】/【对齐】命令，在其子菜单中选择所需的
子命令。如图 6-20 所示分别为对齐顶端、居中对齐和对齐右边的效果。

　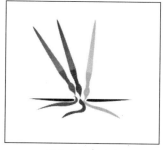　

（a）对齐顶端　　　　　　（b）居中对齐　　　　　　（c）对齐右边

图 6-20　通过菜单对齐

○ 选择需要对齐的图层，再在工具箱中选择移动工具 ，在其工具属性栏中单击对齐
按钮组 上相应的对齐按钮。

○ 选择需要对齐的图层，再在图像中建立选区后选择【图层】/【将图层与选区对齐】

在合并图层时，合并后的图层名称默认情况下都是以最下层的图层名称命名。合并后可双击图
层名，对其进行修改。

命令，在其子菜单中选择所需的子命令。如图 6-21 所示分别为图像与选区的左对齐、居中对齐和底对齐的效果。

（a）左对齐　　　　　　　（b）居中对齐　　　　　　　（c）底对齐

图 6-21　通过选区对齐图层

6.3.4　分布图层

图层的分布是指将 3 个以上的链接图层按一定规律在图像窗口中进行分布。其使用方法和分布图层相似，主要有以下两种方法：

- 选择需要对齐的图层，再选择【图层】/【分布】命令，在其子菜单中选择相应的子命令完成相应的分布操作，如图 6-22 所示。
- 选择需要对齐的图层，在工具箱中选择移动工具，在其工具属性栏中单击对齐按钮组上相应的对齐按钮。如图 6-23 所示为对图像使用水平居中分布后的效果。

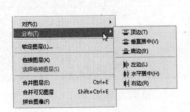 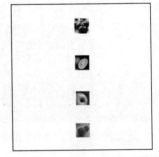

图 6-22　"分布"菜单　　　　　　　　图 6-23　水平居中分布后的效果

6.4　设置图层混合效果

所谓图层混合效果是指通过调整当前图层上的像素属性，使其与下面图层上的像素产生叠加效果，从而产生不同的混合效果。很多奇妙的图像效果都是通过图层混合实现的。

在移动工具的工具属性栏中有一个 按钮，该按钮只有在拼图时才会被使用到。

6.4.1　不透明度混合

通过调整图层的不透明度，可以使图像产生不同的透明程度，从而产生类似透过具有不同透明程度的玻璃观察其他图层上图像的效果。在"图层"面板中选择要改变不透明度的图层，如图 6-24 所示。单击"图层"面板右上角的"不透明度"下拉列表框，然后拖动随后弹出的滑条上的滑块，或直接在数值框输入需要的不透明数值，如图 6-25 所示。

图 6-24　选择图层　　　　　　图 6-25　调整图像不透明度

另外，"图层"面板中的"填充"下拉列表框也可用于设置图层的不透明效果，其方法完全与图层不透明度的设置方法一样，但不对添加的图层样式产生影响。图层样式的相关操作将在第 10 章中进行讲解。

6.4.2　设置图层混合模式

图层混合模式是 Photoshop 使用最为频繁的技术之一，在进行图像合成时将使用到该模式。它通过控制当前图层和位于其下的图层之间的模式，从而使图像产生奇妙的效果。Photoshop CS6 提供了 20 多种图层混合模式，全部位于"图层"面板左上角的"设置图层混合模式"下拉列表中。

实例 6-2　**使用图层混合模式混合两幅图像**●●●

下面将打开"书籍.jpg"图像，复制图层并对复制的图层使用图层混合模式，再打开"灯光.jpg"图像，将其移动到"书籍"图像中，并设置图层混合模式。

 光盘\素材\第 6 章\灯光.jpg、书籍.jpg
　　光盘\效果\第 6 章\书籍.psd

1 打开"书籍.jpg"图像，再打开"图层"面板。按"Ctrl+J"快捷键，复制背景图层，如图 6-26 所示。

按数字键 0～9 可以快速地实现图层透明度的调整，其中，1～9 键分别对应不透明度为 10%～90%，0 键则为无透明度。

2 选择复制的"图层 1"，在"图层"面板的"正常"下拉列表框中选择"颜色加深"选项，在"不透明度"数值框中输入"70%"，如图 6-27 所示。

图 6-26　复制图层

图 6-27　设置图层混合模式和不透明度

3 打开"灯光.jpg"图像，在工具箱中选择移动工具，将"灯光"图像移动到"书籍"图像中，按"Ctrl+T"快捷键变换图像。将鼠标光标移动到图像左下角的空心原点上拖动，直到灯光图像将书籍全部覆盖为止，按"Enter"键确定变换，效果如图 6-28 所示。

4 选择"图层 2"图层，在"正常"下拉列表框中选择"滤色"选项，如图 6-29 所示。

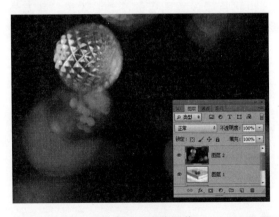

图 6-28　移动图像

图 6-29　设置图层混合模式

图层每种混合模式都能产生不同的图像效果，下面将详细介绍 Photoshop 中各种混合模式的含义。

- "正常"模式：是 Photoshop 默认的图层混合模式，上面图层中的图像完全遮盖下面图层上对应的区域。
- "溶解"模式：如果上面图层中的图像具有柔和的半透明效果，选择该混合模式可生成像素点状效果。
- "变暗"模式：选择该模式后，上面图层中较暗的像素将代替下面图层中与之相对

在"正常"下拉列表框中选择任意一种混合模式，通过按键盘上的上、下方向键来浏览选择需要的混合模式，该模式对应的效果就会显示在图像窗口中，方便快速预览效果。

应的较亮像素，而下面图层中较暗的像素将代替上面图层中与之相对应的较亮的像素，从而使叠加后的图像区域变暗。

- "正片叠底"模式：该模式将上面图层中的颜色与下面图层中的颜色进行混合相乘，形成一种光线透过两个图层叠加在一起的幻灯片效果，从而得到比原来的两种颜色更深的颜色效果，如图 6-30 所示。

- "颜色加深"模式：该模式将增强上面图层与下面图层之间的对比度，从而得到颜色加深的图像效果，如图 6-31 所示。

图 6-30 "正片叠底"模式　　　　　图 6-31 "颜色加深"模式

- "线性加深"模式：该模式将查看每个颜色通道中的颜色信息，加深所有通道的基色，并通过提高其他颜色的亮度来反映混合颜色，白色图像在此模式中没有影响。

- "深色"模式：该模式依据当前图像混合色的饱和度直接覆盖基色中暗调区域的颜色。深色混合模式可反映背景较亮图像中暗部信息的表现。

- "变亮"模式：该模式与"变暗"模式作用相反，它将下面图像中比上面图像更暗的颜色作为当前显示颜色，如图 6-32 所示。

- "滤色"模式：该模式将图层与下面的图层中相对较亮的颜色进行合成，从而生成一种漂白增亮的图像效果。

- "颜色变淡"模式：该模式将通过减小上下图层中像素的对比度来提高图像的亮度，如图 6-33 所示。

图 6-32 "变亮"模式　　　　　图 6-33 "颜色变淡"模式

操作提示

在图层的混合方式为溶解时，图层透明度越高，溶解效果越明显。

- "颜色变淡（添加）"模式：通过增加亮度来减淡颜色，产生的亮化效果比颜色减淡模式强烈。与白色混合时图像中的色彩信息降至最低，与黑色混合时则没有变化。
- "浅色"模式：依据图像混合色的饱和度直接覆盖基色中高光区域的颜色，基色中包含的暗调区域不变。
- "叠加"模式：该模式根据图层的颜色与上面图层中相重叠的颜色进行相乘或覆盖，产生变亮或变暗的效果，如图 6-34 所示。
- "柔光"模式：该模式根据图层中颜色的灰度值与上面图层中相对应的颜色进行处理，使高亮度的区域更亮，暗部区域更暗，从而产生一种柔和光线照射的效果。
- "强光"模式：该模式与"柔光"模式类似，也是将图层中的灰度值与上面图层进行处理，所不同的是产生的光照效果比"柔光"模式更为强烈，如图 6-35 所示。

图 6-34　"叠加"模式　　　　　　　　　　图 6-35　"强光"模式

- "亮光"模式：该模式通过增加或减小上下图层中颜色的对比度来加深或减淡颜色，具体取决于混合色。如果混合色比 50% 灰色值小，则通过减小对比度使图像变亮；如果混合色比 50% 灰色值大，则通过增加对比度使图像变暗，如图 6-36 所示。
- "线性光"模式：该模式将通过增加或减小上下图层中颜色的亮度来加深或减淡颜色，具体取决于混合色。如果混合色比 50% 灰色值小，则通过增加亮度使图像变亮；如果混合色比 50% 灰色值大，则通过减小亮度使图像变暗，如图 6-37 所示。

图 6-36　"亮光"模式　　　　　　　　　　图 6-37　"线性光"模式

- "点光"模式：该模式与"线性光"模式相似，是根据上面图层与下面图层的混合

　　"叠加"模式在合成图像时使用较频繁，因为它可使被合成的图像与合成图像有机地进行融合，并模糊图像边缘，使融合效果更理想。

色来决定替换部分较暗或较亮像素的颜色。

◐ **"实色混合"模式**：该模式将根据图层与下面的图层的混合色产生减淡或加深效果，如图 6-38 所示。

◐ **"差值"模式**：该模式将根据图层与下面的图层中颜色的亮度值进行差值运算。当不透明度为 100%时，白色将全部反转，而黑色保持不变，如图 6-39 所示。

图 6-38　"实色混合"模式　　　　　　　图 6-39　"差值"模式

◐ **"排除"模式**：该模式由亮度决定是否从上面的图层中减去部分颜色，得到的效果与"差值"模式相似，只是效果更柔和一些。

◐ **"减去"模式**：根据图层与下面图层的混合色、基色进行色彩相减，如图 6-40 所示。

◐ **"划分"模式**：根据图层与下面图层的基色进行划分产生效果，如图 6-41 所示。

图 6-40　"减去"模式　　　　　　　　　图 6-41　"划分"模式

◐ **"色相"模式**：该模式只是将上下图层中颜色的色相进行相融，但并不改变下面图层的亮度与饱和度。

◐ **"饱和度"模式**：该模式只是将上下图层中颜色的饱和度进行相融，但并不改变下面图层的亮度与色相。

◐ **"颜色"模式**：该模式只将上面图层中颜色的色相和饱和度融入到下面的图层中，并与下面图层颜色的亮度值进行混合，但不改变其亮度，如图 6-42 所示。

◐ **"明度"模式**：该模式与"颜色"模式相反，只将当前图层中颜色的亮度融入到下

操·作·提·示

对于最底部的图层使用任何混合模式均不会产生任何效果。

面的图层中，但不改变下面的图层中颜色的色相和饱和度，如图 6-43 所示。

图 6-42　"颜色"模式

图 6-43　"明度"模式

6.5　基础实例——制作"水晶"宣传单

本章的基础实例将制作"水晶"宣传单，在制作时将使用新建图层、复制图层、移动图层、设置图层混合模式以及绘制选区等方法，通过商品的合理搭配，突出宣传单中的商品质感，最终效果如图 6-44 所示。

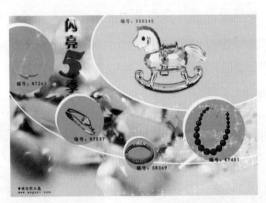

图 6-44　"水晶"宣传单

6.5.1　行业分析

本例制作的宣传单是宣传、销售商品时的一个重要载体。宣传单的好与坏直接影响了消费者对商品的印象。宣传单的质量一般可通过以下几个方面来判断。

- ◐ **创意**：有了好的创意，宣传单才能更加吸引消费者的注意。如果没有创意，即使做得再精细，也不会有很好的宣传效果。
- ◐ **主题**：在进行商品策划时，都会根据商品的当前情况或是所处的时间点制定不同的

若图像中含有多个图层，则在使用移动工具移动图像时需要先选取相应的图层，再进行移动。

宣传策略。如果所制作的商品宣传单不能根据策划时的策略设计，会使整个策划付之东流。

● 定位：任何商品都有自己独特的用户群，而不同的用户群关注的事物有所不同，所以在构思宣传单时，还应该根据用户群的思维制作。如面向婴幼儿用户，则不能制作出冷感、高贵的效果，而应该设计成温暖、亲切的风格。

6.5.2　操作思路

为更快完成本例的制作，并且尽可能运用本章讲解的知识，本例的操作思路如下。

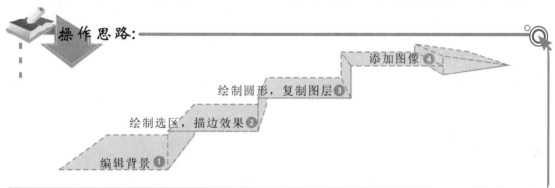

操作思路：

添加图像 ❹

绘制圆形，复制图层 ❸

绘制选区，描边效果 ❷

编辑背景 ❶

6.5.3　操作步骤

下面介绍制作"水晶"宣传单的方法，其操作步骤如下：

参见光盘

光盘\素材\第 6 章\水晶背景.jpg、水晶.psd
光盘\效果\第 6 章\水晶宣传单.psd
光盘\实例演示\第 6 章\制作"水晶"宣传单

❶ 打开"水晶背景.jpg"图像，再打开"图层"面板，按"Ctrl+J"快捷键，复制背景图层。设置"图层 1"的图层混合模式为"颜色加深"，"不透明度"为"20%"，如图 6-45 所示。

❷ 在"图层"面板下方单击▣按钮，新建"图层 2"。在工具箱中选择椭圆选框工具▣，在画面中绘制如图 6-46 所示的选区。

❸ 选择【编辑】/【描边】命令，打开"描边"对话框，设置"宽度"为"5 像素"、"颜色"为白色，选中◉居中(C)单选按钮，单击▭确定▭按钮得到选区描边效果。按"Ctrl+D"快捷键取消选区。

❹ 新建"图层 3"，选择椭圆选框工具在画面右上方再绘制一个较大的椭圆形选区。将前景色设置为"粉红色（# ffcfe8）"，按"Alt+Delete"快捷键填充选区，使用"描边"命令，设置与步骤 3 相同的参数，效果如图 6-47 所示，取消该选区。

操作提示

编辑图像时选择移动工具，然后在按住"Alt"键的同时拖动，可移动复制出一个图层图像。

图 6-45　复制图层

图 6-46　绘制选区

5　新建"图层 4"，使用椭圆选框工具，按住"Shift"键不放，使用鼠标绘制一个圆形选区，填充为白色，如图 6-48 所示，取消该选区。

图 6-47　绘制图像

图 6-48　填充选区

6　在"图层"面板中，使用鼠标将"图层 4"拖动到 按钮上，得到"图层 4 副本"。按住"Ctrl"键的同时单击"图层 4 副本"缩略图，载入图像选区，如图 6-49 所示。改变图像颜色为"桃红色（#f989a9）"，并适当向右下方移动，如图 6-50 所示。

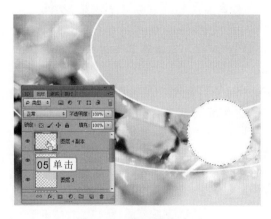

图 6-49　载入图像选区

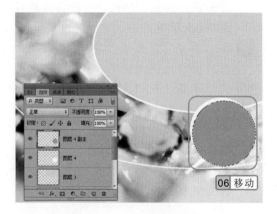

图 6-50　填充移动图像

在画面中调整某一图像时，首先要确定已经选择该图像所在的图层，否则将不能对图像进行任何操作。

7 取消选区，按"Ctrl+E"快捷键合并"图层 4"和"图层 4 副本"，将合并后的"图层 4"重命名为"圆圈"，然后再复制 3 次圆圈图层。

8 选择"圆圈 副本"图层，分别选择复制的圆圈图层，按"Ctrl+T"快捷键缩小圆形，按"Enter"键确定，并将其向左下方移动，如图 6-51 所示。使用相同的方法将"圆圈 副本 2"、"圆圈 副本 3"图层缩小并移动图像，效果如图 6-52 所示。

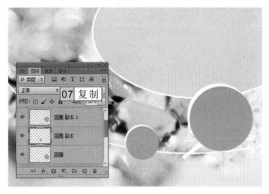

图 6-51　缩小并移动图像

图 6-52　移动图像

9 打开"水晶.psd"图像。使用移动工具，选择"图层 1"，直接将其拖动到"水晶背景"图像中，并适当调整图像的大小和位置，如图 6-53 所示。

10 继续将其他水晶拖动到当前编辑的图像中，调整至合适的大小和位置，如图 6-54 所示。选择"圆圈 副本 3"。

图 6-53　移动图像

图 6-54　移动其他水晶图像

11 打开"文字.psd"图像，选择"光点"图像。使用移动工具将其移动到"水晶背景"图像中。

12 在"文字.psd"图像中选择"文本"图层，使用相同的方法移动到"水晶背景"图像中，如图 6-55 所示。

13 在"文字.psd"图像中选择"闪亮 5 季"图层，将其移动到"水晶背景"图像中，并设置移动后图层的混合模式为"颜色加深"。按"Ctrl+J"快捷键复制图层，如图 6-56 所示。

在"水晶背景"图层中选择"圆圈 副本 3"图层，是为了将"光点"图层移动到"水晶背景"图像后，使"光点"图层位于"圆圈 副本 3"图层上方。

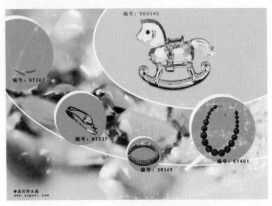

图 6-55 移动"文字"图层

图 6-56 设置图层混合模式

6.6 基础练习——制作"朦胧荷塘"图像

本章主要介绍了图层的基本使用方法，其中的复制图层、设置图层的不透明度和图层混合模式等操作，可以使用户制作出更加丰富的图像效果，在处理图像时经常用到。

本练习将制作如图 6-57 所示的"朦胧荷塘"图像效果。制作时将运用到移动工具，先将"水岸.psd"、"天空.psd"和"其他素材.psd"等素材移至"背景.jpg"图像中，然后再对图像图层进行调整，并调整图像大小及位置。

图 6-57 "朦胧荷塘"图像效果

光盘\素材\第 6 章\背景.jpg、水岸.psd、天空.psd、心形.psd、其他素材.psd
光盘\效果\第 6 章\朦胧荷塘.psd
光盘\实例演示\第 6 章\制作"朦胧荷塘"图像

该练习的操作思路如下。

制作广告最主要的就是文字和素材图像的添加，适当的搭配可以让画面效果显得更加饱满。

操作思路：

在图像中添加心形 ❹

添加"蝴蝶"和"心形"图像 ❸

使用移动工具将"天空"和"水岸"图像
拖动到背景中 ❷

打开"背景"图像和"其他素材"
图像 ❶

6.7　知识问答

在使用图层的过程中，难免会遇到一些难题，如怎样使用背景图层、如何复制图像等。下面将介绍使用图层的过程中常见的问题及解决方案。

问： 在 Photoshop 中打开一幅素材图像时，其背景图层都为默认锁定状态，不能操作，该怎样解除这种状态呢？

答： 在 Photoshop 中打开的每一幅图片，其背景层都是锁住不能删除的，此时可以双击该图层，打开"新建图层"对话框，单击 确定 按钮，将其背景图层变成普通图层。

问： 按住"Alt"键可以复制图像，但这是复制的全部图像还是图像局部呢？如果要复制整个图像又该怎么操作呢？

答： 按住"Alt"键复制图像，可以复制图像的局部，也可以复制整个图像。不同的是，要复制图像的局部，就必须首先将要复制的部分选择出来，这样复制不会产生新的图层；而要复制整个图像，直接按下"Alt"键拖动鼠标即可，这样会产生一个图层副本。

知 关联 立体主义的由来

20 世纪初，在印象派画家塞尚的方块风格和高更的原始主义神秘感召之下，一批反叛之士拉开了现代艺术的序幕。他们纷纷阐述自己的艺术观点，并强调个人内心世界联想，颠倒时序和空间，形成了一股现代意识潮流。其中最初的艺术流派是原始主义、立体主义、未来主义、结构主义、达达主义和风格主义。

立体构成也称为空间构成，立体构成是以一定的材料，以视觉为基础，以力学为依据，将造型要素按一定的构成原则组合成美好的形体。立体构成通过材料、结构将形态制作出来，这与产品设计相同。立体构成只要变化一下材料本身就可成为产品。立体构成的原理已广泛地应用于工业设计、展示设计、环艺设计、包装设计、POP 广告设计和服装设计等领域。

操 作 提 示

如果同时对多个图层进行合并操作，则合并后的图层名称为"图层"面板中被选择图层中最上面的图层名。

第 7 章

矢量工具与路径的应用

删格化形状图层

认识路径

绘制与编辑路径

路径的应用

使用矢量工具绘制形状

创建与编辑路径

在制作平面作品时，虽然能使用画笔工具绘制独特的图形，但这种方法不利于图像的后期编辑以及编辑图像的速度。在编辑复杂的图形时，用户不妨使用形状以及路径工具绘制图形。本章将讲解使用自定义形状工具、创建路径、编辑路径、在路径与选区间进行转换，以及为路径填色及描边的操作方法。掌握这些工具命令的使用将有利于图像的后期处理。

本章导读

7.1 使用矢量工具绘制形状

在图像处理过程中，经常用到一些基本图形，如音乐符号、人物、动物和植物等，使用 Photoshop 提供的矢量形状工具可以将这些图形快速准确地绘制出来。

7.1.1 绘制形状

Photoshop CS6 自带了几种矢量形状工具，包括矩形工具、圆角矩形工具、椭圆工具、多边形工具、直线工具和自定义形状工具。这些工具能基本满足用户绘制形状的需求，各矢量形状工具的使用方法基本相同，使用这些工具能很快地绘制形状。

 使用矢量形状工具绘制图像 ●●●

下面将在"舞动.jpg"图像中使用矩形工具、椭圆工具、多边形工具、直线工具以及自定义形状工具绘制、编辑图像。

> **参见 光盘** 光盘\素材\第 7 章\舞动.jpg、眩光.psd
> 光盘\效果\第 7 章\舞动.psd ▸▸▸▸▸▸▸▸▸▸

1. 打开"舞动.jpg"图像，设置前景色为"红色（#ff0000）"。在工具箱中选择矩形工具■。在其工具属性栏中单击"描边"色块，在弹出的面板中单击☑按钮，将描边方式设置为无描边，再单击❀按钮，在弹出的面板中取消选中 □从中心 复选框，如图 7-1 所示。

2. 按住"Shift"键，拖动鼠标在人物左边绘制一个正方形。在"图层"面板中设置"矩形 1"图层的不透明度为"40%"，如图 7-2 所示。

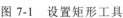

图 7-1 设置矩形工具

图 7-2 绘制矩形

3. 在工具箱中选择椭圆工具●，拖动鼠标在人物右边绘制一个圆形。在椭圆工具的工具

操 作 提 示

使用形状工具绘制形状后，在"图层"面板中会出现与之对应的形状图层。

属性栏中，单击"填充"色块，在弹出的面板中单击■按钮，打开"拾色器（填充颜色）"对话框，在其中设置颜色为"黄绿色（00ffcc）"，单击 确定 按钮。再在"图层"面板中设置"椭圆 1"形状图层的"不透明度"为"20%"，如图 7-3 所示。

4 使用相同的方法，在人物上方绘制 3 个大小不同的椭圆，在"图层"面板中选择"椭圆 2"、"椭圆 3"和"椭圆 4"形状图层，单击面板下方的 ⊙ 按钮，链接图层。设置图层混合模式为"变暗"，"不透明度"为"30%"，如图 7-4 所示。

图 7-3　绘制椭圆

图 7-4　继续绘制椭圆

5 在工具箱中选择圆角矩形工具，在其工具属性栏的"半径"数值框中设置"半径"为"10 像素"，使用鼠标在人物左下角绘制一个矩形，再在工具属性栏中单击"填充"色块，在弹出的面板中设置颜色为"绿色（#588f27）"，如图 7-5 所示。在"图层"面板上设置圆角矩形的"不透明度"为"50%"。

6 使用相同的设置方法，在人物下方再绘制 3 个圆角矩形，效果如图 7-6 所示。

图 7-5　绘制圆角矩形

图 7-6　继续绘制圆角矩形

7 在工具箱中选择多边形工具 ●，在其工具属性栏中设置"边"为"36"，使用鼠标在图像左下方绘制一个多边形。在工具属性栏中单击"填充"色块，在弹出的面板中设

在形状工具的工具属性栏中，单击"填充"色块，在打开的面板中单击■按钮，可填充纯色；单击■按钮，可填充渐变；单击▨按钮，可填充图案。

置颜色为白色，如图 7-7 所示。

8. 在工具箱中选择直线工具 ，在其工具属性栏中单击 按钮，在弹出的面板下拉菜单中选中 □终点 复选框，并设置"粗细"为"3 像素"。使用鼠标在绘制的多边形工具上从左向右绘制一个箭头符号，效果如图 7-8 所示。

图 7-7　绘制多边形　　　　　　　　　　图 7-8　绘制箭头

9. 在工具箱中选择自定形状工具 ，在其工具属性栏中单击"形状"下拉按钮 ，在弹出的下拉列表框中选择 选项，使用鼠标在多边形图像上绘制一个花形装饰，如图 7-9 所示。单击"填充"色块，在弹出的面板中设置颜色为"灰色（#c7c7c7）"。

10. 使用自定形状工具，在图像右下角绘制 5 个大小不同的形状，如图 7-10 所示。

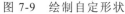

图 7-9　绘制自定形状　　　　　　　　　图 7-10　继续绘制自定形状

11. 将前景色设置为黑色，在工具箱中选择横排文字工具 ，设置"字体"、"大小"分别为"黑体"、"9 点"，在图像左下角输入"夏日精灵"和"summer"。在"图层"面板中选择"夏日精灵"和"summer"字体图层，单击 按钮链接图层，再设置其图层混合模式为"溶解"，如图 7-11 所示。

12. 打开"眩光.psd"图像，将"眩光"图层移动到"舞动"图像中，按"Ctrl+T"快捷键调整眩光大小。在工具箱中选择橡皮擦工具 ，在其工具属性栏中设置"画笔大小"、

操 作 提 示

在"描边"色块后的数值框中设置宽度之后，被设置的描边颜色才会被显示出来。

"不透明度"、"流量"分别为"50 像素"、"50%"、"40%",使用鼠标对人物脸部的眩光进行擦除,如图 7-12 所示。

图 7-11　设置文字图层混合模式

图 7-12　添加眩光效果

7.1.2　重新编辑形状颜色

创建完形状图层后可以对其进行再编辑,重新设置颜色。其使用方法是,在"图层"面板中双击需要重新编辑形状颜色的形状图层缩略图,如图 7-13 所示。打开"拾色器(纯色)"对话框,在其中选择需改变的颜色后,单击 确定 按钮,效果如图 7-14 所示。

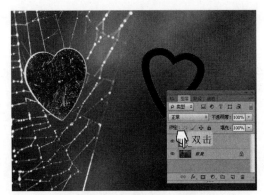

图 7-13　双击形状图层

图 7-14　改变后的效果

7.1.3　栅格化形状图层

由于形状图层和普通图层性质有所不同,因此在该图层中无法使用对像素进行处理的各种工具,如画笔工具、渐变工具、加深工具和模糊工具等,这样就在某种程度上限制了用户对图像做进一步处理的可能性,所以若要编辑形状图层,应将形状图层转换为普通图层。其使用方法是,在"图层"面板中右击需要转换为普通图层的形状图层,然后在弹出

选择需要重新编辑颜色的形状图像后,在工具属性栏中单击"填充"色块,在弹出的面板中也可以重新设置形状的颜色。

的快捷菜单中选择"栅格化图层"命令，如图 7-15 所示。如图 7-16 所示为转化为普通图层的形状图层。

图 7-15　栅格化图层

图 7-16　完成转换

7.2　认识路径

使用形状工具能快速地在图像中绘制一些图形，但在实际编辑中，仅使用形状工具并不能满足用户编辑复杂而独特的形状的要求。此时，用户就能使用路径来编辑形状。

7.2.1　路径的基本概念

所谓路径，就是用一系列锚点连接起来的线段或曲线。用户可以沿着这些线段或曲线进行描边或填充，还可以转换为选区。

路径分为直线路径和曲线路径，直线路径由锚点和路径线组成，如图 7-17 所示，曲线路径比直线路径多一个控制手柄，拖动控制手柄可以任意调整曲线路径的弧度，如图 7-18 所示。

图 7-17　直线路径

图 7-18　曲线路径

当鼠标光标移到路径的起点处时，将变成 形状。

7.2.2　认识"路径"面板

选择【窗口】/【路径】命令，打开如图 7-19 所示的"路径"面板。在"路径"面板中可以完成新建路径、显示与隐藏路径、删除路径和重命名路径等操作，这些操作都与在"图层"面板中操作图层的方法相同。

图 7-19　"路径"面板

需要注意的是，用户在图像中绘制了一个形状之后，在"路径"面板中也会出现一个与之对应的路径。

7.3　绘制与编辑路径

 绘制路径主要通过钢笔工具和自由钢笔工具完成。路径绘制完成后若不能满足设计要求，还可对路径进行编辑修改。下面将讲解绘制路径以及编辑路径的方法。

7.3.1　使用钢笔工具绘制

在工具箱中选择钢笔工具 后，除可直接在图像上单击绘制直线路径外，还可通过控制手柄绘制曲线。在绘制复杂形状时，除使用直线绘制外，更多的是使用曲线进行绘制。

实例 7-2 为"地产广告"图像绘制形状 ●●●

下面将打开"地产广告.psd"图像，使用钢笔工具通过直线绘制房屋形状以及通过曲线绘制海鸥形状。

 参见　光盘\素材\第 7 章\地产广告.psd
光盘　光盘\效果\第 7 章\地产广告.psd　

1. 打开"地产广告.psd"图像，在工具箱中选择钢笔工具 。将鼠标光标移动到由树叶组成的灯泡左下方，单击新建锚点，如图 **7-20** 所示。

2. 按住"Shift"键的同时，单击树叶组成的灯泡右下方，如图 **7-21** 所示。使用相同的方法在第二个锚点垂直的正上方单击，绘制一条直线。

3. 使用相同的方法，在树叶组成的灯泡周围单击，绘制一个房屋图形，如图 **7-22** 所示。

使用路径能绘制任何图形，所以在平面设计中经常用到。

图 7-20　新建锚点

图 7-21　绘制直线

4 设置前景色为"黄色（#fccc00）"，在工具箱中选择画笔工具 ✐。在其工具属性栏中设置"画笔大小"为"30 像素"。打开"路径"面板，选择"工作路径"路径，单击面板下方的 ◯ 按钮，为路径描边，如图 7-23 所示。

图 7-22　完成房屋绘制

图 7-23　为路径描边

5 在"路径"面板下方单击 ▣ 按钮，新建一个路径。

6 在工具箱中选择钢笔工具 ✐，将鼠标移动到海鸥下方翅膀与身体的连接处单击，再使用鼠标在海鸥翅尖处单击并向上拖动，使用路径弯曲。如图 7-24 所示，当路径弯曲成需要的形状时，释放鼠标。

7 按"Alt"键的同时，在新绘制的锚点处单击，去掉锚点一边的控制手柄。使用相同的方法为海鸥绘制路径。

8 设置前景色为"黄色（#005ffc）"，在工具箱中选择画笔工具 ✐，在其工具属性栏中设置"画笔大小"为"10 像素"。打开"路径"面板，选择"路径 1"，单击面板下方的 ◯ 按钮为路径描边，效果如图 7-25 所示。

在为路径进行描边时，一定要先选中画笔工具。

图 7-24　新建锚点 　　　　　　　　图 7-25　完成绘制

7.3.2　使用自由钢笔工具绘制

若需在一些图像轮廓明显的图像上绘制路径时，用户可使用自由钢笔工具。使用自由钢笔工具绘制自由路径的方法，同使用磁性套索工具绘制自由选区一样。其使用方法是，在工具箱中按住钢笔工具，在弹出的工具选择框中选择自由钢笔工具，在其工具属性栏中选中 ☑磁性的 复选框，如图 7-26 所示。沿图像中颜色对比较大的边缘拖动，在绘制过程中将会产生一系列具有磁性的锚点，如图 7-27 所示。

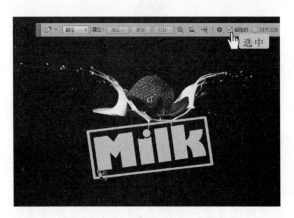

图 7-26　设置自由钢笔工具 　　　　　　图 7-27　绘制路径

7.3.3　路径的编辑

对用户来说，修改和调整路径比绘制路径更为重要，因为初次绘制的路径往往不够精确，而使用各种路径调整工具可以将路径调整到需要的效果。

若在自由钢笔工具的工具属性栏中选中 ☑磁性的 复选框，则其使用效果如套索工具。

1．路径的选择

要对路径进行编辑，首先要学会如何选择路径。在工具箱中选择路径选择工具 和直接选择工具 ，可以实现路径的选择。选择相应的工具后，在路径所在区域单击即可选择路径。当用路径选择工具在路径上单击后，将选择所有路径和路径上的所有锚点，而使用直接选择工具时，只选中单击处锚点间的路径而不选中锚点。

若用户需要选择锚点，则只能通过直接选择工具完成。该工具的使用方法和使用移动工具选择图像一样。

2．锚点的增减

路径绘制完成后，在其编辑过程中会根据需要增加或删除一些锚点。若要在路径上增加锚点，可在工具箱中按住钢笔工具不放，在弹出的工具选择栏中选择添加锚点工具 ，然后在路径上单击即可增加一个锚点，如图 7-28 和图 7-29 所示分别为增加锚点前后的路径。

若要在路径上删除锚点，可在工具箱中按住钢笔工具不放，在弹出的工具选择栏中选择删除锚点工具 ，然后在路径上要删除的锚点上单击，如图 7-30 所示为删除锚点后的路径。

图 7-28　原始路径　　　　图 7-29　增加锚点的路径　　　图 7-30　删除两个锚点后的路径

3．锚点属性的调整

若绘制的路径是曲线路径，则锚点处会显示一条或两条控制手柄，拖动控制手柄可改变曲线的弧度。可以说控制手柄的长短和位置都能控制路径的形状，编辑锚点属性一般都使用转换点工具。其使用方法是，在工具箱中按住钢笔工具不放，在弹出的工具选择栏中选择转换点工具 ，在锚点上单击，如图 7-31 所示，可以将平滑点转换成角点，如图 7-32 所示。

使用转换点工具在具有角点属性的锚点上单击并拖动，可以显示控制手柄，此时分别拖动两侧的控制手柄改变曲线度，如图 7-33 所示。

在使用添加锚点工具时，按住"Alt"键的同时单击锚点，可将工具暂时切换为删除锚点工具。使用删除锚点工具时，按住"Alt"键的同时单击锚点，可将工具暂时切换为添加锚点工具。

图 7-31　原始路径　　　　　图 7-32　锚点属性为角点　　　　图 7-33　拖动显示控制手柄

7.3.4　路径的基本操作

为了更加灵活地绘制路径，用户时常需要通过一些基础操作对路径进行编辑。路径的基本操作包括新建、显示与隐藏、重命名、保存和删除等操作，下面分别进行介绍。

- **新建路径**：与创建图层的道理一样，使用钢笔工具绘制的路径始终存在于默认的一个路径上，为了便于管理，应将不同的路径分别绘制在不同的新路径上。其方法是，单击"路径"面板底部的 按钮，Photoshop CS6 会自动在"路径"面板中新建一个空路径，此时在图像窗口绘制路径就将会存储在该路径上。
- **显示与隐藏路径**：绘制完成的路径会显示在图像窗口中，有时会影响接下来的操作，用户可以根据情况对路径进行隐藏。在"路径"面板中单击路径缩略图，可将路径隐藏，再次单击则可重新显示路径。
- **重命名路径**：在"路径"面板中双击要重命名的路径名称，当其呈可编辑状态时，输入新名称后按"Enter"键。
- **保存路径**：若没有在"路径"面板中创建新路径，用户绘制的路径将会自动存放在"工作路径"中。为了管理方便，最好对路径进行管理，其使用方法是，双击"工作路径"路径，打开"存储路径"对话框，在"名称"文本框中输入路径名称，单击 确定 按钮，将工作路径以输入的路径名保存。
- **删除路径**：在"路径"面板中选择要删除的路径，再单击面板底部的 按钮，将当前路径删除。

7.4　路径的应用

路径在输出时并不会显示出来，绘制路径的目的是为了辅助用户完成选区无法完成的复杂操作。所以在绘制路径或编辑路径后，用户还需要对路径进行应用，将路径转换为选区，填充路径等。

通过拖动由钢笔工具绘制的路径中锚点两侧的任意控制手柄，可同时改变锚点两侧的路径弧度，而拖动由转换点工具生成锚点两侧的控制手柄，一次只能改变控制手柄一侧路径的弧度。

7.4.1　路径与选区的转换

在 Photoshop 中用户可以很方便地对路径和选区进行转换，通过转换，用户才能更加方便地创作出美观的图像。路径与选区的转换方法如下。

◎ **将路径转换为选区**：绘制完路径后，在面板中选择需要转换为选区的路径名称，单击"路径"面板底部的▓按钮，将路径转换成选区。如图 7-34 所示为要转换的路径，如图 7-35 所示则为转换为选区后的效果。

图 7-34　路径显示

图 7-35　路径转换为选区

◎ **将选区转换为路径**：想将选区转换成路径，可在建立选区后，单击"路径"面板底部的◈按钮。如图 7-36 所示为要转换的选区，如图 7-37 所示则为转换为路径后的效果。

图 7-36　建立选区

图 7-37　选区转换为路径

7.4.2　填充路径

除将路径转换为选区外，绘制路径后还可以通过对路径进行填充得到需要的图像效果。

操作提示

将选区转换为路径是一种存储选区的方法，比通过【选择】/【存储选区】命令转换更加迅速。

为"林间"图像编辑路径 ●●●

下面将打开"林间.psd"图像，通过"路径"面板对图像中的路径进行填充、描边等操作。

参见光盘　光盘\素材\第 7 章\林间.psd
光盘\效果\第 7 章\林间.psd

1　打开"林间.psd"图像，打开"路径"面板。在下拉面板中选择"心形形状路径"，在面板中单击■按钮，添加图层蒙版。

2　在"路径"面板中单击■按钮，在弹出的下拉菜单中选择"填充路径"命令，如图 7-38 所示。

3　打开"填充路径"对话框，在"使用"下拉列表框中选择"图案"选项，在"自定图案"下拉列表中选择■选项。分别设置"模式"、"羽化半径"、"脚本"为"正常"、"20"、"十字线织物"，单击 确定 按钮，如图 7-39 所示。

图 7-38　选择填充路径

图 7-39　设置填充路径

4　在工具箱中选择画笔工具■，在其工具属性栏中单击"画笔大小"下拉列表框右侧的■按钮，在弹出面板的画笔样式栏中选择■选项，再设置"不透明度"、"流量"分别为"100%"、"50%"，如图 7-40 所示。

5　将前景色设置为白色，在"路径"面板中单击■按钮，在弹出的下拉菜单中选择"描边路径"命令，打开"描边路径"对话框，在"工具"下拉列表框中选择"画笔"选项。选中☑模拟压力复选框，单击 确定 按钮。

6　在"路径"面板的空白处单击取消显示"心形形状路径"路径，打开"图层"面板，选择"心形"图层，设置该图层的图层混合模式为"颜色减淡"，"填充"为"40%"，如图 7-41 所示。

7　单击面板上方的■按钮，在弹出的下拉菜单中选择"混合选项"命令。打开"图层样式"对话框，在其中选中☑外发光复选框，单击 确定 按钮。

在"路径"面板中单击■按钮后，前景色、背景色将只能设置为黑白色，不能设置为彩色。

图 7-40　设置画笔样式　　　　　　　图 7-41　设置图层混合模式

7.5　基础实例——为人物添加面具

本章的基础实例将在"人物"图像上绘制一个面具，使人物更具神秘感。通过练习使用户对矢量工具以及路径的作用、操作方法更加熟练，最终效果如图 7-42 所示。

图 7-42　为人物添加面具

7.5.1　行业分析

　　本例中为人像添加面具是制作人物特效的一种编辑方式，通过在人物的面部添加面具以增加神秘感。

　　面具在日常生活中是起遮挡作用的物品，常出现于节日或戏剧上。面具的历史可追溯到公元前，它是人们内心世界的象征，更是历史文化发展的重要文化现象。一个好的面具

　　通过添加高光和阴影能让添加的面具显得更加真实。

作品是将雕刻和绘画结合在一起，创造出有观赏性和深刻寓意的作品。本例中为人物添加的面具只是起到遮盖作用，所以并不需要制作出具有太多内涵的面具。

7.5.2　操作思路

为更快完成本例的制作，并且尽可能运用本章讲解的知识，本例的操作思路如下。

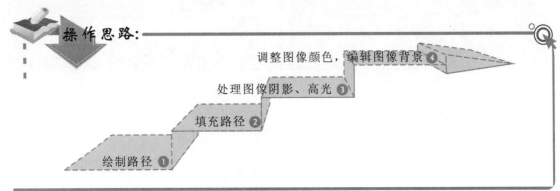

操作思路：

调整图像颜色，编辑图像背景 ❹

处理图像阴影、高光 ❸

填充路径 ❷

绘制路径 ❶

7.5.3　操作步骤

下面介绍在"人像.jpg"上绘制面具的方法，其操作步骤如下：

参见
光盘

光盘\素材\第 7 章\人物.jpg
光盘\效果\第 7 章\人物.psd
光盘\实例演示\第 7 章\为人像添加面具

1 打开"人物.jpg"图像，按"Ctrl+J"快捷键复制图层。在工具箱中选择钢笔工具 ✐ ，使用鼠标在人物脸部的上半部分绘制如图 **7-43** 所示的路径作为面具轮廓。

2 使用钢笔工具沿着人物两个眼睛绘制路径，做出面具眼睛的部分，如图 **7-44** 所示。

图 7-43　绘制面具轮廓

图 7-44　绘制眼睛部分

3 在"路径"面板中单击 ▦ 按钮，将路径转换为选区。将前景色设置为"白色"，打开"图层"面板，单击 ◰ 按钮新建"图层 2"。按"Alt+Delete"快捷键，使用前景色填

行　家　提　醒

在使用钢笔工具绘制路径后，最好再使用转换点工具调整路径的圆滑度。

充图像，如图 7-45 所示。

4　返回"路径"面板，在其中单击 ⊙ 按钮，将选区转换为路径。在"路径"面板中单击 ⬚ 按钮，在弹出的快捷菜单中选择"填充路径"命令。

5　打开"填充路径"对话框，在"使用"下拉列表框中选择"图案"选项。单击"自定图案"下拉列表旁的 · 按钮，在弹出的面板中单击 ✿ 按钮，在弹出的下拉菜单中选择"自然图案"命令，再在打开的提示对话框中单击 确定 按钮，添加新图案。

6　返回"填充路径"对话框，单击"自定图案"下拉列表旁的 · 按钮，在弹出的面板中选择最后一个选项。设置"模式"、"不透明度"分别为"正常"、"100"，单击 确定 按钮，如图 7-46 所示。

图 7-45　使用前景色进行填充

图 7-46　设置填充路径

7　在"图层"面板中选择"图层 2"。按"Ctrl+T"快捷键，使图像周围出现变形框。按住"Ctrl"键不放，使用鼠标拖动图像左下角的空心圆点向右移动一点，使制作出的面具更具透视感，如图 7-47 所示，按"Enter"键确定变换。

8　在工具箱中选择吸管工具 ✐，使用鼠标在面具中最深色处单击，如图 7-48 所示。

图 7-47　变形图像

图 7-48　选取颜色

若用户绘制路径时，没有将路径绘制好，可在按"Ctrl+T"快捷键后对图像的 4 个角进行调整。

9　在"图层"面板中单击 按钮新建"图层 3"。在工具箱中选择画笔工具 ，在其工具属性栏中单击"画笔大小"下拉列表框旁的 按钮，在弹出面板的画笔样式中选择第一种画笔。设置"不透明度"、"流量"分别为"26%"、"24%"。

10　设置不同的画笔大小，根据人物脸部轮廓对面具背光的部分，如面具左边缘、面具下方的脸部和左鼻翼等位置进行涂抹，效果如图 7-49 所示。

11　使用吸管工具在图像中被阳光照射的右侧发丝上单击取色。在"图层"面板中单击 按钮新建"图层 4"。在工具箱中选择画笔工具 ，在其工具属性栏中设置"不透明度"、"流量"均为"20%"。

12　设置不同的画笔大小，根据人物脸部轮廓对面具高光的部分，如面具右边缘、面具左下方、鼻翼中间和眉头等位置进行涂抹，效果如图 7-50 所示。

图 7-49　绘制阴影

图 7-50　绘制高光

13　选择"图层 2"，按"Ctrl+M"快捷键，打开"曲线"对话框，使用鼠标拖动曲线，如图 7-51 所示，单击 确定 按钮。

14　设置前景色为白色，使用椭圆工具在图像左下角绘制 3 个正圆，如图 7-52 所示。

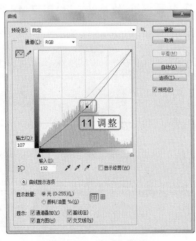
图 7-51　调整曲线

图 7-52　绘制正圆

在绘制阴影和高光时，若是绘制的效果不理想而需要使用橡皮擦工具擦除，此时，用户可降低橡皮擦工具的"不透明度"和"流量"进行擦除。

15 在"图层"面板中设置"椭圆 1"图层的"不透明度"为"25%"。

16 选择自定形状工具 ，在其工具属性栏中单击"形状"下拉列表框旁的 按钮，在弹出的面板中单击 按钮，在弹出的下拉菜单中选择"全部"命令，在打开的提示对话框中单击 按钮。

17 再次单击"形状"下拉列表框旁的 按钮，在弹出的面板中选择 选项；使用鼠标在图像左下角绘制一个形状，如图 7-53 所示。

18 在工具箱中选择文字工具 ，在其工具属性栏中设置"字体"、"字体大小"分别为"黑体"、"30 点"。使用文字工具在图像左下角输入"寻找迷失部落"，如图 7-54 所示。

图 7-53　绘制形状

图 7-54　输入文字

7.6　基础练习

本章主要介绍了矢量工具以及路径的使用方法，下面将通过两个练习进一步巩固矢量工具以及路径在工作中的应用，更加快速地绘制出美观实用的图像。

7.6.1　制作 VIP 卡

本练习将制作如图 7-55 所示的 VIP 卡，制作时将运用到钢笔工具和渐变填充等工具，首先绘制一个矩形图形，然后使用"灰色（#3b3b3b）"进行填充。使用钢笔工具绘制波浪形路径，再填充颜色，接着再绘制出图像背景中的花纹图形，并将路径转换为选区，使用"蓝、红、黄渐变"渐变进行填充，最后加入素材，输入文字完成制作。

如果想增加面具的厚实感，可在面具上方绘制一些光边。

图 7-55　制作 VIP 卡

参见
光盘
光盘\素材\第 7 章\VIP 素材.psd
光盘\效果\第 7 章\VIP 卡.psd
光盘\实例演示\第 7 章\制作 VIP 卡

该练习的操作思路如下。

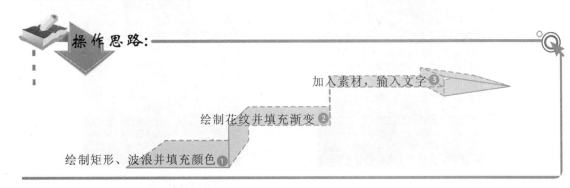

操作思路：

加入素材，输入文字 ③

绘制花纹并填充渐变 ②

绘制矩形、波浪并填充颜色 ①

7.6.2　制作禁止哭脸图像

本练习将制作如图 7-56 所示的禁止哭脸图像，首先使用钢笔工具在图像中的哭脸周围绘制 4 个角并使用"绿色（#5aff00）"填充路径，再使用自定形状工具在哭脸上绘制一个白色的十字叉。使用矩形工具在图像上绘制矩形并使用"红色（# f61415）"进行填充，再在红色的矩形上使用"方正胖娃简体"并输入"KEEP OUT"。

 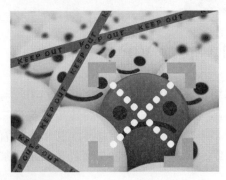

图 7-56　绘制禁止哭脸图像

在绘制哭脸周围的 4 个角时，可使用辅助线定位角的位置。

参见光盘　光盘\效果\第 7 章\禁止哭脸.psd
光盘\实例演示\第 7 章\制作禁止哭脸图像.swf

该练习的操作思路如下。

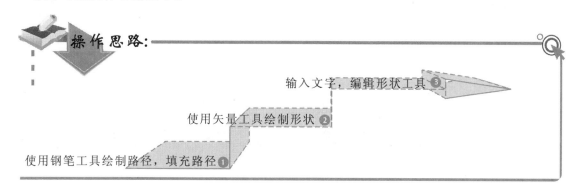

操作思路：

输入文字，编辑形状工具 ❸

使用矢量工具绘制形状 ❷

使用钢笔工具绘制路径，填充路径 ❶

7.7　知识问答

在使用矢量工具以及路径的过程中难免会遇到一些难题，如将绘制的路径移到新建文件中、为形状添加从淡到浓的渐变等。下面将介绍矢量工具和路径使用过程中常见的问题及解决方案。

问：用钢笔工具勾选图像后，怎样将那个选中的路径移动到新建的文件中去？

答：用钢笔工具勾出路径以后，把路径变成选区，然后新建一个文件。使用"复制"和"粘贴"命令或者直接拖动选区到新建文件上，都可以将选中的路径移动到新建文件上。

问：用直线工具画一条直线后，怎样设置直线由淡到浓的渐变？

答：用直线工具画出直线形状后，再将形状在"路径"面板中变成选区，填充渐变色，选前景色到渐变透明即可。

知识关联　插画的制作主旨

在 Photoshop 中，路径常用于为插画艺术服务，插画是用视觉艺术语言来传播信息，具有形象化、具体化和直接化的特性，是一种世界性的语言，人人都可以看明白。插画的设计在整体广告策略的指导下进行，表现的内容要紧紧围绕广告主题，突出商品信息的个性，设计创作新颖的、有诉求力的图形语言。

操作提示

在绘制曲线的过程中，一定要注意锚点的转换，可以直接按"Alt"键转换锚点之间的控制手柄，让控制手柄操作起来更加灵活。

第 8 章 ●●●

文字的应用

输入文字

编辑文本
编辑文字属性

跃动的心

I have searched a thousand years,
And i have cried a thousand tears.
I found everything I need,
You are everything to me.

Heart

沿路径输入文字

在图像中输入文字
设置文字属性

在 Photoshop 中可以对图像进行各种各样的处理，在图像中加入文字，不但能起到说明的作用，还能让整个图像更加丰富，方便更好地传达画面的真实意图。本章将详细介绍文字工具的使用方法，包括输入普通文字、输入段落文字、输入文字选区，以及对文字的编辑操作。掌握各种文字工具的使用方法将有利于用户对图像进行后期处理，并且能制作出各种具有特色的广告效果。

本章导读

8.1　输入文字

文字是各类设计作品中不可缺少的元素，可作为题目、说明和装饰。在 Photoshop 中，输入文字一般都是通过文字工具完成的。下面就将认识文字工具并讲解使用这些工具输入文字的方法。

8.1.1　认识文字工具

要输入文字，首先要认识输入文字的工具。按住工具箱中的工具按钮 **T**，将弹出如图 8-1 所示的工具选择栏，其中各工具的作用如下。

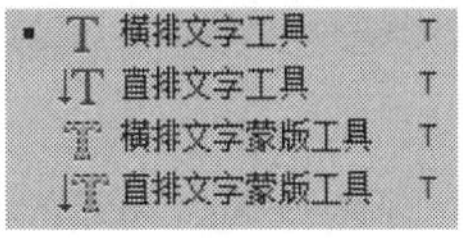

○ **T**（横排文字工具）：在图像文件中创建沿水平方向输入的文字，且在"图层"面板中建立新的文字图层。

○ **IT**（直排文字工具）：在图像文件中创建垂直方向输入的文字，且在"图层"面板中建立新的文字图层。

○ **T**（横排文字蒙版工具）：在图像文件中创建水平文字形状的选区，在"图层"面板中不建立新的图层。

T	横排文字工具	T
IT	直排文字工具	T
T	横排文字蒙版工具	T
IT	直排文字蒙版工具	T

图 8-1　文字工具组

○ **IT**（直排文字蒙版工具）：在图像文件中创建垂直文字形状的选区，在"图层"面板中不建立新的图层。

文字工具的工具属性栏中的参数基本相似，这里以如图 8-2 所示的横排文字工具属性栏为例进行介绍。

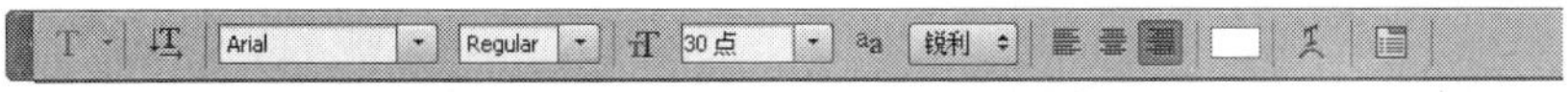

图 8-2　横排文字工具属性栏

○ **IT** 按钮：单击该按钮，可将水平方向的文字转换为垂直方向，或将垂直方向的文字转换为水平方向。

○ **Arial** 下拉列表框：用于设置文字的字体。单击其右侧的按钮，在弹出的下拉列表框中可以选择所需的字体。

○ **Regular** 下拉列表框：设置文字使用的字体形态，但只有选中某些具有该属性的字体后，该下拉列表框才能激活。此下拉列表框中包括"Regular（规则的）"、"Italic（斜体）"、"Bold（粗体）"和"Bold Italic（粗斜体）"4 个选项。

○ **T** 下拉列表框：用于设置文字的大小。单击其右侧的按钮，在弹出的下拉列表框中可选择所需的字体大小，也可直接在该输入框中输入字体大小的值。

○ **aa** 下拉列表框：设置消除文字锯齿的功能。该下拉列表框中提供了"无"、"锐利"、"明晰"、"强"和"平滑"5 个选项。

○ **按钮**：设置段落文字排列（左对齐、居中和右对齐）的方式。当文字为竖排时，3 个按钮变为（顶对齐、居中和底对齐）。

操作提示

按"T"键可快速选择文字工具组中当前显示的工具，按"Shift+T"快捷键可在文字工具组内的 4 个文字工具之间进行切换。

- ■色块：设置文字的颜色。单击将打开"拾色器（文本颜色）"对话框，在其中可选择字体的颜色。
- 按钮：单击该按钮可创建变形文字。
- 按钮：单击该按钮，可以显示或隐藏"字符"和"段落"面板。用这两种面板可调整文字格式和段落格式。

8.1.2　输入点文字

在 Photoshop 中输入的文字一般可分为点文字和段落文字，其中点文字常被用于制作标题或一句话形式的比较特别的文字类型。使用横排文字工具和直排文字工具都可以输入点文字，下面讲解输入点文字的方法。

- **使用横排文字输入点文字**：在工具箱中选择横排文字工具 T，在工具属性栏中设置好文字的字体和大小等参数，将鼠标光标移动到图像中适当的位置单击。此时将出现一个插入光标，然后输入所需的文字，再选择任意一个工具或按"Enter"键完成输入，如图 8-3 所示。

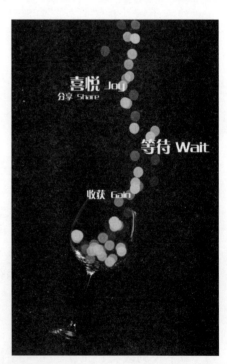

图 8-3　输入横排文字

- **使用直排文字输入点文字**：直排文字工具与横排文字工具的使用方法基本相同，在工具箱中选择直排文字工具 IT，设置工具属性栏后在图像中需要输入文字的位置单击，单击处会出现 状的光标，这时输入需要的文字即可，如图 8-4 所示。

点文字较段落文字相比灵活很多，所以在平面设计范围内，点文字的使用比段落文字多很多。

图 8-4 使用直排文字工具

8.1.3 输入段落文字

除了点文字以外，段落文字在某些领域也会常被使用到，如出版行业。段落文字的一大好处就是便于批量修改、编辑，这是使用点文字无法完成的。

实例 8-1 在"跃动的心"图像中输入文字 ●●●

下面将打开"跃动的心.jpg"图像，在其中使用直排文字工具以及横排文字工具输入点文字以及段落文字。

参见光盘 光盘\素材\第 8 章\跃动的心.jpg
光盘\效果\第 8 章\跃动的心.psd

1 打开"跃动的心.jpg"图像，将前景色设置为白色。在工具箱中选择横排文字工具T。在其工具属性栏中设置"字体"、"字体大小"分别为"汉仪漫步体简"、"60 点"，再在图像左上角单击输入"跃动的心"，如图 8-5 所示。

2 在工具箱中选择直排文字工具T，在其工具属性中设置"字体"、"字体大小"分别为"汉仪娃娃篆简"、"24 点"。在刚输入的文字后方输入"因你而动"，如图 8-6 所示。

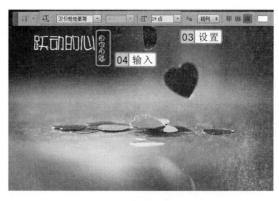

图 8-5 使用横排文字输入   图 8-6 使用直排文字输入

操作提示

输入的段落文字一般都较多，如果需要调整其中某一段或某几个文字，可以使用文字工具直接选择所需部分的文字进行调整。

3 再次选择横排文字工具 T ，在其工具属性栏中设置"字体"、"字体大小"分别为"Arial"、"32 点"，单击 ≡ 按钮。使用鼠标在图像右边拖动绘制一个文本框，并在其中输入如图 8-7 所示的英文。

4 将前景色设置为黑色，在横排文字工具属性栏中设置"字体"、"字体大小"分别为"Segoe Script"、"36 点"。使用鼠标在图像右下角单击输入"Heart"。按"Ctrl+T"快捷键，将输入的文字向左倾斜，按"Enter"键。

5 新建"图层 1"，将前景色设置为白色，在工具箱中选择矩形选框工具 ▢ 。使用鼠标在"跃动的心"文字前绘制一个正方形选区，按"Alt+Delete"快捷键，使用前景色填充选区。按"Ctrl+D"快捷键取消选区。

6 在工具箱中选择画笔工具 ✎ ，在其工具属性栏中设置"画笔大小"、"不透明度"、"流量"分别为"2 像素"、"100%"、"100%"。按住"Shift"键不放，使用鼠标在刚绘制的正方形右下角拖动绘制一条直线，效果如图 8-8 所示。

图 8-7　输入段落文字

图 8-8　绘制直线

8.2　编辑文字属性

输入文字后，为了使文字能更好地满足实际需要，用户还需要对文字进行编辑，文字的编辑一般都是通过"字符"面板、"段落"面板进行的，下面将对编辑文字的方法进行讲解。

8.2.1　设置字符属性

文字工具属性栏中只能对包含了部分字符属性的参数进行设置，而"字符"面板则集成了所有的参数控制，在其中不但可以设置文字的字体、字号、样式和颜色，还可以设置字符间距、垂直缩放和水平缩放以及是否对文字进行加粗、加下划线和加上标等处理。在工具属性栏中单击 ▤ 按钮，打开如图 8-9 所示的"字符"面板。

在文字图层中不能使用画笔工具、矢量工具、橡皮擦工具和修复画笔工具等。若想对文字进行编辑，必须栅格化文字图层。

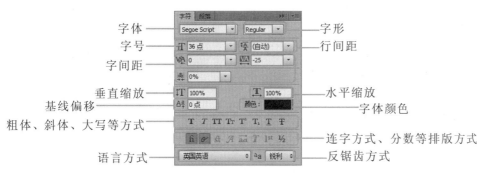

图 8-9　"字符"面板

 使用"字符"面板编辑文字 ●●●

> 参见　光盘\素材\第 8 章\玩具小人.psd
> 光盘　光盘\效果\第 8 章\玩具小人.psd

1 打开"玩具小人.psd"图像,在工具箱中选择横排文字工具 T,使用鼠标选择"happy friend"文字,如图 8-10 所示。

2 打开"字符"面板,在其中单击 TT 按钮,将选中的所有字符设置为大写字母。单击 "颜色"色块,在打开的"拾色器(文本颜色)"对话框中设置颜色为"#ff6c00", 单击 确定 按钮,如图 8-11 所示。

图 8-10　选择文字

图 8-11　设置颜色和大小写

3 使用横排文字工具选择"快"字。在"字符"面板中设置"字体大小"为"18 点", 如图 8-12 所示。

4 将鼠标光标移动到"快乐朋友"文本后,按"Enter"键换行。在"字符"面板中设 置"字体大小"为"8 点"后,按 10 次空格键,在图像中输入"你的好伙伴"文本, 如图 8-13 所示。

5 选择"你的好伙伴"文本,在"字符"面板中设置"基线偏移"为"20 点",如图 8-14 所示。

文字特殊效果从左至右依次为仿粗体、仿斜体、全部大写字母、小型大写字母、上标、下标、下划线和删除线。

图 8-12　设置字体大小

图 8-13　输入文字

6 使用鼠标选择"朋友"文本，在"字符"面板中设置字体颜色为"红色（#ff0000）"。选中"LET'S GO"文本，在"字符"面板中单击 T 按钮，为选中的文字添加下划线，效果如图 8-15 所示。

图 8-14　设置基线偏移

图 8-15　添加下划线

8.2.2　设置段落属性

文字的段落属性设置包括文字的对齐方式和缩进方式等，除了可以通过前面所讲的文字属性工具栏进行设置外，还可通过"段落"面板进行更加细致的设置。"段落"面板如图 8-16 所示。

对齐方式
左缩进
右缩进
首行缩进
段前添加空格
段后添加空格

图 8-16　"段落"面板

在使用文字工具选择文字后，用户会发现不能使用文字工具选择另一个文字图层中的文字。此时，用户只需在工具箱中选择其他任意工具后，再重新选择文字工具就能选择需要的文字。

使用"段落"面板编辑文字 ●●●

参见
光盘

光盘\素材\第 8 章\房产广告.psd
光盘\效果\第 8 章\房产广告.psd

1. 打开"房产广告.psd"图像,在工具箱中选择横排文字工具 T,使用鼠标选择图像左边的英文段落,如图 8-17 所示。

2. 选择【窗口】/【段落】命令,打开"段落"面板。在面板中单击 按钮,将选中的英文居中对齐,如图 8-18 所示。

图 8-17 选中英文段落

图 8-18 设置居中对齐

3. 将鼠标光标定位在第一段文字中,在"段落"面板中设置"左缩进"、"右缩进"均为"30 点",如图 8-19 所示。

4. 将鼠标光标定位在第二段文字中,在"段落"面板中设置"段前添加空格"、"段后添加空格"均为"10 点",分开第二段与第一、三段之间的距离,如图 8-20 所示。

图 8-19 设置左右缩进

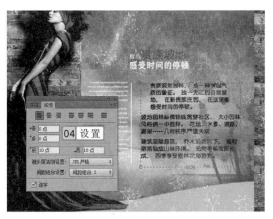

图 8-20 添加段间距

5. 在"段落"面板中设置"首行缩进"为"24 点",如图 8-21 所示。将鼠标光标定位在第三段文字中,设置"首行缩进"为"24 点"。

文本的每一段的第一行一般都缩进两个字符,也可直接将光标插入到第一行前面,然后按插入两个空格来实现缩进。

6 选中第一段文字，在工具属性栏中设置"字体大小"为"14 点"。按"Ctrl+Enter"快捷键退出编辑状态，如图 8-22 所示。

图 8-21　设置首行缩进

图 8-22　退出编辑状态

8.3　编辑文字

为了使制作的文档更加美观，用户在输入文字后，除可通过"字符"面板、"段落"面板控制文字的格式外，还可通过一些文字的变形、扭曲等修饰图像。

8.3.1　创建文字选区

在 Photoshop 中除了可输入点文字和段落文字外，还可以输入文字选区，但输入完成的文字选区并没有文字属性。创建文字选区都是通过横排文字蒙版工具 和直排文字蒙版工具 进行的，创建文字选区在文字设计方面有着重要作用。

 编辑"小狗"图像 ●●●

下面将打开"小狗.jpg"图像，通过创建文字选区，制作狗粮标志，并输入文字美化图像。

参见　光盘\素材\第 8 章\小狗.jpg
光盘　光盘\效果\第 8 章\狗粮广告.psd

1 打开"小狗.jpg"图像，在"图层"面板中单击 按钮，新建"图层 1"。将前景色设置为"黄色（#ffc20a）"，使用椭圆选框工具绘制一个椭圆选区，按"Alt+Delete"快捷键填充选区。

2 按"Ctrl+D"快捷键取消选区，按"Ctrl+T"快捷键，拖动鼠标向左下角移动并旋转图像，如图 8-23 所示。按"Enter"键确定。

3 新建"图层 2"，在工具箱中选择横排文字蒙版工具 ，并在其工具属性栏中设置"字

进入文字蒙版输入状态后，图像表面会被一层淡红色的透明颜色覆盖，这就是选区蒙版。关于蒙版的具体介绍将在后面的章节中进行讲解。

号"、"字体大小"分别为"方正水黑简体"、"82 点"。在图像中单击进入文字蒙版输入状态，然后输入字母"P"，如图 8-24 所示。

图 8-23　旋转图像

图 8-24　输入文字

4 按"Ctrl+Enter"快捷键确认，得到文字选区。将前景色设置为白色，按"Alt+Delete"快捷键，使用黑色填充文字选区。取消选区后将填充后的文字图像通过和前面相同的旋转操作调整到如图 8-25 所示的效果。

5 使用相同的方法，再分别新建"图层 3"、"图层 4"和"图层 5"，并分别输入"O"、"P"和"!"，分别填充黑色后调整到如图 8-26 所示的效果。

图 8-25　编辑"P"字母

图 8-26　继续编辑字母

6 选择"图层 2"、"图层 3"、"图层 4"和"图层 5"，按"Ctrl+E"快捷键合并图层。

图像的变换与选区的变换方法完全一样，也可以进行旋转、透视、斜切、变形和缩放等变换。

7 按"Ctrl+J"快捷键，复制合并图层。单击"图层 5"的缩略图，将"图层 5"载入选区。新建"图层 6"，将"图层 6"移动到"图层 5"下方。使用白色填充选区，再使用移动工具将"图层 6"向左下移动一些，效果如图 8-27 所示。

8 在工具箱中选择横排文字工具 T，在其工具属性栏中设置"字体大小"为"18 点"，在"POP"文字下方单击输入"DOG FOOD"，按"Ctrl+Enter"快捷键完成编辑。使用鼠标在黄色的椭圆下单击，在工具属性栏中设置"字体"、"字体大小"分别为"Arial"、"14 点"，并输入"www.popdogfood.com"，如图 8-28 所示。

图 8-27　新建并移动图层

图 8-28　输入文字

8.3.2　沿路径输入文字

在平面图像处理过程中，通过路径来辅助文字的输入，使文字沿着路径方向进行排列，可以使文字产生意想不到的效果。

实例 8-5 使用路径在"逃离侏罗纪"图像中输入文字 ●●●

 参见光盘　光盘\素材\第 8 章\逃离侏罗纪.jpg
　　　　　光盘\效果\第 8 章\逃离侏罗纪.psd

1 打开"逃离侏罗纪.jpg"图像，在工具箱中选择钢笔工具，在图像右上角单击创建路径的起始点，在图像中间单击绘制一个直线路径，如图 8-29 所示。

2 在工具箱中选择直排文字工具 T，并在工具属性栏中设置"字体"、"字体大小"分别为"汉仪立黑简"、"160 点"，颜色为白色。

3 移动鼠标到路径左上角处，当鼠标变成 形状时单击，以进入文本输入状态，如图 8-30 所示。

4 输入"逃离侏罗纪"文字，按"Ctrl+Enter"快捷键确认输入，如图 8-31 所示。

在图像中输入文本的过程中，输入光标不一定要在文本应该出现的位置，可在图像中任意地方单击并完成文本输入，然后使用移动工具将其移动到需要的位置。

图 8-29　绘制路径

图 8-30　设置插入点

5 在工具箱中选择钢笔工具 ![pen]，使用该工具在图像右上角绘制如图 8-32 所示的路径。

图 8-31　输入文字

图 8-32　绘制路径

6 在工具箱中选择横排文字工具 ![T]，使用鼠标在路径前半部分单击，在其工具属性栏中设置"字体"、"字体大小"分别为"方正胖娃简体"、"30 点"。在路径上输入"SOS!SOS!!"，如图 8-33 所示。

7 在工具箱中选择直线工具 ![line]，在其工具属性栏中单击 ![button] 按钮，在弹出的面板中取消选中 ![起点] 复选框和 ![终点] 复选框，将鼠标光标移动到图像中并绘制如图 8-34 所示的直线。

图 8-33　输入文字

图 8-34　绘制直线

在使用钢笔工具绘制路线时，一定要注意路径的绘制方向，否则在输入文字时，会发现输入的文字方向与预想的方向相反。

8.3.3　编辑变形文字

Photoshop 的文字工具属性栏中提供了一个文字变形工具,通过它可以将选择的文字改变成多种变形样式,从而大大提高文字的艺术效果。

　在"我的秘密花园"图像中编辑变形文字 ●●●

参见光盘　光盘\素材\第 8 章\我的秘密花园.psd
　　　　　光盘\效果\第 8 章\我的秘密花园.psd

1 打开"我的秘密花园.psd"图像,将前景色设置为"粉红(#ff5050)"。在工具箱中选择横排文字工具 **T**,在其工具属性栏中设置"字体"、"字体大小"分别为"汉仪橄榄体简"、"48 点",在图像左上角输入"秘密花园"文字,如图 8-35 所示。

2 选中输入的"秘密花园"文字,在工具属性栏中单击 **↗** 按钮。打开"变形文字"对话框,在"样式"下拉列表框中选择"扇形"选项,设置"弯曲"、"垂直扭曲"为"+32"、"-8",单击 确定 按钮,如图 8-36 所示。

图 8-35　输入文本　　　　　　　　　　　图 8-36　设置变形文字

3 在"图层"面板中双击"秘密花园"文字图层。打开"图层样式"对话框,在该对话框中选中 ☑ 外发光 复选框,单击 确定 按钮。

4 将前景色设置为白色,在工具箱中选择椭圆工具 **●**。使用鼠标在图像左下角绘制一个正圆形,并在"图层"面板中设置"不透明度"为"40%",效果如图 8-37 所示。

5 在工具箱中选择横排文字工具 **T**,在图像右下角输入"ENTER"。选中输入的文字,在工具属性栏中单击 **▤** 按钮。

6 在"字符"面板中设置"字体"、"字形"、"字体大小"、"颜色"分别为"Aparajita"、"Bold Italic"、"30 点"、"黑色",并单击 **T** 按钮。

7 在"图层"面板中双击"ENTER"文字图层,打开"图层样式"对话框,在该对话框中选中 ☑ 外发光 复选框,单击 确定 按钮,效果如图 8-38 所示。

　　　当设置段落属性为全部对齐时,段落文字会布满每行文字输入框的两端,并且系统会自动调整文字间的距离。

图 8-37　绘制正圆

图 8-38　设置文字格式

8.4　基础实例

本章的基础实例中将在"汽车广告"和"手机海报"图像中添加点文字和段落文字。通过输入文字，使图像内容看起来更加完整，构图更加丰满，让人产生图文联想。

8.4.1　制作汽车广告

本例将编辑汽车广告，通过对文字的处理，增加观赏者对图像中文字的关注，从而突出广告意图，最终效果如图 8-39 所示。

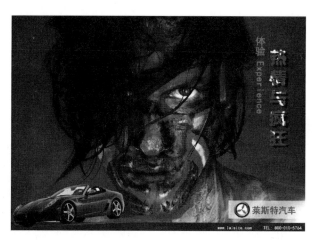

图 8-39　汽车广告

1．行业分析

本例制作的汽车广告属于平面广告的一种，由于汽车这种商品留给大众的印象有方便、

操　作　提　示

有时文本与文本的间距过大或过小，一些用户会通过变换文本来实现间距的改变，这样容易造成文本变形，建议通过"字符"面板设置字间距来实现。

快捷和奢侈等，所以汽车广告往往制作得比较洒脱、大气，制作商更是会根据汽车的款型、系列推出不同的主题，这些不同的系列往往面对不同的消费者，所以汽车主推的宣传语、宣传风格都有所不同，一般根据车型的不同规划宣传主题，主要车型分类及宣传主题如下。

- **轿车**：轿车的种类很多。一般微型、小型轿车的宣传主题是小巧、节能和可爱；而中级汽车则是宣传其性价比以及该系列车的一些强项；高级、豪华型车则是宣传其性能以及配置；紧凑型车则从汽车结构、汽车可使用空间入手进行宣传。
- **跑车**：跑车一般以配置、性能和制作商为卖点对汽车进行宣传，尤其是一些国际大品牌，其自身的名字就能直接成为消费者衡量汽车品质的标志。
- **越野车**：越野车最开始是用于户外行驶的汽车种类，但发展到现在，越野车已经成为了高档、力量的象征。因此，越野车也出现了很多种类，有些适合在城市中驰骋，有些适合在野外穿梭。为越野车设置宣传主题一般可从越野车的使用方面入手。一般轻型、小型的越野车可从价钱、体积入手进行宣传；中型、大型的则从大气、力度入手；专业级自然可从耐力、稳定性和力度入手。
- **商务车**：商务车大多用于商业活动，所以商务车外观一般都比较简洁而又不失大气。在宣传商务车时，除可从以上两方面进行宣传外，还可从稳定性、性价比等更多方面进行宣传。

2．操作思路

为更快完成本例的制作，并且尽可能运用本章讲解的知识，本例的操作思路如下。

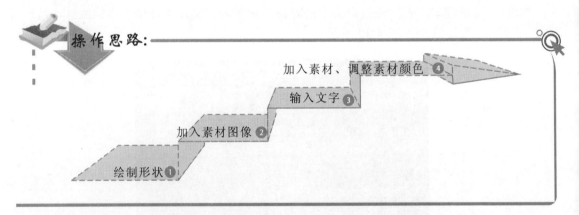

操作思路：

加入素材、调整素材颜色 ④

输入文字 ③

加入素材图像 ②

绘制形状 ①

3．操作步骤

下面介绍制作汽车广告效果，其操作步骤如下：

参见光盘　光盘\素材\第 8 章\热情与疯狂.jpg、闪电.jpg、汽车.jpg
光盘\效果\第 8 章\汽车广告.psd
光盘\实例演示\第 8 章\制作汽车广告

1 打开"热情与疯狂.jpg"图像，在工具箱中选择矩形工具　。在其工具属性栏中设置"填充"为"深灰色（#282931）"。使用鼠标在图像下方绘制和图像一样宽的矩形，

平面汽车广告一般会被投放在汽车杂志、汽车网站、车站广告和车展中。

如图 8-40 所示。

2 打开工具箱选择套索工具 ，使用鼠标单击图像的白色区域。按"Shift"键的同时，单击图像中未被选中的白色区域。选择【选择】/【反向】命令，反向建立选区。使用移动工具将"汽车"图像移动到"热情与疯狂"图像上。

3 按"Ctrl+T"快捷键变换图像，缩小图像并旋转图像，如图 8-41 所示。按"Enter"键确定。

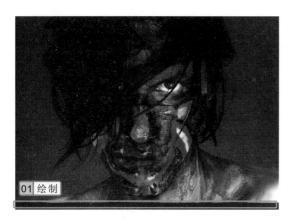

图 8-40 绘制矩形

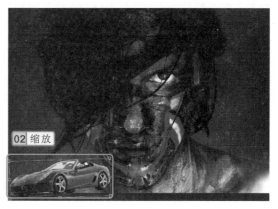

图 8-41 移动、编辑图像

4 按"Ctrl+M"快捷键，打开"曲线"对话框，将曲线调整为如图 8-42 所示效果，单击 确定 按钮。

5 新建"图层 2"，使用钢笔工具在汽车下方绘制一个三角形路径，在"路径"面板中单击 按钮将路径转换为选区。设置前景色为"红色（#fc061d）"，按"Alt+Delete"快捷键，使用前景色进行填充，取消选区，如图 8-43 所示。

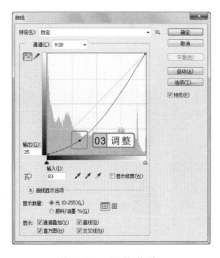

图 8-42 调整曲线

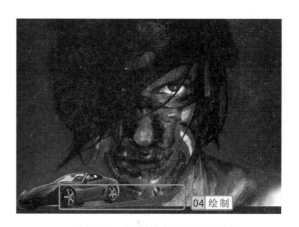

图 8-43 绘制路径并进行填充

6 设置"图层 2"的"不透明度"为"80%"，在工具箱中选择直排文字工具 。在其

操 作 提 示

当将"汽车"图像移动到"热情与疯狂"图像上时，车轮下会出现一些白色未被选中的区域。此时可用橡皮擦工具将其擦除。

工具属性栏中设置"字体"、"字体大小"、"颜色"分别为"黑体"、"14 点"、"白色"，在图像右边输入"体验 Experience"文字。将"体验 Experience"文字图层的"不透明度"设置为"30%"，如图 8-44 所示。

7　单击输入的文字，在直排文字工具属性栏中设置"字体"、"字体大小"、"颜色"分别为"方正水黑简体"、"24 点"、"红色（fc061d）"，在"字符"面板中设置"字间距"为"200"，在图像中输入"热情与疯狂"，如图 8-45 所示。

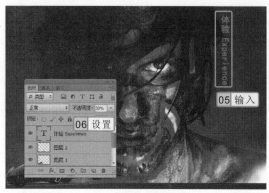
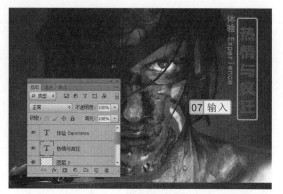

图 8-44　输入文字　　　　　　　　　　图 8-45　继续输入文字

8　复制"热情与疯狂"文字图层，将复制的文字图层重命名为"文字白色"。在"字符"面板中将该图层的文字颜色设置为"白色"。将"文字白色"图层移动到"热情与疯狂"图层下方。

9　复制"文字白色"图层，将其重命名为"文字黑色"，在"字符"面板中将"颜色"设置为黑色。将"文字黑色"图层移动到"文字白色"图层下方。使用移动工具将"文字黑色"图层向下移动，如图 8-46 所示。

10　打开"闪电.jpg"图像，选择【图像】/【阈值】命令，打开"阈值"对话框，在其中设置"阈值色阶"为"154"，单击 确定 按钮，如图 8-47 所示。

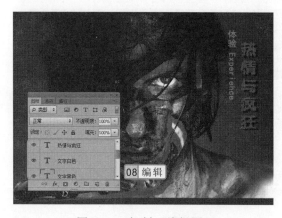

图 8-46　复制、编辑图层　　　　　　　图 8-47　设置阈值

11　使用移动工具将闪电图像移动到"热情与疯狂"图像中，并将该图层放置在"热情与

若是需要对所有的文字图层设置格式，可直接在"字符"面板中设置文字格式。

疯狂"图层上方。将"图层 3"的图层混合模式设置为"滤色",按"Ctrl+T"快捷键,旋转图像,如图 8-48 所示。按"Enter"键确定。

12 在工具箱中选择魔棒工具，使用魔棒工具单击闪电白色的部分。选择【选择】/【修改】/【扩张】命令,打开"扩展选区"对话框,在"扩展量"数值框中输入"2",单击 确定 按钮,删除"图层 3"。

13 在"图层"面板中右击"热情与疯狂"图层,在弹出的快捷菜单中选择"栅格化文字"命令,按"Delete"键再次删除图像,效果如图 8-49 所示。

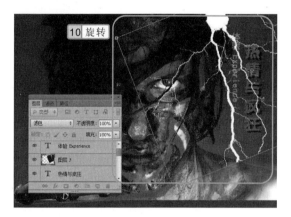

图 8-48　旋转图像

图 8-49　删除图像

14 打开"Logo.psd"图像,使用移动工具将图像移动到"热情与疯狂"图像右下方。

8.4.2　制作手机海报

本例将制作手机海报,通过文字的输入排列与格式设置,让广告整体看起来简洁、大方,产品特性一目了然,最终效果如图 8-50 所示。

图 8-50　制作手机海报

操 作 提 示

若想文字上的痕迹更多,可使用选区和移动工具重新拼合图像,将需要的闪电移动到文字上。

1．行业分析

本例制作的手机海报可使用在手机宣传的各个方面。以前的手机海报大多以手机的外观为卖点，而现在手机已经进入智能时代，手机海报基本都是以手机的功能、配置为卖点。所以手机海报的背景以及设计元素就越来越简洁，过多的设计元素反而会影响消费者了解手机的参数，从而不关注产品且还影响销售量。

2．操作思路

为更快完成本例的制作，并且尽可能运用本章讲解的知识，本例的操作思路如下。

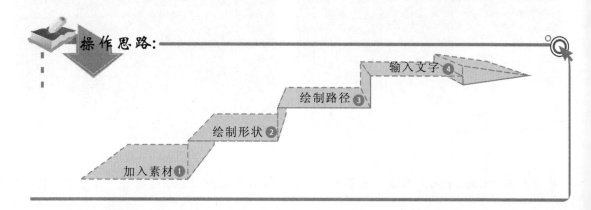

3．操作步骤

下面介绍制作手机海报效果，其操作步骤如下：

参见光盘　　光盘\素材\第 8 章\手机.jpg、音乐.jpg、洛基科技.psd
　　　　　　光盘\效果\第 8 章\手机海报.psd
　　　　　　光盘\实例演示\第 8 章\制作手机海报

1 打开"音乐.jpg"图像，新建"图层 1"，将前景色设置为"蓝色（#00adff）"。在工具箱中选择画笔工具 ✐ ，在工具属性栏中设置"画笔大小"、"流量"、"不透明度"分别为"175"、"100%"、"100%"，使用鼠标在图像四角进行涂抹，效果如图 8-51 所示。

2 将"图层 1"的"不透明度"设置为"25%"。新建"图层 2"，将前景色设置为"紫红（#ff00d5）"，使用鼠标在图像四角进行涂抹，效果如图 8-52 所示。设置"图层 2"的"不透明度"为"15%"。

3 打开"手机.jpg"图像，在工具箱中选择磁性套索工具 ❤，使用鼠标为手机绘制选区。使用移动工具将"手机"图像移动到"音乐"图像中，生成"图层 3"。按"Ctrl+T"快捷键，变换图形大小，如图 8-53 所示，按"Enter"键。

为手机建立选区也可使用魔棒工具，但在处理图像阴影时需特别注意。

图 8-51　涂抹蓝色　　　　　　　　　　　　图 8-52　涂抹紫红色

4 双击"图层 3"图层,打开"图层样式"对话框,在其中选中 ☑外发光 复选框,并设置
　"扩展"、"大小"分别为"11"、"38",单击 ⬛确定 按钮,如图 8-54 所示。

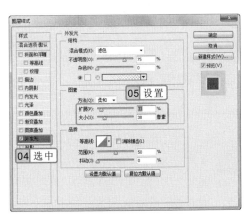

图 8-53　加入手机素材　　　　　　　　　　　图 8-54　设置外发光

5 新建"图层 4",在工具箱中选择椭圆选框工具 ⬭,在其工具属性栏中设置"羽化"
　为"4 像素"。将前景色设置为白色,使用鼠标在手机图像下绘制一个椭圆选区,按
　"Alt+Delete"快捷键进行填充,取消选区,效果如图 8-55 所示。

6 在工具箱中选择钢笔工具 ⬦,使用鼠标在图像上绘制如图 8-56 所示的路径。

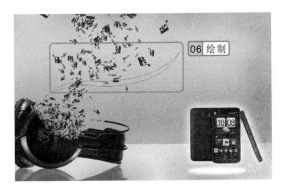

图 8-55　填充选区　　　　　　　　　　　　图 8-56　绘制路径

操作提示

　　使用钢笔工具绘制路径时,为了更好地控制路径的形状,可在绘制一个锚点后,按"Alt"键将
多余的控制柄去掉。

7 打开"路径"面板，单击 ▒ 按钮，将路径转换为选区。按"**Alt+Delete**"快捷键使用前景色进行填充，取消选区。

8 使用钢笔工具在之前绘制的路径上方再绘制一条路径，如图 **8-57** 所示。

9 在工具箱中选择横排文字工具 **T** ，在其工具属性栏中设置"字体"、"字体大小"、"颜色"分别为"汉仪娃娃篆简"、"30 点"、"蓝色（**#00adff**）"。

10 使用鼠标在路径左下方单击，输入"解放试听和梦想"，按"**Ctrl+Enter**"快捷键确定输入，如图 **8-58** 所示。

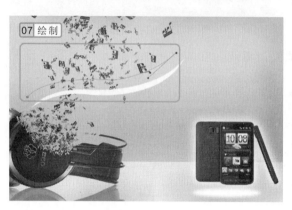

图 8-57　再绘制一条路径

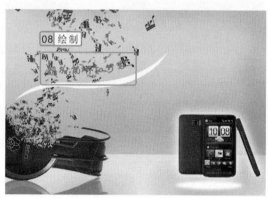

图 8-58　输入文字

11 使用鼠标在图像右边绘制一个文本框。在横排文字工具属性栏中设置"字体"、"字体大小"、"颜色"分别为"黑体"、"14 点"、"黑色"，使用该工具在图像中输入如图 **8-59** 所示的文字。

12 选中输入的文字，在工具属性栏中单击 ▤ 按钮，打开"字符"面板，设置"行间距"为"20"。打开"段落"面板，单击 ▤ 按钮，效果如图 **8-60** 所示。

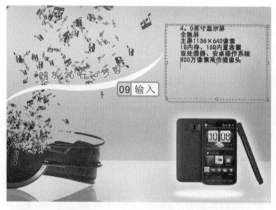

图 8-59　输入文字

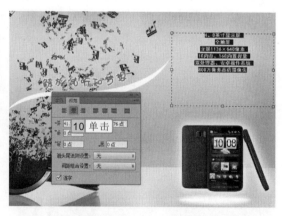

图 8-60　编辑文字

13 使用鼠标在手机图像上方单击，在工具属性栏中设置"字体大小"、"颜色"分别为"24 点"、"灰色（**#797979**）"。在"字符"面板中设置"行间距"为"36 点"。在图像中

　　如果绘制的路径比预计的路径有微小的偏差。用户可以在工具箱中选择路径选择工具，再使用上、下、左、右方向键调整路径的位置。

输入"GX23"，按"Enter"键换行，继续输入"10 月 23 全面上市"。选择"GX23"文本，设置"字体大小"为"36 点"，如图 8-61 所示。

14 在图像左下角单击，在工具属性栏中设置"字体"、"字体大小"、"颜色"分别为"Arial"、"11 点"、"黑色"，在图像中输入"www.luojikeji.com"。

15 新建"图层 5"，设置图层"不透明度"为"75%"。使用矩形选框工具在图像左上角绘制一个小矩形选区，并使用白色进行填充，取消选区，如图 8-62 所示。

16 打开"逻辑科技.psd"图像，使用移动工具将标志移动到"音乐"图像中。

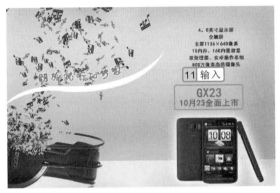

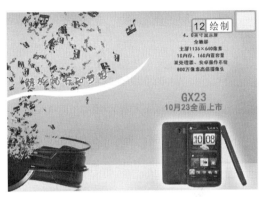

图 8-61　输入文字　　　　　　　　　　　图 8-62　填充选区

8.5　基础练习——制作背景文字

本章主要讲解了文字的输入、编辑以及应用方法。通过文字能更好地说明图像传达的意思。此外，文字的编辑也是文字设计最基础的内容，只有掌握了文字的编辑方法后才能学习更高级的文字设计。

本练习将制作如图 8-63 所示的背景图像文字效果，先使用文字蒙版工具得到文字选区，填充颜色后设置图层的"填充"为"0%"，然后添加投影图层样式。

图 8-63　制作背景文字

操　作　提　示

选择文本图层中的文本时，一般是先通过文字输入工具激活文本进入文本输入状态，然后再进行文本的选择。

参见
光盘　　光盘\素材\第 8 章\鸟笼.jpg
　　　　光盘\效果\第 8 章\鸟笼.psd
　　　　光盘\实例演示\第 8 章\制作背景文字.swf

该练习的操作思路与关键提示如下。

操作思路:

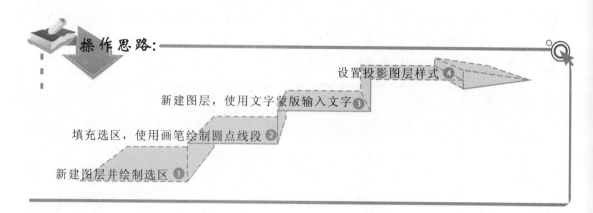

设置投影图层样式 ④

新建图层，使用文字蒙版输入文字 ③

填充选区，使用画笔绘制圆点线段 ②

新建图层并绘制选区 ①

关键提示:

绘制好图像上、下方的黑色色块后，选择画笔工具，在"画笔"面板中设置"间距"参数。

在文字蒙版工具属性栏中设置"字体"、"字体大小"分别为"汉仪娃娃篆简"、"60 点"。

输入文字后，使用前景色进行填充，在"图层"面板中设置"填充"为"0"。

双击文字所在的图层，在打开的"图层样式"对话框中选中 ☑ 投影 复选框。

8.6　知识问答

　在输入文字的过程中难免会遇到一些难题，如为文字边缘填充颜色、在 Photoshop 中找不到需要的字体、有些字体无法显示完全等。下面将介绍输入文字后在设置文字格式时常见的问题及解决方案。

问：输入文字后，怎样才能为文字边缘填充单一颜色或渐变色？

答：为文字边缘填充颜色，可以选择"编辑"/"描边"命令。也可以使用图层样式中的描边样式制作渐变描边效果。

问：为什么在 Photoshop CS6 中很多字体都找不到了？

答：那是因为在 Photoshop CS6 的"字体"下拉列表框中只显示了电脑中已经安装的字体。如果有需要的字体，而且电脑上没有安装，这就需要用户在网上下载再进行安装。需要注意的是，Windows XP 操作系统需要用户将文字文件放到"系统盘:\WINDOWS\Fonts"

在编辑背景文字时，若是觉得文字位置不合适，可先使用选区工具选择需要移动的文字，然后使用移动工具进行移动。

文件夹下，而 Windows 7 操作系统只需用户双击打开文字文件，再单击  按钮即可。

问：在段落文字输入框中输入了过多的文字，超出了输入框的范围，怎样将超出范围的文字显示出来呢？

答：这种情况下，文本框右下角位置将会出现田状符号，可以拖动文字框的各个节点调整文字输入框的大小，使文字完全显示出来。

文字设计的重要性

　　文字是人类文化的重要组成部分，无论在何种视觉媒体中，文字和图片都是两大构成要素。文字排列组合的好坏直接影响其版面的视觉传达效果。因此，文字设计是增强视觉传达效果，提高作品的诉求力，赋予作品版面审美价值的一种重要构成技术。

　　在现代的设计领域，文字设计的工作很大一部分可用电脑完成（很多平面设计软件中都有制作艺术汉字的引导，并提供了上百种现成字体），文字的主要功能是在视觉传达中向大众传达作者的意图和各种信息，要达到这一目的必须考虑文字的整体诉求效果，给人以清晰的视觉印象。因此，设计中的文字应避免繁杂零乱，要易认，易懂，切忌为了设计而设计，忘记了文字设计的根本目的是为了更好、更有效地传达作者的意图，表达设计的主题和构想意念。

操 作 提 示

　　在以往的平面设计中，常要对一些简单文本做复杂的编辑，以得到设计需要的艺术文字，用户可以购买字体文件并安装到电脑中，在输入文字时即可选择各种所需的艺术文字。

第9章

滤镜的初级应用

运用智能滤镜   自适应广角

使用滤镜库

滤镜的作用范围

滤镜的相关知识

独立滤镜的设置

图像处理过程中使用滤镜能得到很多不可思议的效果，很多优秀的特效图像都需要加入滤镜才能制作出来。本章将主要介绍滤镜的相关知识，包括滤镜的样式、滤镜的作用范围、使用时的注意事项、滤镜的一般使用方法和几个常用滤镜的功能及操作。其中，"消失点"滤镜在平衡图像间的透视关系时非常有用，而"液化"滤镜在影楼处理照片时经常被用到。

本章导读

9.1　滤镜的相关知识

虽然使用滤镜很方便、快捷，但是在使用滤镜之前还需要了解一些滤镜的相关知识，其中包括滤镜的样式、滤镜的作用范围以及注意事项。下面分别进行讲解。

9.1.1　滤镜样式

　　Photoshop CS6 提供了多达十几类、上百种滤镜，使用每一种滤镜都可以制作出不同的图像效果，而将多个滤镜叠加使用，可以制作出更多意想不到的特殊效果。Photoshop CS6 提供的滤镜都放置在"滤镜"菜单中，如图 9-1 所示。

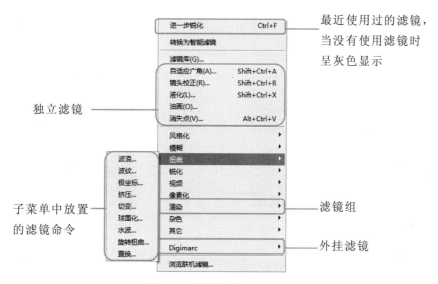

图 9-1　滤镜菜单

9.1.2　使用滤镜的注意事项

　　对图像使用滤镜，首先要了解图像色彩模式与滤镜的关系。RGB 颜色模式的图像可以使用 Photoshop 中的所有滤镜，但位图模式、16 位灰度图模式、索引模式和 48 位 RGB 模式等图像色彩模式则不能使用滤镜。

　　图像在一些色彩模式下只能使用部分滤镜，例如在 CMYK 模式下不能使用画笔描边、素描、纹理、艺术效果和视频类滤镜等。用户若想对这些图像模式的图像运用滤镜，可将这些图像的图像色彩模式转化为 RGB 颜色模式。其使用方法是选择【图像】/【模式】/【RGB 颜色】命令。

　　滤镜在图像的处理过程中是以像素为单位进行的，即使滤镜的参数设置完全相同，有时也会因为图像的分辨率不同而使处理后的效果不同。

9.1.3　滤镜的作用范围

　　滤镜命令只能作用于当前正在编辑的、可见的图层或图层中选定区域，如图 9-2 所示为对人物以外的区域建立选区后使用"纹理化"滤镜的效果。如果没有选定区域，Photoshop会将整个图层视为当前选定区域，如图 9-3 所示为没有建立选区时使用"纹理化"滤镜的效果。另外，用户也可对整幅图像应用滤镜。

图 9-2　建立选区后使用滤镜的效果　　　　　图 9-3　未建立选区时使用滤镜的效果

9.2　独立滤镜的设置

　　Photoshop 提供了多个独立滤镜，相对其他滤镜来说独立滤镜拥有更多的常用功能，通过使用这些独立滤镜可以制作出各种风格的图像。下面分别介绍具体的使用方法。

9.2.1　自适应广角

　　使用过单反相机的用户都知道，单反相机镜头较沉重，所以很多用户在使用单反相机时都喜欢随身携带一个镜头，但在拍摄部分景色时，更换一些特殊的镜头之后就会呈现出不同的效果。

　　通过 Photoshop，用户在拍摄图像时并不需要使用特殊的镜头，只需使用软件自带的"自适应广角"滤镜就能轻松地对拍摄的照片调整图像的广角，得到不同的图像视觉效果。

　　使用卡片相机拍摄的照片，也可通过"自适应广角"滤镜调整。

下面将打开"教堂.jpg"图像，通过"自适应广角"命令编辑图像，使图像呈现出鱼眼镜头拍摄的效果。

> 参见　光盘\素材\第 9 章\教堂.jpg
> 光盘　光盘\效果\第 9 章\教堂.psd

1 打开"教堂.jpg"图像，如图 9-4 所示。选择【滤镜】/【自适应广角】命令。

2 打开"自适应广角"对话框，使用鼠标在图像上方单击，再在图像下方单击，添加约束线。设置"校正"、"缩放"分别为"鱼眼"、"70"，如图 9-5 所示。

图 9-4　打开图像

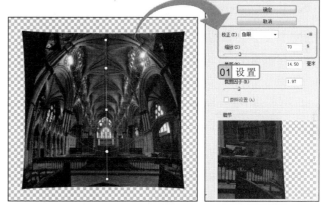

图 9-5　添加约束线

3 在"自适应广角"对话框中，设置"缩放"、"焦距"、"裁剪因子"分别为"123"、"4.22"、"3.16"，如图 9-6 所示，单击 确定 按钮。

4 按"Ctrl+J"快捷键复制图层，设置图层混合模式为"正片叠底"，"不透明度"为"50%"，效果如图 9-7 所示。

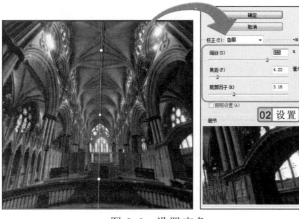

图 9-6　设置广角

图 9-7　复制图层并设置图层效果

约束线用于控制图像变形中轴，所以如果图像的水平线是水平的，在绘制约束线时，就一定要确保约束线是水平的或是垂直的。

9.2.2　液化

"液化"滤镜可以使图像像液态水面一样自由扭曲，"液化"滤镜常用于人物瘦身等方面的处理。

 通过"液化"滤镜制作水果饮料广告 ●●●

参见　光盘\素材\第 9 章\水果饮料广告.psd、水果.psd
光盘　光盘\效果\第 9 章\水果饮料广告.psd >>>>>>>>>>

1　打开"水果饮料广告.psd"图像，如图 9-8 所示。打开"水果.psd"图像，选中"西柚"图层，使用移动工具将"西柚"图像移动到"水果广告"中。

2　在"水果饮料广告"图像中将"西柚"图层移动到"饮料"图层下方，并按"Ctrl+T"快捷键缩小"西柚"图像，按"Enter"键确定，如图 9-9 所示。

图 9-8　打开图像

图 9-9　加入图像

3　按"Ctrl+J"快捷键复制"西柚"图层，再选中"西柚"图像。选择【滤镜】/【液化】命令，打开"液化"对话框。

4　在"液化"对话框中使用鼠标在图像预览框中对图像慢慢进行涂抹，并根据绘制的实际情况设置"画笔大小"以绘制出更加自然的效果。若绘制的液化效果不理想，可单击 按钮，对不需要的部分进行涂抹，还原为涂抹前的效果，如图 9-10 所示。单击 确定 按钮。

5　在"图层"面板中，设置"西柚"图层的"不透明度"为"70%"。

在"液化"对话框中，单击 按钮，可以对图像进行收缩变形；单击 按钮，可以对图像进行膨胀变形。

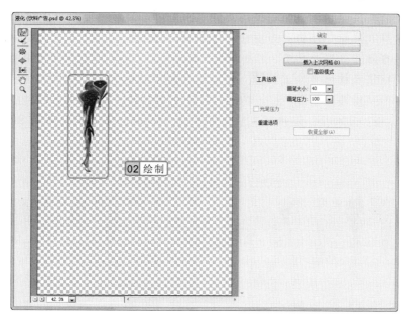

图 9-10　对图像进行液化涂抹

6　在"水果"图像中选择"红提"图层。使用移动工具将"红提"图像移动到"水果饮料广告"图像中，按"Ctrl+T"快捷键缩放图像，如图 9-11 所示。按"Enter"键确定缩放。

7　复制"红提"图层，再选择"红提"图像。选择【滤镜】/【液化】命令，打开"液化"对话框，对"红提"图像进行涂抹，单击 确定 按钮，效果如图 9-12 所示。

图 9-11　缩小"红提"图像

图 9-12　编辑"红提"图像

操　作　提　示

为了绘制出更好的液化效果，用户可将图像放大。其方法是单击图像预览框下方的 ⊞ 按钮。

8 使用相同的方法在“水果”图像中将“香橙”、“苹果”图像移动到“水果饮料广告”中，并使用“液化”滤镜处理图像，效果如图 9-13 所示。

9 再次使用移动工具将“水果”图像中的“果汁饮料”图层移动到“水果饮料广告”中。

10 在工具箱中选择横排文字工具T，在其工具属性栏中设置“字体”、“字体大小”、“颜色”分别为“幼圆”、“24 点”、“黑色”。在图像中输入“今年 IZZE 为你带来不一样的夏天”，按“Ctrl+T”快捷键旋转文字，按“Enter”键确定，如图 9-14 所示。

图 9-13 继续编辑其他图像

图 9-14 加入素材

9.2.3 油画

使用“油画”滤镜可以将普通图像转换为手绘油画效果，该滤镜在制作风格画时经常被使用到。

实例 9-3 通过“油画”滤镜制作油画效果

参见光盘
光盘\素材\第 9 章\油画.jpg
光盘\效果\第 9 章\油画.psd

1 打开“油画.jpg”图像，按“Ctrl+J”快捷键复制图层，如图 9-15 所示。

2 选择【滤镜】/【油画】命令，打开“油画”对话框，在其中设置“样式化”、“清洁度”、“缩放”、“硬毛刷细节”分别为“8.27”、“8.55”、“3.86”、“5”，单击确定按钮，如图 9-16 所示。将“图层 1”的“不透明度”设置为“40%”。

3 按“Ctrl+J”快捷键复制图层，在工具箱中选择磁性套索工具。使用鼠标为人物建立选区，如图 9-17 所示。按“Delete”键删除选区中的图像，取消选区。

4 将“图层 1 副本”的“不透明度”设置为“100%”。按“Shift+Ctrl+Alt+E”组合键盖印图层。

行家提醒

使用“油画”滤镜后再使用混合器画笔工具可以得到更接近油画的效果。

图 9-15　复制图层

图 9-16　设置油画样式

5 在工具箱中选择混合器画笔工具 ，在其工具属性栏中设置"画笔大小"、"画笔混合"分别为"100 像素"、"非常潮湿"，单击"取消"按钮 。使用鼠标在图像中人物脸部不自然的位置，如脸部、鼻翼、肩膀和手指等位置进行涂抹，效果如图 9-18 所示。

图 9-17　为人像建立选区

图 9-18　使用混合器画笔工具涂抹图像

9.2.4　消失点

通过"消失点"滤镜可以将两张图像以透视的关系结合在一起，使图像的透视看起来更加合理。

 实例 9-4 通过"消失点"滤镜编辑"平板电脑"图像 ●●●

参见　光盘\素材\第 9 章\平板电脑.jpg、落叶.jpg
光盘　光盘\效果\第 9 章\平板电脑.psd

1 打开"落叶.jpg"图像，按"Ctrl+A"快捷键全选图像，如图 9-19 所示。按"Ctrl+C"快捷键复制图像。

2 打开"平板电脑.jpg"图像，如图 9-20 所示。按"Ctrl+J"快捷键复制图层。

若想得到更好的油画效果，最好在使用混合器画笔工具时根据绘制习惯和风格选择不同的画笔样式。

图 9-19　全选图像

图 9-20　打开图像

3　选择【滤镜】/【消失点】命令，打开"消失点"对话框。单击██按钮，在预览图中选择显示屏的四角并单击生成网格。

4　按 "Ctrl+V" 快捷键粘贴图像，使用鼠标将粘贴的图像拖动到网格中并调整其位置，效果如图 9-21 所示。单击 █████ 确定 █████ 按钮。

图 9-21　粘贴图像

9.3　滤镜的其他常见使用方法

除使用独立滤镜外，在使用滤镜时，还经常通过滤镜库和智能滤镜编辑、处理图像。使用滤镜库可以对图像进行多种滤镜叠加处理，而智能滤镜能对图层起到保护作用。

9.3.1　使用滤镜库

滤镜库的出现引出了一个滤镜效果图层的概念，即可以为图像同时应用多个滤镜，每个滤镜被认为是一个滤镜效果图层，与普通图层一样，也可进行复制、删除或隐藏等，从

在绘制的网格不符合需要时，可使用鼠标移动绘制的网格角点，调整网格位置和大小。

而将滤镜效果叠加起来，得到更加丰富的特殊效果。

 通过"滤镜库"编辑"雪人"图像 ●●●

下面将打开"雪人.pds"图像，通过"滤镜库"叠加滤镜、改变滤镜排列顺序，制作出怀旧画的效果。

参见
光盘　光盘\素材\第9章\雪人.psd
　　　光盘\效果\第9章\雪人.psd ▶▶▶▶▶▶▶▶▶

1 打开"雪人.psd"图像，选择"背景"图层。选择【滤镜】/【滤镜库】命令，在打开的对话框中单击"画笔描边"前的 ▷ 按钮展开滤镜组，在其中选择"深色线条"选项，并在对话框右边设置"黑色强度"为"8"，如图9-22所示。

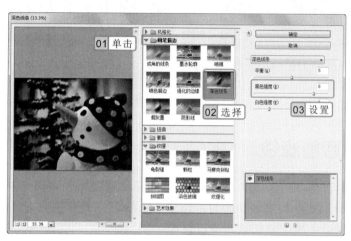

图 9-22　选择并设置滤镜

2 单击 按钮，新建滤镜效果。单击"纹理"前的 ▷ 按钮，并在滤镜组中选择"纹理化"选项，如图9-23所示。

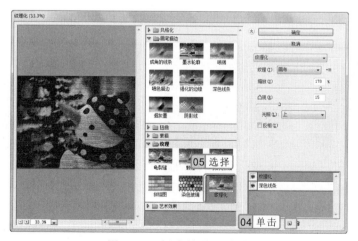

图 9-23　新建并设置滤镜

想在"滤镜库"对话框中删除滤镜只需选中要删除的滤镜，单击底部的 按钮即可。

3 在滤镜列表中选择"纹理化"滤镜，按住鼠标左键不放将其拖动到"深色线条"滤镜图层下方，待该位置出现一条黑色的线时释放鼠标，效果如图 **9-24** 所示。单击 按钮。

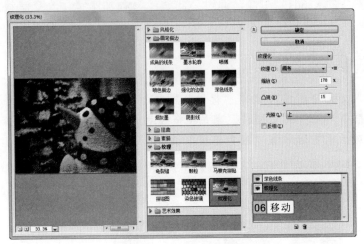

图 9-24 设置滤镜顺序

9.3.2 使用智能滤镜

智能滤镜方便了用户对滤镜的反复操作,通过它能够及时对画面中的滤镜效果做调整。其使用方法是选择【滤镜】/【转换为智能滤镜】命令,将图层转换为智能对象。此后用户使用过的任何滤镜都会被存放在该智能滤镜中。

应用智能滤镜后,在"图层"面板中使用智能滤镜,图层下方将出现所有应用过的智能滤镜内容,如图 9-25 所示。普通滤镜在设置好后效果不能再进行编辑,而将滤镜转换为智能滤镜后,就可以对原来应用的滤镜效果进行再编辑。双击"图层"面板中"智能滤镜"图层下方的滤镜效果即可打开"晶格化"对话框,在对话框中设置滤镜相关参数,对其重新编辑,如图 9-26 所示。

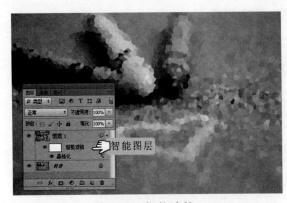

图 9-25 智能滤镜

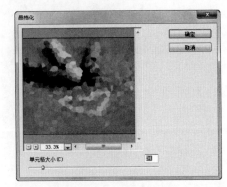

图 9-26 重置滤镜

若只想观察某一个或某几个滤镜图层产生的滤镜效果,可单击不想观察滤镜效果的图层左侧的 图标将其隐藏。

9.4　基础实例——为人物瘦身

本章的基础实例中将在"亚麻色头发的少女"图像中，使用"液化"滤镜为图像瘦身，并为少女鼻梁绘制高光，使鼻梁显得更加挺拔，最后为图像添加暖色，使图像看起来更加柔和，图像处理前后的效果对比如图 9-27 所示。

图 9-27　图像处理前后的效果对比

9.4.1　行业分析

为人物瘦身是影楼制作艺术照时经常用到的图像处理手法，通过这种处理方法处理后的图像会使人物看起来更加挺拔，更符合现代人的审美观。

影楼中处理艺术照的方法有很多，常使用的方法有以下几种。

- ◎ **瘦身**：通过"液化"滤镜，处理使人物显得臃肿的部分。
- ◎ **磨皮**：对于皮肤粗糙、体毛过多的人，通过"模糊"滤镜以及图层样式等对人物脸部等进行磨皮，使皮肤看起来更加光滑、健康。
- ◎ **美白**：处理女性的照片时，为了迎合现代人的审美观，都会通过选区以及调整曲线的方法美白皮肤。
- ◎ **加深轮廓**：为使人物脸部轮廓看起来更加立体，一般会对脸部添加高光和添加阴影，增强人物脸部轮廓的立体感。
- ◎ **添加腮红**：制作儿童照时，为了显示儿童天真可爱、健康的形象，一般会为儿童添加腮红。

9.4.2　操作思路

为更快完成本例的制作，并且尽可能运用本章讲解的知识，本例的操作思路如下。

影楼中处理人物图像的方法还会根据性别、年龄的不同而不同。

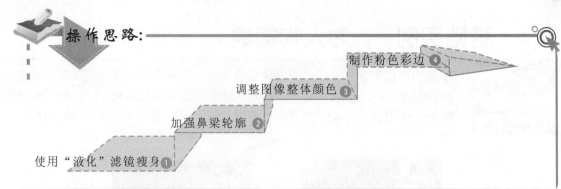

操作思路:

制作粉色彩边 ④

调整图像整体颜色 ③

加强鼻梁轮廓 ②

使用"液化"滤镜瘦身 ①

9.4.3　操作步骤

下面介绍制作"亚麻色头发的少女"图像的方法,其操作步骤如下:

参见
光盘
光盘\素材\第 9 章\亚麻色头发的少女.psd
光盘\效果\第 9 章\亚麻色头发的少女.psd
光盘\实例演示\第 9 章\为人物瘦身　　　>>>>>>>>>>>>

1 打开"亚麻色头发的少女.psd"图像,选择"背景"图层。按"Ctrl+J"快捷键,复制选区,选择【图像】/【液化】命令。

2 打开"液化"对话框,设置"画笔大小"、"画笔压力"分别为"200"、"27",使用鼠标将裙子向图像中间拖动,将身体变瘦。

3 将"画笔大小"设置为"100",使用鼠标对手臂进行变瘦处理,再使用鼠标对人物脸部进行变瘦处理,效果如图 9-28 所示,单击 确定 按钮。

图 9-28　人物瘦身

在对身体进行瘦身时,还需要使用液化工具对人物的肚子以及后背进行变瘦处理。

4　新建"图层 1"，在工具箱中选择画笔工具 ✎ ，在其工具属性栏中设置"画笔大小"、
　　"流量"、"不透明度"分别为"5 像素"、"100%"、"100%"，将图像放大。使用鼠
　　标沿着鼻梁绘制一条白色的线，效果如图 9-29 所示。

5　设置"图层 1"的"不透明度"为"30%"，如图 9-30 所示。

图 9-29　绘制鼻梁

图 9-30　设置图层不透明度

6　选择"背景 副本"图层，选择【图像】/【调整】/【照片滤镜】命令。打开"照片滤
　　镜"对话框，设置"滤镜"、"浓度"分别为"加温滤镜（85）"、"47"，单击 确定 按
　　钮，如图 9-31 所示。

7　新建"图层 2"，设置前景色为"粉红（#ff7474）"，在工具箱中选择画笔工具 ✎ ，在
　　其工具属性栏中设置"画笔大小"、"流量"、"不透明度"分别为"200 像素"、"25%"、
　　"16%"，使用鼠标在图像四周进行涂抹，如图 9-32 所示。

图 9-31　设置照片滤镜

图 9-32　添加粉红色

操 作 提 示

用户若想让图像中的颜色更鲜艳，可在绘制完粉红色后，再使用画笔工具在图像中添加橙黄色。

8 双击"文字"图层，在打开的"图层样式"对话框中选中 ☑外发光 复选框，单击 ▭确定▭
按钮。

9.5 基础练习——编辑"桌面"图像

 本章主要让用户了解、认识滤镜，还详细讲解了 Photoshop 中独立滤镜的使用方法以及滤镜库和智能滤镜的方法。通过这些知识用户能完成很多工具箱中无法完成的创作。

　　本次练习将打开"番茄.jpg"图像，使用"油画"滤镜，将其转换为油画效果，再复制选区，打开"桌面.jpg"图像，使用"消失点"滤镜将制作的番茄图像放入电脑显示屏中，效果如图 9-33 所示。

图 9-33　处理后的"桌面"图像

光盘\素材\第 9 章\桌面.jpg、番茄.jpg
参见　光盘\效果\第 9 章\桌面.psd
光盘　光盘\实例演示\第 9 章\编辑"桌面"图像 ➤➤➤➤➤➤➤➤

　　该练习的操作思路与关键提示如下。

 操作思路:

将"番茄"图像粘贴到"桌面"图像中 ❸

在"桌面"图像中使用"消失点"滤镜 ❷

使用"油画"滤镜编辑"番茄"图像 ❶

 行 家 提 醒

　　在"消失点"对话框中按"Ctrl+V"快捷键，粘贴图像后，可以按"Ctrl+T"快捷键调整粘贴的图像大小。

↘ **关键提示:**

在"油画"对话框中设置"样式化"、"清洁度"、"缩放"、"硬毛刷细节"分别为"10"、"3.7"、"5.45"、"10"。

9.6 知识问答

在使用滤镜的过程中，难免会遇到一些难题，如滤镜的概念以及相同的滤镜却制作出了不同的效果等。下面将介绍滤镜使用过程中常见的问题及解决方案。

问：滤镜的具体概念是什么？

答：滤镜是利用对图像中像素的分析，按每种滤镜的特殊数学算法进行像素色彩、亮度等参数的调节，从而完成原图像部分或全部像素的属性参数的调节或控制，其结果是使图像明显化、粗糙化或实现图像的变形。

问：为什么在处理两张相同的图，且参数设置都相同时，但处理出来的效果完全不同呢？

答：那很可能是由于两张图的大小、尺寸不同造成的，相同的图像设置相同的参数，但像素不同会得到不同的处理效果。

◆ **知识关联 滤镜的重要性**

滤镜是使用 Photoshop 进行图像处理时最为常用的一种手段，被称为 Photoshop 图像处理的"灵魂"，通过滤镜可以对图像进行各种特效处理，包括纹理、扭曲变形、画笔描边、模糊和艺术绘画等多种特效，从而使平淡无奇的图片产生奇妙的效果，这些滤镜都可以在滤镜菜单中找到。

外挂滤镜是指由第三方软件生产商开发的，不能独立运行，必须依附在 Photoshop 中运行的滤镜。外挂滤镜在很大程度上弥补了 Photoshop 自身滤镜的部分缺陷，并且功能强大，可以轻而易举地制作出非常漂亮的图像效果。

操作提示

217

在图层上右击，在弹出的快捷菜单中选择"转换为智能对象"命令也可将图层转换为智能图层。

提高篇

在Photoshop中使用单一的工具并不能得到理想的效果，还要通过通道以及蒙版才能得到。而有些效果，需要更深入地使用一些工具、命令才能得到，如使用图层的图层样式，使用更多的滤镜命令等。为了提高处理图像的效率，还可以通过动作和批处理功能处理图像。除此之外，Photoshop CS6的多媒体功能也是一个亮点，使用它能简单地制作、处理3D图像以及动画和视频。

● ● ●

<<< IMPROVEMENT

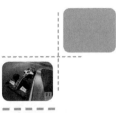

提
高
篇

第10章 •••

图层的高级应用

使用调整图层

管理图层

使用智能对象图层

为图层添加图层样式

NIGHT CITY
都市之夜

本章导读

　　前面学习了图层的基本应用，相信用户已经认识了图层的特性并掌握了图层的基本应用。本章将继续讲解图层的高级应用，包括使用调整图层、为图层添加图层样式、使用智能对象图层和管理图层等，掌握这些图层的高级应用将有利于对图像进行复杂的处理。

10.1 使用调整图层

编辑图像时为了增加图像的个性风格，可使用调色命令进行调整，但一次只能调整一个图层，且不便再对使用的调整命令进行修改。而使用调整图层，可同时调整多个图层上的图像并能再次进行调整。

10.1.1 认识调整图层

调整图层可以看作在图层中增加一个图层，不需要时可将添加的图层删除，由图层缩略图和图层蒙版缩略图组成，如图 10-1 所示。由于创建调整图层时选择的色调或色彩命令不一样，调整缩略图会显示出不同的图像效果；图层蒙版随调整图层的创建而创建，默认情况下填充为白色，即表示调整图层对图像中的所有区域起作用；调整图层名称会随着创建调整图层时选择的调整命令来显示，如当创建的调整图层是用于调整图像的色彩平衡时，则名称为"色彩平衡 1"。

图 10-1 调整图层

10.1.2 创建并编辑调整图层

常用的调整命令都有对应的调整图层，使用这些调整图层能很方便地调整图层效果，而不用担心因为误操作而影响图像的效果。此外，使用调整图层还能很方便地对调整图层的作用范围进行设置。

 使用调整图层编辑"麦田"图像 ●●●

下面打开"麦田"图像，编辑"照片滤镜"调整图层，并新建一个"色相/饱和度"调整图层。

光盘\素材\第 10 章\麦田.psd
光盘\效果\第 10 章\麦田.psd

1. 打开"麦田.psd"图像，如图 10-2 所示。打开"图层"面板。在其中双击"照片滤镜"调整图层前的图层缩略图，打开"属性"面板。

2. 在"属性"面板中设置"滤镜"、"浓度"分别为"红"、"52%"，如图 10-3 所示。

3. 在"图层"面板底部单击 按钮，在弹出的下拉菜单中选择"色相/饱和度"命令，新建"色相/饱和度"调整图层。

选择【图层】/【新建调整图层】命令，在弹出的子菜单中选择需新建的调整图层。

图 10-2　打开图像

图 10-3　设置"照片滤镜"调整图层

4 在打开的"属性"面板中设置"色相"、"饱和度"分别为"-14"、"-62"，如图 10-4 所示。

5 将前景色设置为黑色，在工具箱中选择画笔工具 ✐。在其工具属性栏中设置"画笔大小"、"不透明度"、"流量"分别为"50 像素"、"70%"、"70%"。在"图层"面板中单击"色相/饱和度"调整图层后的图层蒙版，使用鼠标对图像中的人物进行涂抹，如图 10-5 所示。

图 10-4　设置"色相/饱和度"调整图层

图 10-5　设置调整图层的范围

10.2　使用智能对象图层

编辑大型的图像文件时，为了简化文件的图层结构，会使用智能对象图层。智能对象图层允许图层中的内容被 Photoshop 以外的软件编辑。

10.2.1　认识智能对象图层

选择【文件】/【置入】命令后，用户置入的图像将会被转化为智能对象图层。由于智

使用黑色的画笔涂抹后的图像区域会被消除调整图层的效果。要恢复调整图层的效果只需要使用白色的画笔进行涂抹。

能对象是嵌入到图像中，如在图像中生成了一个超级链接，所以用户对该图层中的对象进行操作不会对原图像有影响。

此外，用户能对智能对象图层创建多个副本，对原文件进行编辑后，创建的副本内容都将会被自动更新。

10.2.2　创建与编辑智能对象图层

在 Photoshop 中创建智能对象图层的方法有两种，一种是置入，另一种是将原有的图层直接进行转换。将图层转换为智能对象图层，可以使普通图层获得智能对象图层的特点，即对图层进行编辑后可以进行恢复。

 在"情人节快乐"图像中使用智能对象图层 ●●●

下面打开"情人节快乐"图像，首先通过置入命令在图像中创建智能图层，再输入文字，最后通过转换命令将文字图层转换为智能图层。

> 参见
> 光盘　光盘\素材\第 10 章\情人节快乐.psd、礼品盒.eps
> 　　　光盘\效果\第 10 章\情人节快乐.psd ❯❯❯❯❯❯❯❯❯❯

1. 打开"情人节快乐.psd"图像，如图 10-6 所示。选择【文件】/【置入】命令，打开"置入"对话框，在其中选择"礼品盒.eps"图像。

2. 将置入的图像缩小后，放置在图像左下角，如图 10-7 所示。按"Enter"键确定变换。在"图层"面板中，将"礼品盒"图层的图层混合度设置为"线性加深"。

图 10-6　打开图像

图 10-7　置入图像

3. 在工具箱中选择横排文字工具 T，在其工具属性栏中设置"字体"、"字体大小"、"颜色"分别为"汉仪清韵体简"、"24 点"、"黑色"。在图像中输入"情人节快乐"，按"Ctrl+T"快捷键旋转文字图层，将其放置在图像中的英文上方，如图 10-8 所示，按"Enter"键确定。

4. 使用横排文字工具，在图像中输入"2.14"，按"Enter"键换行，继续输入"送给你的 TA"。选中刚输入的文字，按"Ctrl+T"快捷键，打开"字符"面板，在其中设置

用户可对智能对象图层进行移动、隐藏、复制、缩放和旋转等操作，但不能进行扭曲、透视等操作。

"字体"、"字体大小"、"行间距"、"颜色"分别为"方正少儿简体"、"24 点"、"24 点"、"蓝色（#11cfff）"，如图 10-9 所示。

图 10-8　输入文字

图 10-9　设置"字符"样式

5　选中"2.14"文字，设置"字体大小"为"48 点"。在"图层"面板中选择"2.14 送给你的 TA"、"情人节快乐"和"手机"图层，如图 10-10 所示。

6　选择【图层】/【智能对象】/【转换为智能对象】命令，将选中的图层转换为智能对象图层。在"图层"面板中双击"2.14 送给你的 TA"图层前的图层缩略图，如图 10-11 所示。在打开的提示对话框中单击 确定 按钮。

图 10-10　选择转换的图层

图 10-11　双击智能对象图层

7　在打开的"21.psd"图像窗口中打开"图层"面板，选择"2.14 送给你的 TA"文字图层，如图 10-12 所示。

8　选择【图层】/【图层样式】/【投影】命令，在打开的"图层样式"对话框中单击 确定 按钮。

9　关闭"21.psd"图像窗口，在打开的提示对话框中单击 是(Y) 按钮。返回"情人节快乐"图像，效果如图 10-13 所示。

选择【图层】/【智能对象】/【导出内容】命令，在打开的"存储"对话框中选择智能对象的保存位置，将其另存。

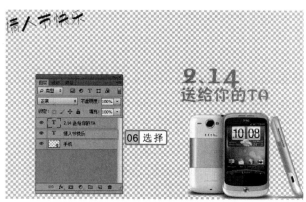

图 10-12　选择图层

图 10-13　最终效果

10.3　管理图层组

图层组用于管理和编辑图层，可理解为一个装有图层的载体，在其中可对图层进行统一的管理和修改。下面分别介绍创建图层组、编辑图层组的方法。

10.3.1　创建图层组

要使用图层组，先要创建图层组。创建图层组主要有如下几种方法：

◎ 选择【图层】/【新建】/【组】命令。

◎ 单击"图层"面板中的██按钮，在弹出的下拉菜单中选择"新建组"命令。

◎ 按住"Alt"键并单击"图层"面板底部的██按钮。

◎ 直接单击"图层"面板底部的██按钮。

以上前 3 种方法创建图层组时，都会打开如图 10-14 所示的"新建组"对话框，在其中进行设置后单击██████按钮建立图层组，如图 10-15 所示。

图 10-14　"新建组"对话框

图 10-15　新建的图层组

单击"图层"面板中的██按钮。创建图层组时不会打开"新建组"对话框，创建的图层组保持系统的默认设置，且名称依次为"组 1"、"组 2"和"组 3"。

10.3.2　编辑图层组

编辑图层组主要包括增加或移除组内图层以及删除图层组等操作,下面分别进行介绍。

1. 增加或移除组内图层

在"图层"面板中选择要添加到图层组中的图层,按住鼠标左键不放并拖至图层组上,当图层组周围出现黑色实线框时释放鼠标,完成向图层组内添加图层的操作,如将图层组内的某个图层移动到图层组外,只需将该图层拖至图层组外后释放鼠标即可。

2. 删除图层组

删除图层组的方法与删除图层的方法一样,在"图层"面板中拖动要删除的图层组到🗑按钮上,如图 10-16 所示,或选择要删除的图层组后单击🗑按钮,在打开的提示对话框中单击相应的按钮即可,如图 10-17 所示。

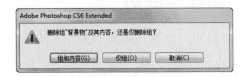

图 10-16　拖动图层组到"删除"按钮上　　　　图 10-17　提示对话框

如单击 仅组(O) 按钮,将只删除图层组,并不删除图层组内的图层,如图 10-18 所示;如单击 组和内容(G) 按钮,会删除图层组和图层组内的所有图层。

图 10-18　仅删除图层组

使用图层组,除了管理比较方便外,还可选择该图层组移动其中的所有图像。

10.4　为图层添加图层样式

Photoshop 允许为图层添加样式，使图像呈现不同的艺术效果。Photoshop 内置了 10 多种图层样式，使用这些样式并设置其中的各个参数，将可制作出投影、外发光、内发光、浮雕和描边等效果。

10.4.1　斜面和浮雕样式

斜面和浮雕样式用于增加图像边缘的暗调及高光，使图像产生立体感，常用于制作文字效果。

 使用斜面和浮雕样式制作金属文字效果 ●●●

参见　光盘\素材\第 10 章\F1 赛车.psd
光盘　光盘\效果\第 10 章\F1 赛车.psd

>>>>>>>>>

1　打开"F1 赛车.psd"图像。在工具箱中选择横排文字工具，并在其工具属性栏中设置"字体"、"字体大小"、"颜色"分别为"Gill Sans Ultra Bold"、"72 点"、"#0d1cb3"，使用鼠标在图像左下角输入"F1"，如图 10-19 所示。

2　在"图层"面板中选择"F1"图层，并单击面板底部的 **fx** 按钮，在弹出的下拉菜单中选择"斜面和浮雕"命令。打开"图层样式"对话框，在"结构"栏中设置"方法"、"深度"、"大小"分别为"雕刻清晰"、"100"、"8"，如图 10-20 所示。

图 10-19　输入文字

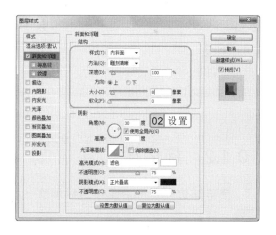

图 10-20　设置斜面和浮雕效果

3　在"图层样式"对话框的"样式"列表框中选中☑纹理复选框，在"图案"栏中单击"图案"下拉列表框旁的按钮，在弹出的下拉列表框中选择第一个选项，设置"缩放"、"深度"分别为"81"、"+103"，如图 10-21 所示，此时选择的图案将自动应用到文

"斜面和浮雕"栏中的"样式"下拉列表框中的"外斜面"使图像边缘向外侧呈斜面效果；"内斜面"使图像边缘向内侧呈斜面效果；"浮雕效果"使凸出图像呈平面效果；"枕状浮雕"使图像内部呈凹陷效果。

字表面，如图 **10-22** 所示。

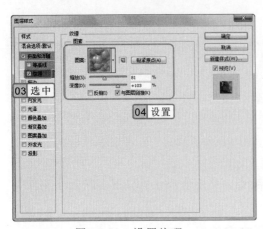

图 10-21　设置纹理

图 10-22　添加纹理后的效果

4 选中 ☑等高线 复选框，单击"图案"下拉列表框旁的 按钮，在弹出的下拉列表框中选择最后一个选项，设置"范围"为"29"，单击 确定 按钮，如图 **10-23** 所示。文字边缘产生条状立体感效果，如图 **10-24** 所示。

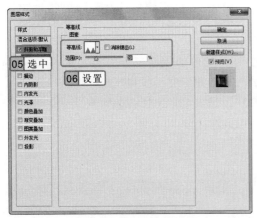

图 10-23　设置等高线

图 10-24　添加等高线后的效果

10.4.2　描边样式

使用描边样式可沿图像边缘填充一种颜色，同使用"描边"命令描边图像边缘或选区边缘一样。

 实例 10-4　为"飞向地球"图像添加描边效果 ●●●

参见
光盘　　光盘\素材\第 10 章\飞向地球.psd
　　　　光盘\效果\第 10 章\飞向地球.psd　　　　>>>>>>>>>>

1 打开"飞向地球.psd"图像。在"图层"面板中选择"飞机"图层，如图 **10-25** 所示。

 专家指导

不同的等高线会对图像产生不同的效果，如果系统内置的等高线不能满足要求时，可单击等高线缩略图，在打开的"等高线编辑器"对话框中通过编辑等高线得到自定义等高线。

2 选择【图层】/【图层样式】/【描边】命令，在打开的"图层样式"对话框的"样式"列表框中选中 **描边** 复选框，在"描边"栏中设置"大小"、"混合模式"、"填充类型"分别为"20"、"颜色加深"、"渐变"。在"渐变"下拉列表框中选择第 9 个选项，单击 **确定** 按钮，如图 10-26 所示。

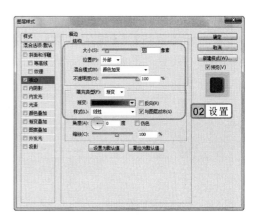

图 10-25　选择飞机图层　　　　　　　　图 10-26　设置描边样式

3 在"图层"面板中选择"地球"图层，打开"图层样式"对话框。在"描边"栏中设置"大小"、"不透明度"、"颜色"分别为"43"、"65"、"白色"，单击 **确定** 按钮，如图 10-27 所示。最终效果如图 10-28 所示。

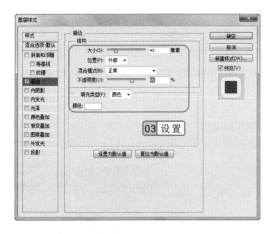

图 10-27　继续设置描边样式　　　　　　　图 10-28　最终效果

10.4.3　投影样式

投影样式用于模拟物体受光照后产生的投影效果，主要用于增加图像的层次感，生成的投影效果是沿图像边缘向外扩展的。

在"图层"面板中单击 ■ 按钮，在弹出的下拉菜单中选择"混合选项"命令，也可打开"图层样式"对话框。

为"记忆"图像添加投影效果 ●●●

参见
光盘　光盘\素材\第 10 章\记忆.psd
　　　光盘\效果\第 10 章\记忆.psd

1 打开"记忆.psd"图像，如图 10-29 所示。在"图层"面板中选择"照片 3"图层。

2 选择【图层】/【图层样式】/【投影】命令，打开"图层样式"对话框。在"投影"栏中设置"混合模式"、"不透明度"、"角度"、"距离"、"扩展"、"大小"分别为"正片叠底"、"55"、"60"、"65"、"55"、"35"，单击 确定 按钮，如图 10-30 所示。

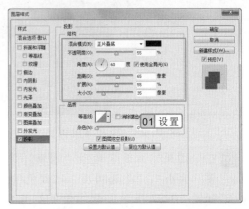

图 10-29　打开图像　　　　　　　　　　图 10-30　设置投影样式

3 在"图层"面板中右击"照片 3"图层，在弹出的快捷菜单中选择"拷贝图层样式"命令，如图 10-31 所示。

4 在"图层"面板中右击"照片 2"图层，在弹出的快捷菜单中选择"粘贴图层样式"命令。使用相同的方法为"照片 1"图层粘贴图层样式，效果如图 10-32 所示。

图 10-31　拷贝图层样式　　　　　　　　图 10-32　粘贴图层样式

 专家指导

　　　若想取消已设置的图层样式，用户只需右击要取消图层样式的图层，在弹出的快捷菜单中选择"清除图层样式"命令即可。

10.4.4　内阴影样式

使用内阴影样式可沿图像边缘向内产生投影效果，与投影样式产生效果的方向相反，其参数控制区也大致相同。其使用方法是，在图像中输入文字，如图 10-33 所示，然后单击"图层"面板底部的 fx. 按钮，在弹出的下拉菜单中选择"内阴影"命令，在打开的对话框中设置阴影颜色及距离、阻塞和大小等参数，如图 10-34 所示。单击 确定 按钮，此时黑色内阴影沿文字边缘向内产生，如图 10-35 所示。

图 10-33　输入文字

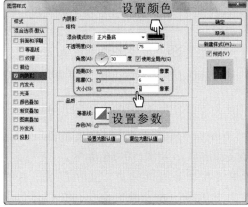
图 10-34　内阴影效果

图 10-35　最终效果

10.4.5　外发光与内发光样式

外发光样式能沿图像边缘向外生成类似图像发光的效果，与内发光沿图像边缘向内产生发光的效果方向相反。

 实例 10-6　**为"香水"图像添加发光效果** ●●●

参见光盘　光盘\素材\第 10 章\香水.psd
　　　　　光盘\效果\第 10 章\香水.psd

1 打开"香水.psd"图像，如图 10-36 所示。在"图层"面板中选择"图层 1"图层。

2 在"图层"面板底部单击 fx. 按钮，在弹出的下拉菜单中选择"外发光"命令，打开"图层样式"对话框，单击色块设置颜色为"橙色（#f9d49e）"，设置"不透明度"、"杂色"、"扩展"、"大小"分别为"66"、"7"、"0"、"79"，单击 确定 按钮，如图 10-37 所示。

单击"外发光图层样式"面板中的渐变颜色条，可在打开的"渐变编辑器"对话框中编辑渐变样式。

图 10-36　打开图像

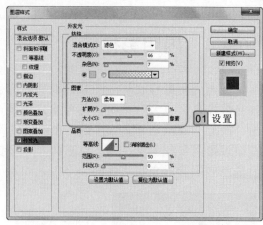

图 10-37　设置外发光

3 在工具箱中选择横排文字工具 **T**，在其工具属性栏中设置"字体"、"字体大小"、"颜色"分别为"方正粗圆简体"、"48 点"、"红色（#ff0000）"，再输入"生命与火的味道"文字。

4 选中输入的文字，在横排文字的工具属性栏中单击 **人** 按钮。在打开的"变形文字"对话框中设置"样式"、"弯曲"、"水平扭曲"、"垂直扭曲"分别为"旗帜"、"+57"、"+35"、"+10"，单击　确定　按钮，如图 10-38 所示。

5 在"图层"面板中选中"生命与火的味道"文字图层。在"图层"面板下方单击 **fx.** 按钮，在弹出的快捷菜单中选择"内发光"命令。在打开的"图层样式"对话框中设置"不透明度"、"杂色"、"阻塞"、"大小"分别为"100"、"0"、"0"、"6"，单击　确定　按钮，如图 10-39 所示。

图 10-38　设置变形文字

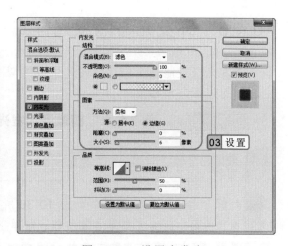

图 10-39　设置内发光

6 返回图像窗口，效果如图 10-40 所示。按"Ctrl+T"快捷键旋转文字，并将文字移动到香水瓶上方，按"Enter"键确定，如图 10-41 所示。

设置内发光时，"图素"栏中的大小设置得过大会使整个图像变为内发光颜色。

图 10-40　内阴影效果　　　　　　　图 10-41　调整文字位置

10.4.6　光泽样式

　　光泽样式用于制作光滑的磨光或金属效果。在图像之中输入文字，如图 10-42 所示。在"图层"面板底部单击 fx 按钮，在弹出的下拉菜单中选择"光泽"命令。在打开的"图层样式"对话框中设置"不透明度"、"角度"、"距离"和"大小"等参数，如图 10-43 所示。单击 确定 按钮，效果如图 10-44 所示。

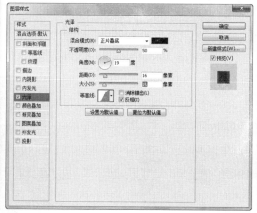

图 10-42　输入文字　　　　　　图 10-43　设置光泽样式　　　　　　图 10-44　最终效果

10.4.7　颜色叠加样式

　　颜色叠加样式是使用一种颜色覆盖在图像表面的效果。其使用方法是，打开图像，如图 10-45 所示，在"图层"面板中选中需要进行颜色叠加的图层后单击 fx 按钮，在弹出的下拉菜单中选择"颜色叠加"命令。在打开的"图层样式"对话框中设置"混合模式"、"颜

　　使用光泽样式制作图像磨光效果时，一定要先为图像填充具有渐变效果的颜色，否则制作后的效果将不会很明显。

色"和"不透明度"等参数,如图 10-46 所示,单击 确定 按钮,改变图层中物体的颜色,效果如图 10-47 所示。

图 10-45 打开图像

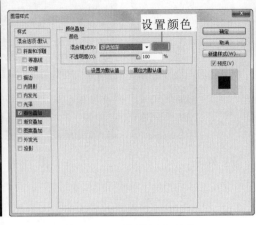
图 10-46 设置颜色叠加

图 10-47 颜色叠加效果

10.4.8 渐变叠加样式

渐变叠加样式是使用一种渐变颜色覆盖在图像表面,如同使用渐变工具填充图像或选区一样。其使用方法是打开图像,在其中选择需要设置渐变叠加的图层。在"图层"面板底部单击 fx. 按钮,在弹出的下拉菜单中选择"颜色叠加"命令。在打开的"图层样式"对话框中设置"混合模式"、"不透明度"、"渐变"、"样式"和"缩放"等参数,如图 10-48 所示。单击 确定 按钮,效果如图 10-49 所示。

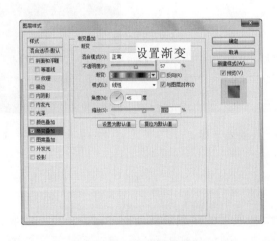
图 10-48 设置渐变叠加

图 10-49 渐变叠加效果

使用渐变叠加样式时,缩放参数设置得越小,渐变效果越明显。

10.4.9　图案叠加样式

图案叠加样式是使用一种图案覆盖在图像表面，如同使用图案图章工具将一种图案填充到图像或选区一样。其使用方法是，打开图像，选择需要设置渐变叠加的图层。在"图层"面板底部单击 *fx* 按钮，在弹出的下拉菜单中选择"颜色叠加"命令。打开"图层样式"对话框，设置"混合模式"、"不透明度"、"图案"和"缩放"等参数，如图 10-50 所示。单击 确定 按钮，效果如图 10-51 所示。

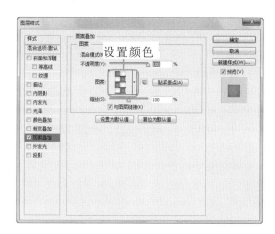

图 10-50　设置图案叠加

图 10-51　图案叠加效果

10.5　提高实例——为图像添加水珠效果

本章的提高实例将为图像添加水珠效果，在制作时将设置画笔样式、图层样式和输入文字等。添加水珠效果可使图像看起来更加清新，如图 10-52 所示。

图 10-52　为图像添加水珠效果

在"图层样式"对话框中，若对图层样式不满意，可单击 复位为默认值 按钮。图层样式将设置为初始值。

10.5.1　行业分析

本例中为图像添加水珠效果属于数码照片处理的范围，使图像能很真实地呈现出水珠附着在镜头上的效果。为图像添加水珠能使图像呈现出经过雨水洗礼的感觉。

数码照片处理的风格很多，一般可分为魔幻风格、现实风格和科幻风格等。在拍摄照片前用户要先思考自己拍摄照片后需要处理成何种效果，再根据效果选择拍摄角度、光线和对象等，以便后期处理。

10.5.2　操作思路

为更快完成本例的制作，并且尽可能运用本章讲解的知识，本例的操作思路如下。

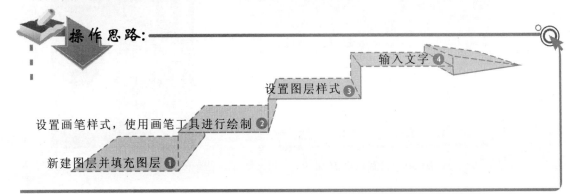

10.5.3　操作步骤

下面介绍为图像添加水珠效果的方法，其操作步骤如下：

 参见
光盘
光盘\素材\第 10 章\都市之夜.jpg
光盘\效果\第 10 章\都市之夜.psd
光盘\实例演示\第 10 章\为图像添加水珠效果.swf

1 打开 "都市之夜.jpg" 图像，如图 10-53 所示。在 "图层" 面板下方单击 按钮，新建图层。

2 将前景色设置为黑色，按 "Alt+Delete" 快捷键使用前景色进行填充。

3 在工具箱中选择画笔工具 ，按 "F5" 键，在打开的 "画笔" 面板的列表框中选择 "画笔笔尖形状"，设置 "大小"、"角度"、"圆度"、"硬度"、"间距" 分别为 "170 像素"、"99°"、"80%"、"20%"、"1000%"，如图 10-54 所示。

4 在 "画笔" 面板中选中 形状动态 复选框，设置 "大小抖动"、"最小直径"、"倾斜缩放比例"、"角度抖动"、"圆度抖动"、"最小圆度" 分别为 "100%"、"0%"、"200%"、"100%"、"45%"、"48%"，如图 10-55 所示。

用户处理水果、鲜花等图像时，为了增加水果、鲜花的新鲜感，可为图像添加水珠效果。

图 10-53 打开图像

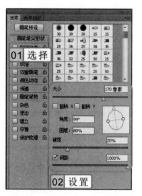

图 10-54 设置画笔笔尖形状

5 在"画笔"面板中选中 ☑ 散布 复选框，取消选中 ☐ 两轴 复选框，设置"散布"、"数量"
分别为"1000%"、"2"，如图 10-56 所示。

图 10-55 设置形状动态

图 10-56 设置散布

6 将前景色设置为白色，用鼠标光标在图像上进行绘制，如图 10-57 所示。按"Ctrl+L"
快捷键，在打开的"色阶"对话框中设置"输入色阶"为"67"、"1.00"、"172"，
如图 10-58 所示，单击 确定 按钮。

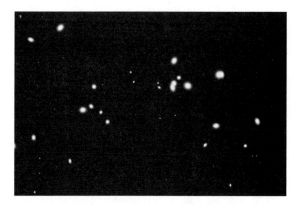

图 10-57 使用画笔工具进行绘制

图 10-58 设置色阶

设置色阶可让水珠的边缘更加分明，能更好地模拟出水珠的效果。

7 在工具箱中选择魔棒工具，在其工具属性栏中选中 ☑连续 复选框。在图像中的黑色区域单击，按 "Delete" 键删除图像，如图 10-59 所示。

8 按 "Ctrl+D" 快捷键取消选区。在 "图层" 面板中选择 "图层 1"，选择【图层】/【图层样式】/【投影】命令，打开 "图层样式" 对话框。

9 在打开的 "图层样式" 对话框中选中 ☑投影 复选框，设置 "不透明度"、"角度"、"距离"、"扩展"、"大小" 分别为 "20"、"-30"、"25"、"5"、"10"，如图 10-60 所示。

图 10-59　删除图像

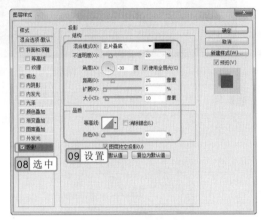

图 10-60　设置投影样式

10 在 "样式" 列表框中选中 ☑内阴影 复选框，设置 "混合模式"、"不透明度"、"角度"、"距离"、"阻塞"、"大小" 分别为 "线性减淡（添加）"、"50"、"90"、"3"、"0"、"5"，如图 10-61 所示。

11 在 "样式" 列表框中选中 ☑内发光 复选框，设置 "混合模式"、"不透明度"、"方法"、"大小" 分别为 "变暗"、"40"、"柔和"、"25"，设置 "颜色" 为 "黑色"，如图 10-62 所示。

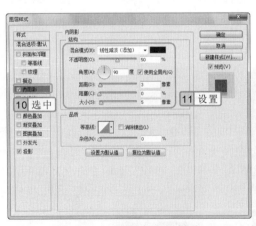

图 10-61　设置内阴影样式

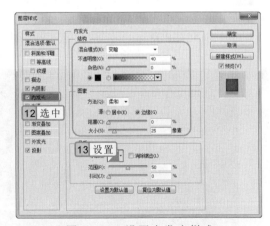

图 10-62　设置内发光样式

12 在 "样式" 列表框中选中 ☑斜面和浮雕 复选框，设置 "深度"、"方向"、"大小"、"软化"、"角度"、"高度"、"高光模式" 分别为 "300"、"下"、"7"、"5"、"45"、"40"、"线

在设置内发光时，可以单击颜色块设置单一颜色，也可以单击渐变色条设置渐变颜色。

性减淡（添加）"，如图 **10-63** 所示。

13 在"样式"列表框中选中☑颜色叠加复选框，设置"混合模式"、"不透明度"分别为"正片叠底"、"100"。单击色块，在打开的"拾色器（叠加颜色）"对话框中设置颜色为"粉色（#cf726f）"，单击 确定 按钮。返回"图层样式"对话框，单击 确定 按钮，如图 **10-64** 所示。

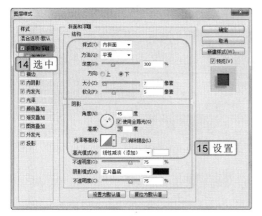

图 10-63　设置斜面和浮雕样式

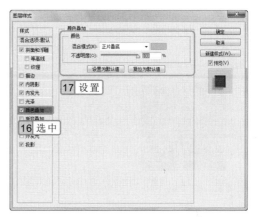

图 10-64　设置颜色叠加样式

14 设置"图层 1"的"不透明度"为"50%"。在工具箱中选择横排文字工具 T，在其工具属性栏中设置"字体"、"字体大小"分别为"华文新魏"、"60 点"，在图像左上角输入"NIGHT CITY"，按"Ctrl+Enter"快捷键。在"NIGHT CITY"下方输入"都市之夜"，选中刚输入的文字，设置"字体大小"为"36 点"。

15 在工具箱中选择自定形状工具 ，在其工具属性栏的"形状"下拉列表框中选择 选项，使用鼠标在"T"字母右上角绘制形状，如图 **10-65** 所示。

16 复制"NIGHT CITY"文字图层，并将其栅格化。按"Ctrl+T"快捷键，将其镜像放置在"NIGHT CITY"文字图层下方。右击"图层 1"，在弹出的快捷菜单中选择"拷贝图层样式"命令。再右击复制的"Night city 副本"图层，在弹出的快捷菜单中选择"粘贴图层样式"命令，效果如图 **10-66** 所示。

图 10-65　输入文字编辑形状

图 10-66　粘贴图层样式

为不同的图像添加水珠效果时，对"颜色叠加"的设置需根据图像的颜色而定。

17 选中"背景"图层，按"Ctrl+J"快捷键复制背景图层。选择【滤镜】/【模糊】/【高斯模糊】命令。在打开的"高斯模糊"对话框中设置"半径"为"20"，如图 10-67 所示，单击 确定 按钮。

18 将"背景 副本"图层的图层"混合模式"设置为"叠加"。在工具箱中选择橡皮擦工具 ，在其工具属性栏中设置"画笔大小"、"不透明度"、"流量"分别为"300 像素"、"100%"、"100%"，使用鼠标对图像进行从上到下涂抹，如图 10-68 所示。

图 10-67　设置高斯模糊　　　　　　图 10-68　设置图层混合模式

10.6　提高练习

本章主要介绍了调整图层、智能对象图层、图层组以及图层样式的作用以及使用方法，能使用户在创建图像时更容易制作出炫丽的图像效果。

10.6.1　为人像化妆

打开"人像"图像，本次练习将使用多边形套索工具建立"嘴唇"选区，为人物重新绘制口红颜色，建立并剪切"头发"选区，使用"渐变叠加"样式更换头发颜色，如图 10-69 所示。

图 10-69　为人物化妆

若想为人物添加眼影，则在使用画笔工具进行涂抹前，一定要降低不透明度和流量。

光盘\素材\第 10 章\人像.jpg
光盘\效果\第 10 章\人像.psd
光盘\实例演示\第 10 章\为人像化妆

该练习的操作思路与关键提示如下。

操作思路:

为图层添加渐变叠加样式 ❹

创建"头发"选区,复制并剪切"头发"图层 ❸

填充"嘴唇"选区颜色,设置图层混合模式 ❷

新建图层,绘制"嘴唇"选区 ❶

关键提示:

为"嘴唇"选区填充粉红色(#e77671),并设置该图层的"混合模式"、"不透明度"分别为"颜色加深"、"70%"。

在"头发"图层的"图层样式"对话框中选中 ☑渐变叠加 复选框,设置"混合模式"、"不透明度"、"渐变"、"缩放"分别为"饱和度"、"51"、"透明彩虹渐变"、"100"。

10.6.2 制作甜点店海报

打开"甜点店海报.psd"图像,在图层上添加"通道混合器"调整图层,调整图像颜色。打开"下午茶资料.psd"图像,将图像中的文字和图像移动到"甜点店海报.psd"图像中,为"介绍"图层添加"外发光"图层效果,为"下午茶"图层添加"投影"图层效果,新建图层,为商品添加白色正圆底纹,最终效果如图 10-70 所示。

图 10-70 制作甜点店海报

使用魔棒工具建立"头发"选区,按"Ctrl+J"快捷键复制并剪切"头发"图层。

光盘\素材\第 10 章\甜点店海报.psd、下午茶资料.psd
参见　光盘\效果\第 10 章\甜点店海报.psd
光盘　光盘\实例演示\第 10 章\制作甜点店海报　>>>>>>>>>

该练习的操作思路与关键提示如下。

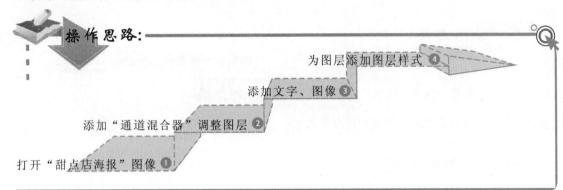

操作思路：

为图层添加图层样式 ④

添加文字、图像 ③

添加"通道混合器"调整图层 ②

打开"甜点店海报"图像 ①

关键提示：

> "通道混合器"调整图层的参数如下。
> ▶ "红"输出通道："红色"、"绿色"、"蓝色"分别为"109"、"106"、"0"。
> ▶ "绿"输出通道："红色"、"绿色"、"蓝色"分别为"18"、"112"、"0"。
> ▶ "蓝"输出通道："红色"、"绿色"、"蓝色"分别为"−81"、"−15"、"101"。
>
> "外发光"图层样式参数如下。
> "混合模式"、"不透明度"、"扩展"、"大小"分别为"滤色"、"75"、"0"、"5"。
>
> "投影"图层样式参数如下。
> "不透明度"、"距离"、"扩展"、"大小"分别为"34"、"11"、"0"、"5"。

10.7　知识问答

使用调整图层、图层样式时，难免会遇到一些难题，如填充了图层样式后却没有效果、不显示图层样式等。下面将介绍使用调整图层和图层样式过程中常见的问题及解决方案。

问：不想显示图层样式，应该怎样操作？

答：不想显示图层样式时可通过两种方法来实现：一种是停用图层样式，用户下次想显示图层样式时，还可将图层样式显示出来。其方法是，右击想停用图层样式的图层，在弹出的快捷菜单中选择"停用图层样式"命令；另一种方法是删除图层样式，删除的图层

单击图层样式前的◉按钮，也可隐藏图层样式。

样式不能被恢复。其方法是，右击想删除图层样式的图层，在弹出的快捷菜单中选择"删除图层样式"命令。

问：在一幅图像中创建一个选区，使用"图层样式"对话框为其添加外发光效果，却看不到效果，这是怎么回事呢？

答：这是因为"图层样式"只对图层中的图像起作用，并不对图层中的图像选区起作用，可将选区中的图像复制到图层中，再进行图层样式的添加。

问：图像文件中的图层太多，除了新建图层组外还有什么方法能区分图层吗？

答：有，可通过在图层列表中为图层添加颜色来对图层进行区分。其方法是，右击要设置图层颜色的图层，在弹出的快捷菜单中选择颜色，如红色、黄色和绿色等。

 **Photoshop CS6 中图层的分类**

新建图层时，除了可新建普通图层外，还可新建文字图层、形状图层和填充图层。

在 Photoshop CS6 中有 3 种填充图层，分别是纯色、渐变和图案。选择【图层】/【新建填充图层】命令，再选择相应的子菜单命令即可。

操 作 提 示

系统提供的描边样式和几种叠加样式都可用相应的工具或命令来实现，不同的是样式可以在任何时候进行再编辑，或者去掉样式，而其他方式产生的效果则不能再编辑。

第11章 •••

通道和蒙版的应用

通道的概述

蒙版的概述

蒙版的基本操作

通道的基本操作

本章将详细介绍通道和蒙版的应用，通过通道能制作出许多奇特的效果。蒙版是经常用于图像处理的手法，能更有效地保护图层。本章的主要内容有通道的创建、复制、删除、合并和运算等，各种蒙版的创建以及蒙版的编辑处理等。

本章导读

11.1　通道的概述

通道是 Photoshop 中用于保护图层选区信息的一种特殊技术，使用通道能制作出多种特殊图像效果。

11.1.1　通道的原理和作用

在 Photoshop 中，通道是用于存放颜色信息的，是独立的颜色平面。每个 Photoshop 图像都具有一个或多个通道，可对每个原色通道进行明暗度、对比度的调整，并可对原色通道单独执行滤镜功能，为图像添加很多通过一般的工具或命令得不到的特殊效果。

新建或打开一幅图像时，Photoshop 会自动为该图像创建相应的颜色通道，图像的颜色模式不同，Photoshop 所创建的通道数量也不同，下面分别进行讲解。

- ◎ **RGB 模式图像的颜色通道**：RGB 色彩模式的图像是由红、绿和蓝 3 个颜色通道组成的，分别用于保存图像相应的颜色信息。
- ◎ **CMYK 模式图像的颜色通道**：CMYK 模式的图像共有 4 个颜色通道，包括青色、洋红、黄色和黑色通道，分别保存图像相应的颜色信息。
- ◎ **Lab 模式图像的颜色通道**：Lab 模式图像的颜色通道有 3 个，包括明度通道、a（由红色到绿色的光谱变化）通道和 b（由蓝色到黄色的光谱变化）通道。
- ◎ **灰度模式图像的颜色通道**：灰度模式图像的颜色通道只有一个，用于保存图像的灰色信息。
- ◎ **位图模式图像的颜色通道**：位图模式图像的颜色通道只有一个，用于表示图像的黑白两种颜色。
- ◎ **索引颜色模式图像的颜色通道**：索引颜色模式图像的颜色通道只有一个，用于保存调色板中的位置信息，具体的颜色由调色板中该位置所对应的颜色决定。

11.1.2　认识"通道"面板

在 Photoshop 中通道的管理是通过"通道"面板来实现的，要掌握通道的使用和编辑，需先熟悉"通道"面板。选择【窗口】/【通道】命令，打开如图 11-1 所示的"通道"面板。

通道缩略图
通道名称
专色通道
通道控制按钮

图 11-1　"通道"面板

通道主要有两种作用：一种是保存和调整图像的颜色信息，另一种是保存选定的范围。

11.2　通道的基本操作

 建立精确选区时需使用通道加以辅助。通道的基本操作主要包括通道的选择、创建、复制、删除、分离、合并以及运算等，下面分别对这些操作进行具体介绍。

11.2.1　选择通道

使用通道的操作方法与使用图层类似，对某通道进行编辑处理时，先选择该通道。新打开一幅图像时，合成通道和所有分色通道都处于激活状态，并呈蓝色高亮显示，如要将某通道作为当前工作通道，只需单击该通道对应的缩略图。如图 11-2 所示，选择一个通道图像将呈现灰色的效果。如图 11-3 所示，选择两个通道图像将呈现偏色的效果。

图 11-2　选择单通道的效果　　　　　　　　图 11-3　选择两个通道的效果

11.2.2　创建 Alpha 和专色通道

Alpha 通道专门用于保存图像选区，便于对图像中的一些需要控制的选区进行特殊处理。专色通道可保存专色信息，被用于专色印刷。专色通道具有 Alpha 的所有特点，但专色通道只可为灰度模式存储一种专色信息。

实例 11-1　在"音符"图像中创建通道 ●●●

下面将打开"音符.psd"图像，在图像中创建选区，为图像添加 Alpha 图层，通过通道存储选区，再为图像创建一个专色通道，以便用户印刷图像时进行专色印刷。

 参见光盘　光盘\素材\第 11 章\音符.psd
光盘\效果\第 11 章\音符.psd

在制作印刷物时，双色印刷一般都是通过专色通道实现的。

1. 打开"音符.psd"图像，按"Ctrl"键的同时，在"图层"面板中单击"蝴蝶"图层缩略图，将图层载入选区，如图 11-4 所示。
2. 打开"通道"面板，单击其底部的 ▣ 按钮，新建"Alpha 1"图层，如图 11-5 所示。

图 11-4　载入选区

图 11-5　新建"Alpha1"图层

3. 按"Ctrl+D"快捷键取消选区。在"图层"面板中隐藏"蝴蝶"图层。在工具箱中选择磁性套索工具 ，使用鼠标为人物头发建立选区，如图 11-6 所示。
4. 在"通道"面板中单击 按钮，在弹出的下拉菜单中选择"新建专色通道"命令，打开"新建专色通道"对话框，如图 11-7 所示。

图 11-6　建立选区

图 11-7　打开"新建专色通道"对话框

5. 在"新建专色通道"对话框中单击色块，打开"拾色器（专色）"对话框，在其中单击 颜色库 按钮，在打开的"颜色库"对话框的"色库"下拉列表框中选择 PANTONE solid coated 选项，在其下方的列表框中选择"PANTONE 3385 C"选项，单击 确定 按钮，如图 11-8 所示。
6. 返回"新建专色通道"对话框，设置"密度"为"10%"，单击 确定 按钮，如图 11-9 所示。在"图层"面板中显示"蝴蝶"图层。

在"颜色库"对话框中选择颜色，在返回的"新建专色通道"对话框中不能修改"名称"文本框中的名字，否者无法正常打印文件。

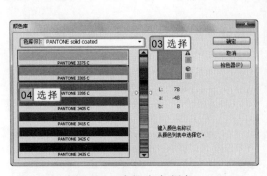

图 11-8　选择专色颜色

图 11-9　设置专色密度

11.2.3　复制通道

复制通道的操作方法与复制图层类似，选中需复制的通道，按住鼠标左键不放，将该通道拖至"通道"面板底部的"新建通道"按钮 上，如图 11-10 所示，或者在要复制的通道上右击，在弹出的快捷菜单中选择"复制通道"命令，也可进行复制操作。

图 11-10　复制通道

11.2.4　删除通道

对于多余的通道，必须将其删除，否则会影响图像效果。要删除一个通道，有如下几种方法：

- 直接将要删除的通道拖动至"通道"面板底部的 按钮上。
- 在要删除的通道上单击鼠标右键，在弹出的快捷菜单中选择"删除通道"命令。
- 选中要删除的通道后，单击"通道"面板右上角的 按钮，在弹出的下拉菜单中选择"删除通道"命令。

11.2.5　通道的分离与合并

为了便于编辑图像，需将一个图像文件的各个通道分开，各自成为一个拥有独立图像

在"通道"面板中选择"Alpha1"图层。单击 按钮，可将选择的"Alpha1"图层转换为选区。

窗口和"通道"面板的独立文件，可对各个通道文件进行独立编辑，编辑完成后，再将各个通道文件合成到一个图像文件中，这就是通道的分离与合并。

 分离与合并"草地"图像的通道 ●●●●

下面将打开"草地.psd"图像，首先分离图像颜色通道，使用"凸出"滤镜后，处理绿色通道，再合并"草地"图像。

参见
光盘　　光盘\素材\第 11 章\草地.psd
　　　　光盘\效果\第 11 章\草地.psd

1　打开"草地.psd"图像，如图 11-11 所示。在"图层"面板中按 3 次"Ctrl+E"快捷键，合并所有图层。

2　在"通道"面板中单击 按钮，在弹出的下拉菜单中选择"分离通道"命令，如图 11-12 所示为分离通道后的图像。

图 11-11　打开图像

图 11-12　分离的通道

3　选择分离出来的绿色通道图像，再选择【滤镜】/【风格化】/【凸出】命令，在打开的"凸出"对话框中单击 确定 按钮，如图 11-13 所示。返回图像窗口，如图 11-14 所示。

图 11-13　设置"凸出"滤镜

图 11-14　滤镜效果

分离通道后的图像还可进行保存，在保存设置名称时一定要注意为每个文件名称添加对应的通道颜色后缀，以便合并时使用。

4 在"通道"面板中单击 按钮。在弹出的下拉菜单中选择"合并通道"命令，打开
"合并通道"对话框，在"模式"下拉列表框中选择"RGB 颜色"选项，单击 确定
按钮，如图 11-15 所示。

5 在"合并 RGB 通道"对话框中单击 确定 按钮。返回图像窗口，如图 11-16 所示。

图 11-15　设置合并通道

图 11-16　最终效果

11.2.6　通道的运算

Photoshop 中允许用户对两个不同图像中的通道进行同时运算，以得到更丰富的图像效果。

 混合"遮面"和"红伞"图像 ●●●

参见
光盘　　光盘\素材\第 11 章\遮面.jpg、红伞.jpg
　　　　光盘\效果\第 11 章\遮面.jpg　　　　　　　　　　　

1 用 Photoshop CS6 打开"遮面.jpg"图像和"红伞.jpg"图像，如图 11-17 和图 11-18
所示。

图 11-17　"遮面"图像

图 11-18　"红伞"图像

合并通道时，需要将合并的图像都打开，Photoshop CS6 软件才能合并通道。

2 选择"遮面"图像，再选择【图像】/【应用图像】命令，打开"应用图像"对话框。在其中设置"源"、"混合"为"红伞.jpg"、"变亮"，单击 确定 按钮，如图 11-19 所示。返回图像窗口，效果如图 11-20 所示。

图 11-19　设置应用图像

图 11-20　最终效果

11.3　通道使用技巧

在图像处理的过程中，需使用通道来编辑图像。常见的使用通道编辑图像的方法有通过通道调整图像颜色亮度、降低图像颜色等，下面将讲解通道的常用方法和使用技巧。

11.3.1　使用通道调亮图像颜色

为了将图像调整出更丰富的图像颜色，可使用 Lab 颜色模式对图像进行细致的调整，让图像看起来更加自然。

实例 11-4 为"都市"图像调亮颜色 ●●●

参见光盘　光盘\素材\第 11 章\都市.jpg
光盘\效果\第 11 章\都市.psd

1 打开"都市.jpg"图像，如图 11-21 所示。选择【图像】/【模式】/【Lab 颜色】命令，将图像的颜色模式转换为 Lab 颜色模式。

2 按"Ctrl+J"快捷键复制图层。在"通道"面板中选择"明度"通道，再选择【图像】/【应用图像】命令，在打开的"应用图像"对话框中设置"图层"、"通道"、"混合"分别为"合并图层"、"a"、"叠加"，单击 确定 按钮，如图 11-22 所示。

使用"应用图像"命令时，要确保混合的两张图像大小相同。

图 11-21　打开图像 　　　　　　　图 11-22　设置"明度"通道

3 选择"a"通道，再选择【图像】/【应用图像】命令，打开"应用图像"对话框，在其中设置"图层"、"通道"、"混合"、"不透明度"分别为"合并图层"、"a"、"叠加"、"80"，单击 [确定] 按钮，如图 11-23 所示。

4 选择"b"通道，再选择【图像】/【应用图像】命令，打开"应用图像"对话框，在其中设置"图层"、"通道"、"混合"分别为"合并图层"、"b"、"叠加"，单击 [确定] 按钮，最终效果如图 11-24 所示。

图 11-23　设置"a"通道 　　　　　　图 11-24　最终效果

11.3.2　降低图像亮度

降低图像亮度的方法有很多，但一般方法比较耗费精力。而通过通道能快速、高质量地降低图像的亮度。

 为"午后"图像降低亮度 ●●●

参见　光盘\素材\第 11 章\午后.jpg
光盘　光盘\效果\第 11 章\午后.psd

　　使用 Lab 模式调整图像亮度，如果最终效果太亮，可将复制图层的不透明度降低。

1 打开"午后.jpg"图像，如图 11-25 所示。按"Ctrl+J"快捷键，复制图层。

2 打开"通道"面板，选择颜色对比度最高的"蓝"通道。在"通道"面板底部单击 按钮，将通道作为选区载入，如图 11-26 所示。

图 11-25　打开图像　　　　　　　　　图 11-26　将通道作为选区载入

3 在"通道"面板底部单击 按钮，新建"Alpha1"通道。取消选区，选择"Alpha1"通道。选择【滤镜】/【模糊】/【高斯模糊】命令，打开"高斯模糊"对话框，在其中设置"半径"为"3.0"，单击 确定 按钮，如图 11-27 所示。

4 选择【图像】/【调整】/【反相】命令，为通道反相，效果如图 11-28 所示。

图 11-27　高斯模糊图像　　　　　　　　图 11-28　反相图像

5 显示并选中"RGB"通道，隐藏"Alpha1"通道。选择【图像】/【应用图像】命令，打开"应用图像"对话框，设置"通道"、"混合"分别为"Alpha1"、"叠加"，单击 确定 按钮，如图 11-29 所示。

6 在"图层"面板中设置"图层 1"的图层"混合模式"为"变暗"，最终效果如图 11-30 所示。

操 作 提 示

执行反相操作时，也可按"Ctrl+I"快捷键反相图像。

图 11-29　设置应用图像　　　　　　　　图 11-30　最终效果

11.4　蒙版的概述

蒙版和通道一样，要熟练地使用才能制作出好的图像效果，应对蒙版有一个深入的了解，掌握其创建和编辑方法。

蒙版是另一种专用的选区处理工具，可选择也可隔离图像，在图像处理时可屏蔽和保护一些重要的图像区域不受编辑和加工的影响（当对图像的其余区域进行颜色变化、滤镜效果和其他效果处理时，被蒙版蒙住的区域不会发生改变）。

蒙版是一种 256 色的灰度图像，作为 8 位灰度通道存放在图层或通道中，可使用绘图编辑工具对其进行修改，此外，蒙版还可将选区存储为 Alpha 通道。

11.5　蒙版的基本操作

在 Photoshop 中，蒙版有着非常重要的作用，使用蒙版可以恢复一些操作，便于图像的修改，而不需要删除图像，以避免用户出现误操作，造成不可弥补的情况。

11.5.1　创建蒙版

在 Photoshop 中，用户可以创建快速蒙版、图层蒙版、剪贴蒙版、矢量蒙版和文字蒙版等几种蒙版。其中，文字蒙版是通过横排文字蒙版工具和直排文字蒙版工具创建的。下面讲解各种蒙版的创建方法。

图层蒙版又分为普通图层蒙版、剪贴蒙版、矢量图层蒙版以及调整图层蒙版等。

1．创建快速蒙版

快速蒙版是临时性的蒙版，可暂时在图像表面产生一种与保护膜类似的保护装置，可通过快速蒙版绘制选区。其使用方法是，打开需创建蒙版的图像，在工具箱中单击◙按钮，再在工具箱中选择画笔工具✐。使用鼠标在图像中需建立蒙版的区域进行涂抹，涂抹的区域为透明的红色，如图 11-31 所示。在工具箱中单击◙按钮，退出快速蒙版，如图 11-32 所示。

需要注意的是，用画笔工具进行涂抹的区域，为被保护区域将不能被编辑。

图 11-31　使用快速蒙版　　　　　　　图 11-32　通过快速蒙版创建的选区

2．创建图层蒙版

图层蒙版存在于图层中的图像之上，使用图层蒙版可控制图层中不同区域的隐藏或显示，通过编辑图层蒙版可将各种特殊效果应用于图层中的图像上，且不会影响该图层的像素。

Photoshop CS6 为用户提供了多种创建图层蒙版的方法，用户可以根据需要选择，创建图层蒙版的常见方法如下。

◗ **直接创建图层蒙版**：选择要添加图层蒙版的图层。单击"图层"面板底部的◙按钮。创建的图层蒙版默认填充色为白色，如图 11-33 所示，表示全部显示图层中的图像。如果在按住"Alt"键的同时单击◙按钮，则创建后的图层蒙版中填充色为黑色，如图 11-34 所示，表示全部隐藏图层中的图像。

◗ **利用选区创建图层蒙版**：选择要添加图层蒙版的图层，绘制选区。选择【图层】/【图层蒙版】命令，在弹出的子菜单中选择相应的命令，即可隐藏或显示需要的区域。

按"Q"键可快速进入或退出快速蒙版。

图 11-33　填充白色显示所有图像

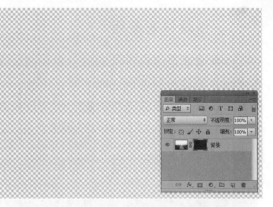

图 11-34　填充黑色隐藏所有图像

11.5.2　创建矢量蒙版和剪贴蒙版

在处理图像时经常使用矢量蒙版和剪贴蒙版。使用矢量蒙版可在图层上创建边缘明显的图像，使用剪贴蒙版可以根据一个图像形状限制剪切蒙版上方图层的显示范围。使用剪贴蒙版可以控制多个图层，而矢量蒙版只能控制一个图层。

实例 11-6　为"玩具海报"图像创建蒙版 ●●●

参见　光盘\素材\第 11 章\玩具海报.psd、公仔.psd
光盘　光盘\效果\第 11 章\玩具海报.psd　　　　　　　>>>>>>>>>>

1 打开"玩具海报.psd"图像，如图 11-35 所示，再打开"公仔.psd"图像，使用移动工具，将"1"图层移动到"玩具海报"图像中，按"Ctrl+T"快捷键旋转并调整图像的大小，将图像移动到图像右上角，如图 11-36 所示。

图 11-35　打开图像

图 11-36　移动图像

2 在工具箱中选择自定形状工具 ，在其工具属性栏的"形状"下拉列表框中选择 选

创建矢量蒙版时不但能使用形状工具进行创建，还能使用钢笔工具进行创建。

项，在"创建对象"下拉列表框中选择"路径"选项，使用鼠标在添加的图像中绘制
形状，如图 11-37 所示。

3 按"Ctrl"键并在"图层"面板底部单击 按钮。为图像添加矢量蒙版，效果如图 11-38
所示。

图 11-37 绘制形状 　　　　　　　　图 11-38 为图像添加矢量蒙版

4 使用移动工具，在"公仔.psd"图像中将"底纹"图层移动到"玩具海报"图像中，
如图 11-39 所示。

5 使用移动工具，在"公仔.psd"图像中将"2"图层移动到"玩具海报"图像中，并
缩放、旋转图像，如图 11-40 所示。

图 11-39 移动图像 　　　　　　　　图 11-40 缩放并旋转图像

6 选择【图层】/【创建剪贴蒙版】命令。在"图层"面板中选择"底纹"图层。选择
【图层】/【图层样式】/【外发光】命令，在弹出的"图层样式"对话框中单击 确定
按钮，效果如图 11-41 所示。

7 使用相同的方法，在"公仔"图像中将底纹移动到"玩具海报"图像中，再将"公仔"
图像中的图层"2~4"移动到"玩具海报.psd"中，并创建剪贴图层，设置相同的图
层样式，效果如图 11-42 所示。

在绘制路径时，如图像形状位置或大小不合适，可在工具箱中选择路径选择工具 ，对绘制的
路径进行编辑。

图 11-41　创建剪贴蒙版

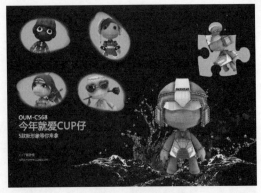

图 11-42　最终效果

11.5.3　编辑蒙版

在蒙版中，黑色代表不显示图像效果，白色代表显示图像效果。可通过画笔工具使用黑色和白色对蒙版进行编辑。

 为"新月"图像编辑蒙版 ●●●

下面打开"新月.jpg"图像，将"红发"图像移动到"新月"图像中，对图层添加并编辑蒙版。

参见光盘　光盘\素材\第 11 章\新月.jpg、红发.jpg、光点.psd
光盘\效果\第 11 章\新月.psd

1 打开"新月.jpg"图像和"红发.jpg"图像，如图 11-43 和图 11-44 所示。

图 11-43　新月图像

图 11-44　红发图像

2 选择"红发.jpg"图像，再选择【图像】/【图像旋转】/【水平翻转画布】命令将图像进行翻转。

3 使用移动工具将"红发.jpg"图像移动到"新月.jpg"图像中，并将"红发.jpg"图像

选择【图层】/【栅格化】/【矢量蒙版】命令，可将矢量蒙版转换为普通蒙版。

缩放到和"新月"图像大小一样。在"图层"面板底部单击 回 按钮，为图层添加蒙版，如图 11-45 所示。

4 在"图层"面板中，选择"图层 1"图层的蒙版缩略图，再在工具箱中选择渐变工具 回，在其工具属性栏中设置"渐变样式"为"黑白渐变"。使用鼠标从右向左拖动，直到人物头部再释放鼠标，如图 11-46 所示。

图 11-45　为图层添加蒙版

图 11-46　复制渐变

5 按"D"键还原前景色和背景色，在工具箱中选择画笔工具 ，在其属性栏中设置"不透明度"、"流量"分别为"40%"、"40%"。使用鼠标对图像左上角及右边进行涂抹，将图像背景显示出来，如图 11-47 所示。

6 在工具箱中选择横排文字工具 T，在其工具属性栏中设置"字体"、"字体大小"、"颜色"分别为"Old English Text MT"、"70 点"、"白色"，在图像左上角输入"Jessica"。

7 选择【图层】/【图层样式】/【外发光】命令，在打开的对话框中设置"不透明度"、"扩展"、"大小"分别为"55"、"22"、"16"，单击 确定 按钮。

8 打开"光点.psd"图像，使用移动工具将"光点"图层移动到"新月"图像中，并设置"光点"图层的图层"混合模式"为"亮光"，最终效果如图 11-48 所示。

图 11-47　编辑图层蒙版

图 11-48　最终效果

操 作 提 示

如删除图层蒙版效果，只需在"图层"面板中选择需要删除的蒙版，单击 按钮，在弹出的对话框中单击 删除 按钮即可。

11.6　提高实例——制作清新童话风

本章的提高实例将制作童话风格的图像，在制作时将通过新建图层、通道、应用图像和设置调整图层等方法，通过在图像中分离颜色色调分别调整图像，最终效果如图 11-49 所示。

图 11-49　制作清新童话风图像

11.6.1　行业分析

　　本例制作的清新童话风图像，是图像人像风格处理的一种风格。该处理风格意在将观赏者带入充满幻想的童话世界，所以会通过在图像中增加模糊感，制作梦幻效果。适合使用童话风的图像一般是儿童照和女性照片。

　　童话风图像根据拍摄手法、处理方法不同，出现的风格也有所不同。处理童话风时有几种常见的区别，分别如下。

- ▶ **洛可可风格：**洛可可风格来自法国，其设计以追求纤巧、精美又浮华和繁琐著称。洛可可风格的装饰中多出现漩涡、波状和浑圆体。
- ▶ **哥特式风格：**哥特式风格设计多以深色为主，它们夸张、不对称而又奇特。这种设计思想往往造成哥特式风格的作品很抢眼，不入俗流。
- ▶ **巴洛克风格：**巴洛克风格以强调"运动"与"转变"为特点。设计风格轻盈、舞动，和洛可可风格精美的主旨相似，却没有那么繁琐。

11.6.2　操作思路

　　为更快完成本例的制作，并且尽可能运用本章讲解的知识，本例的操作思路如下。

　　在处理图像前，一般都需要先复制一个图层，以免用户误操作。

操作思路:

调整图像以及输入文字 ④

分别处理图像色调 ③

通过"通道"面板分离图像色调 ②

复制图层 ①

11.6.3　操作步骤

下面介绍制作清新童话风图像的方法，其操作步骤如下：

参见
光盘

光盘\素材\第 11 章\童话风.jpg
光盘\效果\第 11 章\童话风.psd
光盘\实例演示\第 11 章\制作清新童话风　

1 打开"童话风.jpg"，按"Ctrl+J"快捷键复制该图层。

2 选择【图像】/【应用图像】命令，在打开的"应用图像"对话框中设置"通道"、"混合"、"不透明度"分别为"RGB"、"滤色"、"60"，单击 确定 按钮，如图 11-50 所示。

3 选择"图层 1"，在打开的"通道"面板中单击▦按钮，将图像中的高光部分载入选区。按"Ctrl+J"快捷键剪切选区并新建图层，返回"图层"面板，将新建的图层命名为"高光"，如图 11-51 所示。

图 11-50　设置"应用图像"对话框

图 11-51　分离高光部分

4 选择"图层 1"，打开"通道"面板。单击▦按钮，将图像中的高光部分载入选区。按"Shift+F7"快捷键创建暗调选区，按"Ctrl+J"快捷键剪切选区并新建图层，返回"图层"面板，将新建图层命名为"暗调"，如图 11-52 所示。

操 作 提 示

通过"通道"面板分离色调后，可更加方便细致地调整图像的颜色。

5 选择 "图层 1"，选择【图像】/【计算】命令。在打开的 "计算" 对话框中设置 "通道" 为 "灰色"，单击 确定 按钮，如图 11-53 所示。Photoshop 将自动创建 "Alpha 1" 通道。

图 11-52　分离暗调部分　　　　　　　　　图 11-53　设置计算

6 在 "通道" 面板中选择 "Alpha 1" 通道。单击▦按钮，载入 Alpha 通道选区，再选择 "RGB" 通道。

7 按 "Ctrl+J" 快捷键，剪切选区并新建图层，将该图层命名为 "中间调"。将 "中间调" 图层放置在 "高光" 和 "暗调" 图层中间，如图 11-54 所示。

8 设置 "高光" 图层的图层 "混合模式" 为 "滤色"，"不透明度" 为 "60%"。选择 "暗调" 图层，选择【滤镜】/【杂色】/【减少杂色】命令，在打开的 "减少杂色" 对话框中设置 "强度"、"保留细节"、"锐化细节" 分别为 "5"、"60"、"40"，单击 确定 按钮，如图 11-55 所示。

图 11-54　分离中间调部分　　　　　　　　　图 11-55　减少杂色

9 选择 "中间调" 图层，选择【滤镜】/【模糊】/【高斯模糊】命令，打开 "高斯模糊" 对话框。设置 "半径" 为 "4"，单击 确定 按钮，如图 11-56 所示。

　　无论对通道蒙版使用什么滤镜，只改变蒙版的保护范围，即选区的范围，不会对图像产生任何影响。

10 选择"高光"图层，选择【滤镜】/【杂色】/【减少杂色】命令，打开"减少杂色"对话框，设置"强度"、"保留细节"、"减少杂色"、"锐化细节"分别为"8"、"0"、"100"、"0"，如图 11-57 所示，单击 确定 按钮。

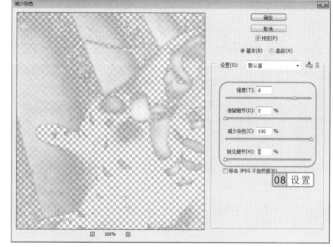

图 11-56　设置高斯模糊

图 11-57　设置减少杂色

11 在"图层"面板中单击 ⊘ 按钮，在弹出的菜单中选择"可选颜色"命令，在"属性"面板的"颜色"下拉列表框中选择"中性色"，设置"青色"、"洋红"、"黄色"、"黑色"分别为"+7"、"+8"、"+11"、"+12"。再在"颜色"下拉列表框中选择"黑色"，设置"青色"、"洋红"、"黄色"、"黑色"分别为"+6"、"-12"、"+1"、"-2"，如图 11-58 所示。

12 按"Shift+Ctrl+Alt+E"组合键盖印图层。使用矩形选区工具，在图像中绘制一个矩形选区，如图 11-59 所示。

图 11-58　设置黑色

图 11-59　绘制选区

13 按"Q"键，进入快速蒙版。选择【滤镜】/【像素】/【碎片】命令。按"Ctrl+F"快捷键重复滤镜，再按"Q"键退出快速蒙版。

14 选择【选择】/【反向】命令，将前景色设置为白色，按"Alt+Delete"快捷键，使用

制作童话风图像时，使用有大面积绿色、金色的图像效果会更好。

前景色填充图像，取消选区。

15 在工具箱中选择横排文字工具 T，在其工具属性栏中设置"字体"、"字体大小"、"颜色"分别为"Blackletter686 BT"、"24 点"、"白色"。使用鼠标在图像左下角单击，输入"Alice"。

11.7　提高练习——合成暗夜天使

本章主要介绍了通道、蒙版的使用方法。通道和蒙版都是图像处理过程中经常使用到的，通过通道处理的图像颜色层次更加完美。而蒙版则能保护图层不受误操作的影响。

　　本次练习将制作暗夜天使效果，首先将人物移动到"暗夜天使"图像中。为人物添加蒙版，并通过蒙版去掉人物的背景。打开"翅膀"图像，并将翅膀图像移动到"暗夜天使"图像中，然后盖印图层，使用加深工具加深人物的阴影。最后新建图层，使用画笔工具在图像上单击，绘制光点的效果如图 11-60 所示。

图 11-60　合成暗夜天使效果

 参见
光盘 光盘\素材\第 11 章\暗夜天使.jpg、婚纱.jpg、翅膀.psd
光盘\效果\第 11 章\暗夜天使.psd
光盘\实例演示\第 11 章\合成暗夜天使效果 >>>>>>>>>

该练习的操作思路与关键提示如下。

 操作思路：

使用加深工具处理人物阴影，添加光点 ③

添加"翅膀"图层，编辑蒙版并盖印图层 ②

编辑蒙版 ①

 专家指导

264

　　在为人物编辑蒙版时，可以使用多边形套索工具为人物身下的桌子建立选区，再使用画笔工具进行涂抹。

↓ **关键提示:**

绘制光点的画笔工具，设置"画笔样式"、"不透明度"、"流量"分别为"圆角边"、"100%"、"100%"。设置绘制光点的图层"不透明度"为"60%"。

11.8　知识问答

在使用蒙版和通道的过程中，难免会遇到一些难题，如在通道中载入选区、通道中为什么填充后出现渐隐效果等。下面将介绍使用蒙版和通道过程中常见的问题及解决方案。

问：使用选区工具可以在绘制过程中实现选区的合并、相减或交叉，普通通道用于存储选区，能不能对通道内的选区进行合并、相减或交叉运算呢？

答：可以，载入一个通道中的选区作为当前选区，选择【选择】/【载入选区】命令，在打开的"载入选区"对话框中的"操作"栏下选择相应的运算方式，然后在"通道"下拉列表中选择要运算的通道。

问：使用渐变工具填充通道并载入通道中的选区后，在某个图层上填充某种颜色，发现填充后的颜色具有渐隐效果，这是为什么？

答：如果通道中填充的颜色为白色，表示载入后的选区没有羽化效果，如果填充的颜色为任意深度的灰色，则表示载入后的选区未完全选择选区内的区域，具有不同程度的羽化效果，所以填充后的图像具有渐隐效果。

和蒙版相关的操作

在图像中添加图层蒙版后，保存文件时可将应用到图像中的蒙版效果和图层一起保存，也可删除不需要的图层蒙版，其具体方法分别如下。

- ◎ **应用图层蒙版**：应用图层蒙版是指保留图层蒙版效果。在需要应用图层蒙版的蒙版缩略图中右击，在弹出的快捷菜单中选择"应用图层蒙版"命令，应用蒙版后图像效果并未变化，而图层蒙版将被取消。
- ◎ **删除图层蒙版**：如不需要图层蒙版，可将图层蒙版删除。右击蒙版缩略图，在弹出的快捷菜单中选择"删除图层蒙版"命令。
- ◎ **停用图层蒙版**：停用图层蒙版是指在保留蒙版的情况下，将图层中的图像恢复为添加蒙版前的效果，需要时再启用该图层蒙版。停用图层蒙版的操作方法是，在蒙版缩略图上右击，在弹出的快捷菜单中选择"停用图层蒙版"命令。停用后其蒙版缩略图上将出现一个红色"×"标记。当需要再次应用该蒙版效果时，单击蒙版缩略图，在弹出的快捷菜单中选择"启用图层蒙版"命令即可。

使用图层蒙版可为特定的图层创建蒙版，常常用于制作图层与图层之间的特殊混合效果。

第12章 •••

滤镜的高级应用

锐化类滤镜

常用滤镜

其他滤镜

画笔描边类滤镜

艺术效果类滤镜

模糊类滤镜

本章将主要介绍滤镜的高级应用，通过本章的学习，可做出更多精美的图片效果。本章主要讲解扭曲、画笔描边、素描、纹理、艺术效果、风格化、像素化、杂色、模糊、渲染和锐化等滤镜组。

本章导读

12.1　常用滤镜

在日常的平面处理中，为了便于快速找到常用的一些滤镜，Photoshop CS6 将这些滤镜集合在滤镜组中，极大地提高了图像处理的灵活性、机动性和工作效率。下面将讲解常用滤镜的效果和使用方法。

12.1.1　风格化滤镜组

风格化滤镜组主要通过移动和置换图像的像素并提高图像像素的对比度来产生印象派及其他风格化效果。该滤镜组提供了 8 种滤镜，选择【滤镜】/【风格化】命令，在弹出的子菜单中选择相应命令即可。

1．"照亮边缘"滤镜

"照亮边缘"滤镜可在图像中颜色对比反差较大的边缘产生发光效果，并加重显示发光轮廓，如图 12-1 所示为原图，如图 12-2 所示为使用"照亮边缘"滤镜的效果。

2．"等高线"滤镜

"等高线"滤镜可沿图像的亮区和暗区的边界绘制出比较细、颜色比较浅的轮廓效果，如图 12-3 所示为设置"等高线"滤镜。

"等高线"对话框中主要参数作用如下。

▶　"色阶"数值框：用于设置描绘轮廓的亮度分级。

▶　"边缘"栏：用于选择描绘轮廓的区域。选中 ◉较低(L) 单选按钮可编辑较暗的区域；选中 ◉较高(U) 单选按钮可编辑较亮的区域。

图 12-1　原图　　　　图 12-2　使用"照亮边缘"滤镜　　　图 12-3　设置"等高线"滤镜

选择【滤镜】/【滤镜库】命令，在打开的"滤镜库"对话框的"风格化"滤镜组中也可找到"照亮边缘"滤镜。

3．"风"滤镜

"风"滤镜可用于在图像中添加一些短而细的水平线来模拟风吹效果，如图 12-4 所示为设置"风"滤镜。

"风"对话框中主要参数作用如下。

◐ **"方法"栏**：用于设置风吹的效果，包括"风"、"大风"和"飓风"。

◐ **"方向"栏**：用于设置风吹的方向，包括从左向右吹或从右向左吹。

4．"浮雕效果"滤镜

"浮雕效果"滤镜可将图像中颜色较亮的图像分离出来，并将周围的颜色亮度降低，生成浮雕效果，如图 12-5 所示为设置"浮雕效果"滤镜。

"浮雕效果"对话框中主要参数作用如下。

◐ **"高度"数值框**：用于设置图像浮雕的凸起高度。

◐ **"数量"数值框**：用于设置源图像细节和颜色的保留范围。

5．"扩散"滤镜

使用"扩散"滤镜可以使图像产生透过磨砂玻璃观察图像的分离模糊效果，如图 12-6 所示为设置"扩散"滤镜。

"扩散"对话框中主要参数作用如下。

◐ ◉**变暗优先(D)单选按钮**：用较暗颜色替换较亮颜色产生扩散效果。

◐ ◉**变亮优先(L)单选按钮**：用较亮颜色替换较暗颜色产生扩散效果。

◐ ◉**各向异性(A)单选按钮**：通过对比图像中的暗亮颜色来产生扩散效果。

◐ ◉**正常(N)单选按钮**：图像中的所有颜色都产生扩散效果。

图 12-4　设置"风"滤镜　　图 12-5　设置"浮雕效果"滤镜　　图 12-6　设置"扩散"滤镜

6．"拼贴"滤镜

"拼贴"滤镜可将图像分割成若干小块并进行位移，以产生瓷砖拼贴般效果，如图 12-7

"浮雕"对话框的"角度"数值框用于设置浮雕效果光源的方向。在"扩散"对话框中选中 ◉正常(N) 单选按钮，通过像素点的随机移动来实现图像的扩散效果。

所示为设置"拼贴"滤镜。

"拼贴"对话框中主要参数作用如下。

- "拼贴数"数值框：设置在图像每行和每列显示的贴块数。
- "最大位移"数值框：设置贴块偏移原始位置的最大距离。

7."曝光过度"滤镜

"曝光过度"滤镜可使图像产生正片和负片混合的效果，类似摄影中增加光线强度产生的过度曝光效果，如图 12-8 所示为使用"曝光过度"滤镜的效果。

8."凸出"滤镜

"凸出"滤镜可将图像分成一系列大小相同并有机叠放的三维块或立方体，从而扭曲图像并创建特殊的三维背景效果，如图 12-9 所示为设置"凸出"滤镜。

"凸出"对话框中主要参数作用如下。

- "类型"栏：用于设置凸出的三维块形状。
- "大小"数值框：用于设置三维块的大小，该值越大三维块越大。
- "深度"数值框：用于设置凸出深度，其后的两个单选按钮表示三维块的排列方式。

图 12-7　设置"拼贴"滤镜　　图 12-8　设置"曝光过度"滤镜　　图 12-9　设置"凸出"滤镜

12.1.2　模糊滤镜组

模糊滤镜组通过削弱图像中相邻像素的对比度，使相邻的像素产生平滑过渡效果，从而产生边缘柔和、模糊的效果。选择【滤镜】/【杂色】命令，在弹出的子菜单中选择相应的命令即可使用该滤镜组。

1.表面模糊

"表面模糊"滤镜在模糊图像时可模糊边缘以外的区域，用于创建特殊效果以及去除

在"凸出"对话框中选中☑立方体正面(F)复选框，将只对立方体的表面填充物体的平均色。选中☑蒙版不完整块(M)复选框，将使所有的图像都包括在凸出范围之内。

杂点和颗粒。如图 12-10 所示为原图，如图 12-11 所示为设置"表面模糊"滤镜。

"表面模糊"对话框中主要参数作用如下。

- "半径"数值框：用于设置模糊取样区域的范围。
- "阈值"数值框：当相邻颜色与取样区域颜色相差大时成为模糊的一部分，颜色相差小时被排除在模糊之外。

2．"动感模糊"滤镜

"动感模糊"滤镜通过对图像中某一方向上的像素进行线性位移来产生运动的模糊效果，如图 12-12 所示为设置"动感模糊"滤镜。"动感模糊"滤镜对话框中的"角度"数值框用于设置模糊方向，"距离"数值框用于设置模糊强度。

　图 12-10　原图　　　图 12-11　设置"表面模糊"滤镜　图 12-12　设置"动感模糊"滤镜

3．"模糊"滤镜

"模糊"滤镜用于对图像中边缘过于清晰的颜色进行模糊处理，达到模糊的效果，该滤镜没有对话框。

4．"进一步模糊"滤镜

"进一步模糊"滤镜与"模糊"滤镜对图像产生的模糊效果相似，但比模糊滤镜的效果强 3～4 倍，该滤镜没有对话框。

5．"方框模糊"滤镜

"方框模糊"滤镜以图像中邻近像素颜色平均值为基准进行模糊，如图 12-13 所示为设置"方框模糊"滤镜。

6．"高斯模糊"滤镜

使用"高斯模糊"滤镜将对图像总体进行模糊处理，如图 12-14 所示为设置"高斯模糊"滤镜。

使用各种模糊工具可模拟镜头焦距的变化效果，使图片更具层次感。

7．"径向模糊"滤镜

"径向模糊"滤镜可以使图像产生旋转或放射状模糊效果，如图 12-15 所示为使用并设置"径向模糊"滤镜。

"径向模糊"对话框中主要参数作用如下。

◉ **"数量"数值框**：用于调节模糊效果的强度，值越大，模糊效果越强。

◉ **"模糊方法"栏**：用于设置模糊的方法，其中包括"旋转"和"缩放"模糊效果。

◉ **"品质"栏**：用于调节模糊质量。

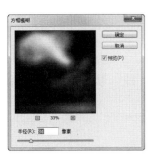

图 12-13　设置"方框模糊"
滤镜

图 12-14　设置"高斯模糊"
滤镜

图 12-15　设置"径向模糊"
滤镜

8．"镜头模糊"滤镜

"镜头模糊"滤镜可使图像模拟摄像时因镜头抖动产生的模糊效果，如图 12-16 所示为设置"镜头模糊"滤镜。

图 12-16　设置"镜头模糊"滤镜

在"径向模糊"对话框的"中心模糊"栏中使用鼠标拖动预览图像位置，可设置模糊向外扩散的起始点。

"镜头模糊"对话框中主要参数作用如下。

- ◎ "**深度映射**"栏：用于调整镜头模糊的远近，使用"模糊焦距"数值框可改变模糊镜头的焦距。
- ◎ "**光圈**"栏：用于调整光圈的形状和模糊范围。
- ◎ "**镜面高光**"栏：用于调整模糊镜面亮度的强弱。
- ◎ "**杂色**"栏：用于设置添加的杂点的多少和分布方式。

9. "平均"滤镜

"平均"滤镜通过对图像中的平均颜色值进行柔化处理，从而产生模糊效果，该滤镜无参数设置对话框。如图 12-17 所示为使用"平均"滤镜的效果。

10. "特殊模糊"滤镜

"特殊模糊"滤镜通过模糊图像边缘以内的区域，从而产生一种只有图像边界清晰的模糊效果，如图 12-18 所示为设置"特殊模糊"滤镜。

11. "形状模糊"滤镜

"形状模糊"滤镜使图像按照用户在"形状模糊"对话框的列表框中选择的形状进行模糊处理，如图 12-19 所示为设置"形状模糊"滤镜。

  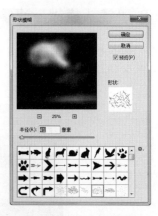

图 12-17　使用"平均"滤镜　图 12-18　设置"特殊模糊"滤镜　图 12-19　设置"形状模糊"滤镜

12.1.3　画笔描边滤镜组

画笔描边滤镜组用于模拟不同的画笔或油墨笔刷来勾画图像，产生绘画效果。该滤镜组提供了 8 种滤镜，全部位于滤镜库，分别为"喷溅"、"喷色描边"、"墨水轮廓"、"强化的边缘"、"成角的线条"、"深色线条"、"烟灰墨"和"阴影线"滤镜。

在"特殊模糊"对话框的"模式"下拉列表中选择"仅限边缘"选项时，模糊后的图像呈黑色效果显示。

1."成角的线条"滤镜

"成角的线条"滤镜使图像中的颜色按一定的方向进行流动,从而产生类似倾斜划痕的效果,如图 12-20 所示为原图,如图 12-21 所示为使用并设置"成角的线条"滤镜。

"成角的线条"对话框中主要参数作用如下。

- "方向平衡"数值框:用于调整笔触线条的画笔的描边方向。
- "描边长度"数值框:用于控制勾绘画笔的长度。
- "锐化程度"数值框:用于控制画笔笔尖的尖锐程度。

2."墨水轮廓"滤镜

"墨水轮廓"滤镜模拟使用纤细的线条在图像原细节上重绘图像,从而生成钢笔画风格的图像效果,如图 12-22 所示为使用并设置"墨水轮廓"滤镜。

"墨水轮廓"对话框中主要参数作用如下。

- "深色强度"数值框:用于控制画笔阴影线条的阴影强度。
- "光照强度"数值框:用于控制画笔高光强度。

图 12-20　原图　　图 12-21　使用"成角的线条"滤镜　图 12-22　使用"墨水轮廓"滤镜

3."喷溅"滤镜

"喷溅"滤镜用于模拟喷枪绘画效果使图像产生笔墨喷溅效果,使用"喷枪"可在画面上喷上许多彩色小颗粒,如图 12-23 所示为使用并设置"喷溅"滤镜。"喷色半径"数值框用于设置喷色的半径大小,"平滑度"数值框用于设置喷色的平滑度。

4."喷色描边"滤镜

"喷色描边"滤镜可使图像产生斜纹飞溅效果,如图 12-24 所示为使用并设置"喷色描边"滤镜。其中,"描边方向"下拉列表框用于设置线条方向。

操 作 提 示

画笔描边类滤镜在 CMYK 和 Lab 颜色模式下无效,应先将图像的色彩模式转换成 RGB 模式后再使用这类滤镜。

5."强化的边缘"滤镜

"强化的边缘"滤镜可使图像中颜色对比较大处产生高亮边缘效果，如图 12-25 所示为使用并设置"强化的边缘"滤镜。

"强化的边缘"对话框中主要参数作用如下。

◯ **"边缘宽度"数值框**：用于调整边缘的宽度，值越大，边缘越宽。

◯ **"边缘亮度"数值框**：用于调整边缘的亮度，值较大，图像效果与白色粉笔相似；值较小，图像效果与黑色油墨相似。

◯ **"平滑度"数值框**：用于调整边缘的平滑程度。

图 12-23　使用"喷溅"　　图 12-24　使用"喷色描边"　　图 12-25　使用"强化的边缘"
滤镜　　　　　　　　　滤镜　　　　　　　　　　滤镜

6."深色线条"滤镜

"深色线条"滤镜将使用短而密的线条来绘制图像中的深色区域，用长而白的线条来绘制图像中颜色较浅的区域，如图 12-26 所示。

"深色线条"对话框中主要参数作用如下。

◯ **"平衡"数值框**：用于控制绘制线条的方向。

◯ **"黑色强度"数值框**：用于控制图像中阴影区强度。

◯ **"白色强度"数值框**：用于控制图像中白色区域强度。

7."烟灰墨"滤镜

"烟灰墨"滤镜模拟使用蘸满黑色油墨的湿画笔在宣纸上绘画的效果，如图 12-27 所示为使用并设置"烟灰墨"滤镜。其中，"强度"数值框用于控制交叉划痕强度。

8."阴影线"滤镜

"阴影线"滤镜可使图像表面生成交叉状倾斜划痕效果，如图 12-28 所示为使用并设置"阴影线"滤镜。其中，"描边压力"数值框用于控制画笔的描边压力，"对比度"数值框用于控制图像整体的对比度。

在制作如素描效果那样需要强调图像轮廓的图像时，就需要使用"烟灰墨"滤镜。

图 12-26　使用"深色线条"滤镜　图 12-27　使用"烟灰墨"滤镜　图 12-28　使用"阴影线"滤镜

12.1.4　素描滤镜组

素描滤镜组用于在图像中添加纹理，使图像产生素描、速写及三维的艺术效果。该滤镜组提供了 13 种滤镜，全部位于滤镜库中，下面分别进行介绍。

1. "半调图案"滤镜

"半调图案"滤镜使用前景色和背景色在图像中产生网板图案效果，如图 12-29 所示为原图，如图 12-30 所示为使用并设置"半调图案"滤镜，其中，"大小"数值框用于设置网点的大小，"对比度"数值框用于设置与前景色的对比度。

2. "便条纸"滤镜

"便条纸"滤镜可模拟凹陷压印图案，使图像产生草纸画效果，如图 12-31 所示为使用并设置"便条纸"滤镜。

"便条纸"对话框中主要参数作用如下。

- ◎ **"图像平衡"数值框**：用于调整前景色和背景色之间的面积比例。
- ◎ **"粒度"数值框**：用于在使用滤镜后使图像中产生颗粒量。
- ◎ **"凸现"数值框**：用于设置使用滤镜后图像的浮雕效果的凹凸度。

图 12-29　原图　　　图 12-30　使用"半调图案"滤镜　图 12-31　使用"便条纸"滤镜

"半调图案"对话框的"图案类型"下拉列表框中包含"网点"、"圆形"和"直线"3 个选项。

3．"粉笔和炭笔"滤镜

"粉笔和炭笔"滤镜可模拟同时使用粉笔和炭笔绘画的效果，如图 12-32 所示为使用并设置"粉笔和炭笔"滤镜。其中，"炭笔区"数值框用于设置炭笔涂抹的区域大小，"粉笔区"数值框用于设置粉笔涂抹的区域大小。

4．"铬黄渐变"滤镜

"铬黄渐变"滤镜用于使图像产生液态金属流动效果，如图 12-33 所示为使用并设置"铬黄渐变"滤镜。"细节"数值框用来设置模拟液态的细节程度。

5．"绘图笔"滤镜

"绘图笔"滤镜使图像产生钢笔画效果，如图 12-34 所示为使用并设置"绘图笔"滤镜。其中，"明/暗平衡"数值框用于调整图像前景色和背景色的比例。当值为 0 时，图像被背景色填充；当值为 100 时，图像被前景色填充。

| 图 12-32　使用"粉笔和炭笔"滤镜 | 图 12-33　使用"铬黄渐变"滤镜 | 图 12-34　使用"绘图笔"滤镜 |

6．"基底凸现"滤镜

"基底凸现"滤镜用来模拟粗糙的浮雕效果，如图 12-35 所示为使用并设置"基底凸现"滤镜。"光照"下拉列表框用于设置基底凸现效果的光照方向。

7．"石膏效果"滤镜

"石膏效果"滤镜可产生一种石膏浮雕效果，且图像以前景色和背景色填充，如图 12-36 所示为使用并设置"石膏效果"滤镜。

8．"水彩画纸"滤镜

"水彩画纸"滤镜模仿在潮湿的纤维纸上涂抹颜色而产生画面浸湿、颜料扩散的效果，如图 12-37 所示为使用并设置"水彩画纸"滤镜。其中，"纤维长度"数值框用于设置使用

素描滤镜组和画笔描边滤镜组类似，都使用前景色和背景色共同对图像产生着色效果，在使用这类滤镜前改变前景色和背景色，则可使应用滤镜后图像的色调发生改变。

边缘扩散的程度和笔触长度。

图 12-35　使用"基底凸现"
滤镜

图 12-36　使用"石膏效果"
滤镜

图 12-37　使用"水彩画纸"
滤镜

9．"撕边"滤镜

"撕边"滤镜可用前景色来填充图像的暗部区，用背景色来填充图像的高亮度区，并且在颜色相交处产生粗糙及撕破的纸片形状效果，如图 12-38 所示为使用并设置"撕边"滤镜。

10．"炭笔"滤镜和"炭精笔"滤镜

"炭笔"滤镜用于模拟使用炭笔绘图的效果，如图 12-39 所示为使用并设置"炭笔"滤镜。"炭精笔"滤镜可模拟使用炭精笔绘图的效果，如图 12-40 所示为使用并设置"炭精笔"滤镜。

图 12-38　使用"撕边"滤镜

图 12-39　使用"炭笔"滤镜

图 12-40　使用"炭精笔"滤镜

11．"图章"滤镜

"图章"滤镜用于模拟图章盖在纸上产生的颜色不连续效果，如图 12-41 所示为使用并设置"图章"滤镜。

12．"网状"滤镜

"网状"滤镜使用前景色和背景色填充图像，产生一种网眼覆盖效果，如图 12-42 所

在"炭精笔"对话框中选中 ☑反相(I) 复选框，可使纹理反转显示。

示为使用并设置"网状"滤镜。

"网状"对话框中主要参数作用如下。

- ◎ "前景色阶"数值框：用于设置前景色在图像中的层次。
- ◎ "背景色阶"数值框：用于设置背景色在图像中的层次。

13．"影印"滤镜

"影印"滤镜用前景色来填充图像高亮区，用背景色来填充图像的暗区，用于模拟影印效果，如图 12-43 所示为使用并设置"影印"滤镜。

图 12-41　使用"图章"滤镜　　图 12-42　使用"网状"滤镜　　图 12-43　使用"影印"滤镜

12.1.5　纹理滤镜组

纹理滤镜组与素描滤镜组类似，也是在图像中添加纹理，以表现出纹理化的图像效果。该滤镜组提供了 6 种滤镜效果，全部位于滤镜库中，下面分别进行介绍。

1．"龟裂缝"滤镜

"龟裂缝"滤镜可以使图像产生龟裂纹理，从而制作出浮雕效果。如图 12-44 所示为使用并设置"龟裂缝"滤镜。

"龟裂缝"对话框中主要参数作用如下。

- ◎ "裂缝间距"数值框：用于设置龟裂纹理之间的距离。
- ◎ "裂缝深度"数值框：用于设置龟裂纹理的深度。
- ◎ "裂缝亮度"数值框：用于设置龟裂纹理的亮度。

2．"颗粒"滤镜

"颗粒"滤镜可在图像中随机加入不同类型的、不规则的颗粒，以使图像产生颗粒纹理效果，如图 12-45 所示为使用并设置"颗粒"滤镜。

"颗粒"对话框中主要参数作用如下。

- ◎ "强度"数值框：用于设置图像中的颗粒密度。
- ◎ "颗粒类型"下拉列表框：用于设置颗粒的类型，包括"常规"、"柔和"和"斑点"

"颗粒"滤镜常被用于为纯色背景增加质感时使用。

等 10 种类型。

图 12-44　使用“龟裂缝”滤镜前后效果对比

图 12-45　使用“颗粒”滤镜

3.“马赛克拼贴”滤镜

“马赛克拼贴”滤镜可使图像产生马赛克网格效果，如图 12-46 所示为使用并设置“马赛克拼贴”滤镜。其中，“缝隙宽度”数值框用于设置马赛克网格间隔的大小，“加亮缝隙”数值框用于设置马赛克网格间隔加亮程度。

4.“拼缀图”滤镜

“拼缀图”滤镜可将图像分割成无数规则的小方块，模拟建筑拼贴瓷砖的效果，如图 12-47 所示为使用并设置“拼缀图”滤镜。其中，“凸现”数值框用于设置拼贴瓷片的凹凸程度。

图 12-46　使用“马赛克拼贴”滤镜

图 12-47　使用“拼缀图”滤镜

5.“染色玻璃”滤镜

“染色玻璃”滤镜可在图像中根据颜色的不同产生不规则的多边形彩色玻璃块，玻璃块的颜色由该块内像素的平均颜色来确定，如图 12-48 所示为使用并设置“染色玻璃”滤镜。

“染色玻璃”对话框中主要参数作用如下。

- **“单元格大小”数值框**：用于设置彩色玻璃块的大小。
- **“边框粗细”数值框**：用于设置彩色玻璃块间距的大小。
- **“光照强度”数值框**：用于设置照射彩色玻璃块灯光的强度。

操作提示

使用“染色玻璃”滤镜可以很轻松地制作教堂的彩色玻璃效果。

6."纹理化"滤镜

使用"纹理化"滤镜可为图像添加预知的纹理图案，使图像产生纹理压痕效果，如图 12-49 所示。

"纹理化"滤镜对话框中主要参数作用如下。

- ▶ **"纹理"下拉列表框**：用于设置选择纹理效果，包括"砖形"、"粗麻布"、"画布"和"砂岩"4 种类型。
- ▶ **"缩放"数值框**：用于调整纹理的尺寸大小。
- ▶ **"凸现"数值框**：用于调整纹理产生的深浅。
- ▶ **"光照"下拉列表框**：用于调整纹理的光照效果方向，包括"上"、"下"、"左下"、"左上"、"左"、"右上"、"右"和"右下"8 个方向。

图 12-48 使用"染色玻璃"滤镜

图 12-49 使用"纹理化"滤镜

12.1.6 艺术效果滤镜组

艺术效果滤镜组主要提供模仿传统绘画手法的滤镜，为图像添加天然或传统的艺术图像效果。该滤镜组提供了 15 种滤镜，全部位于滤镜库中。

1."壁画"滤镜

"壁画"滤镜可使图像产生古壁画粗犷风格效果，如图 12-50 所示为原图，如图 12-51 所示为使用并设置"壁画"滤镜。其中，"纹理"数值框用于调节效果颜色间过渡的平滑度。

2."彩色铅笔"滤镜

"彩色铅笔"滤镜可模拟彩色铅笔在图纸上绘图的效果，如图 12-52 所示为使用并设置"彩色铅笔"滤镜。其中，"纸张亮度"数值框用于控制背景色在图像中的明暗程度，值越大，背景色越明亮。

很多商品广告招贴，在设计个性化图像时会使用"壁画"滤镜对图像进行优化处理。

图 12-50 原图　　图 12-51 使用"壁画"滤镜　　图 12-52 使用"彩色铅笔"滤镜

3．"粗糙蜡笔"滤镜

"粗糙蜡笔"滤镜可模拟使用蜡笔在纹理背景上绘图的效果，生成一种纹理浮雕效果，如图 12-53 所示为使用并设置"粗糙蜡笔"滤镜。

4．"底纹效果"滤镜

"底纹效果"滤镜可使图像产生喷绘图像的效果，如图 12-54 所示为使用并设置"底纹效果"滤镜。其中，"纹理覆盖"数值框用于设置笔触的细腻程度。

5．"干画笔"滤镜

"干画笔"滤镜可使图像产生一种不饱和的、干燥的油画效果，如图 12-55 所示为使用并设置"干画笔"滤镜。

图 12-53 使用"粗糙蜡笔"滤镜　图 12-54 使用"底纹效果"滤镜　图 12-55 使用"干画笔"滤镜

6．"海报边缘"滤镜

"海报边缘"滤镜可减少图像中的颜色复杂度，在颜色变化大的区域边界填上黑色，使图像产生海报画的效果，如图 12-56 所示为使用并设置"海报边缘"滤镜。

"海报边缘"对话框中主要参数作用如下。

- ◎ **"边缘厚度"数值框**：用于调节图像边缘的黑色宽度。
- ◎ **"边缘强度"数值框**：用于调节图像边缘的明暗程度。

操作提示

"底纹效果"滤镜中的"凸现"数值框用于控制图像中纹理的立体程度，值越大，纹理越明显。

◆ "海报化" 数值框：用于调节颜色在图像上的海报效果程度。

7. "海绵" 滤镜

"海绵" 滤镜可使图像产生海绵吸水后的图像效果，如图 12-57 所示为使用并设置 "海绵" 滤镜。其中，"清晰度" 数值框用于设置图像的清晰程度。

8. "绘画涂抹" 滤镜

"绘画涂抹" 滤镜可模拟用手指在湿画上涂抹的模糊效果，如图 12-58 所示为使用并设置 "绘图涂抹" 滤镜。其中，"画笔类型" 下拉列表框用于选择画笔的类型，包括 "简单"、"未处理光照"、"未处理深色"、"宽锐化"、"宽模糊" 和 "火花" 6 种类型。

图 12-56　使用 "海报边缘" 滤镜　图 12-57　使用 "海绵" 滤镜　图 12-58　使用 "绘画涂抹" 滤镜

9. "胶片颗粒" 滤镜

"胶片颗粒" 滤镜可在图像表面产生胶片颗粒状纹理效果，如图 12-59 所示为使用并设置 "胶片颗粒" 滤镜。其中，"颗粒" 数值框用于设置颗粒纹理的密集程度，"高光区域" 数值框用于设置图像中高光区域的范围。

10. "木刻" 滤镜

"木刻" 滤镜可使图像产生类似木刻画般的效果，如图 12-60 所示为使用并设置 "木刻" 滤镜。

"木刻" 对话框中主要参数作用如下。

◆ "色阶数" 数值框：用于设置图像中色彩的层次量。
◆ "边缘简化度" 数值框：用于设置图像边缘的明显程度。
◆ "边缘逼真度" 数值框：用于设置产生的图像痕迹精确度。

11. "霓虹灯光" 滤镜

"霓虹灯光" 滤镜可在图像中颜色对比反差较大的边缘处产生类似霓虹灯发光的效果，

"绘画涂抹" 滤镜与工具箱中的涂抹工具产生的效果类似，但没有涂抹工具产生的颜色流动效果。

如图 12-61 所示为使用并设置"霓虹灯光"滤镜。

图 12-59　使用"胶片颗粒"滤镜　　图 12-60　使用"木刻"滤镜　　图 12-61　使用"霓虹灯光"滤镜

12．"水彩"滤镜

"水彩"滤镜可简化图像细节并模拟水彩笔在图纸上绘画的效果，如图 12-62 所示为使用并设置"水彩"滤镜。其中，"阴影强度"数值框用于设置图像水彩暗部区域的强度，"纹理"数值框用于调节图像的水彩纹理效果。

13．"塑料包装"滤镜

"塑料包装"滤镜可使图像表面产生像透明塑料袋包裹物体时的效果，如图 12-63 所示为使用并设置"塑料包装"滤镜。

图 12-62　使用"水彩"滤镜　　　　　图 12-63　使用"塑料包装"滤镜

14．"调色刀"滤镜

"调色刀"滤镜可减少图像细节，产生类似写意画的效果，如图 12-64 所示为使用并设置"调色刀"滤镜。其中，"软化度"数值框用于调节图像边缘的柔和程度。

15．"涂抹棒"滤镜

"涂抹棒"滤镜可模拟粉笔或蜡笔在图纸上涂抹的效果，如图 12-65 所示为使用并设置"涂抹棒"滤镜。

操作提示

"塑料包装"滤镜和素描类滤镜组中的"铬黄渐变"滤镜产生的效果类似，但"铬黄渐变"滤镜是将前景色和背景色作用于图像，而"塑料包装"滤镜使用图像本身的像素。

图 12-64 使用"调色刀"滤镜

图 12-65 使用"涂抹棒"滤镜

12.1.7 扭曲滤镜组

扭曲滤镜组主要用于对图像进行扭曲变形，该滤镜组提供了多种滤镜，其中"扩散亮光"、"海洋波纹"和"玻璃"滤镜位于滤镜库中，其他滤镜需选择【滤镜】/【扭曲】命令，在弹出的子菜单中选择使用。

1."玻璃"滤镜

"玻璃"滤镜可使图像产生一种透过玻璃观察图像的效果。如图 12-66 所示为原图，如图 12-67 所示为使用并设置"玻璃"滤镜。

2."海洋波纹"滤镜

"海洋波纹"滤镜可使图像产生一种在海水中漂浮的效果，如图 12-68 所示为使用并设置"海洋波纹"滤镜。

图 12-66 原图

图 12-67 使用"玻璃"滤镜

图 12-68 使用"海洋波纹"滤镜

3."扩散亮光"滤镜

"扩散亮光"滤镜用于产生一种弥漫的光热效果，使图像中较亮的区域产生一种光照效果，如图 12-69 所示为使用并设置"扩散亮光"滤镜。

"扩散亮光"对话框中主要参数作用如下。

专家指导

"玻璃"滤镜中有多种纹理效果可供选择，选择不同的纹理所设置的参数也不同，一般情况下，要设置磨砂玻璃效果可直接选择"磨砂"纹理。

- "粒度"数值框：用于确定图像中的光线颗粒数量。
- "清除数量"数值框：用于限定图像中不受光线影响的区域。
- "发光量"数值框：用于设置图像中生成的发光程度。

4．"波浪"滤镜

"波浪"滤镜可通过设置波长使图像产生波浪涌动效果，如图 12-70 所示为设置"波浪"滤镜。

"波浪"对话框中主要参数作用如下。

- "生成器数"数值框：用来设置图像中产生波浪的数量。
- "波长"滑块组：该滑块组中的两个数值框，用于设置波峰间距。
- "波幅"滑块组：该滑块组中的两个数值框，用于设置波动幅度。
- "比例"滑块组：该滑块组中的两个数值框，用于调整水平和垂直方向的波动幅度。
- "类型"栏：该栏中的单选按钮用于设置波动形状。

5．"波纹"滤镜

"波纹"滤镜可使图像产生水波荡漾的涟漪效果，如图 12-71 所示为设置"波纹"滤镜。

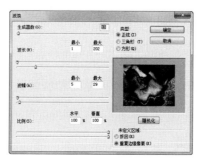

图 12-69　使用"扩散亮光"滤镜　　图 12-70　设置"波浪"滤镜　　图 12-71　设置"波纹"滤镜

6．"极坐标"滤镜

"极坐标"滤镜可通过改变图像的坐标方式使图像产生相对于极坐标的变形效果，如图 12-72 所示为设置"极坐标"滤镜。选中 平面坐标到极坐标(R) 单选按钮，图像将由平面坐标改为极坐标，选中 极坐标到平面坐标(P) 单选按钮，图像将由极坐标改为平面坐标。

7．"挤压"滤镜

"挤压"滤镜可使图像产生向内或向外挤压变形的效果，如图 12-73 所示为设置"挤压"滤镜。其中，"数量"数值框用于控制挤压效果。

操 作 提 示

"波纹"滤镜和"波浪"滤镜都用于设置图像产生水波效果，但"波浪"滤镜比"水波"滤镜具有更多的控制参数。

8．"切变"滤镜

"切变"滤镜可使图像在竖直方向产生弯曲效果。打开"切变"对话框，在方格框中的垂直线上拖动即可创建切变点，如图 12-74 所示为设置"切变"滤镜。

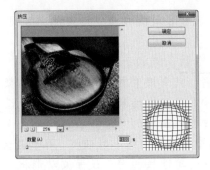
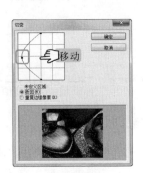

图 12-72　设置"极坐标"滤镜　　图 12-73　设置"挤压"滤镜　　图 12-74　设置"切变"滤镜

9．"球面化"滤镜

"球面化"滤镜可模拟将图像包在球上并扭曲、伸展来适合球面，从而产生球面化效果。其效果与"挤压"滤镜类似，如图 12-75 所示为设置"球面化"滤镜。

10．"水波"滤镜

"水波"滤镜可使图像产生起伏状的水波纹和旋转效果，如图 12-76 所示为设置"水波"滤镜。

11．"旋转扭曲"滤镜

"旋转扭曲"滤镜使图像沿中心产生顺时针或逆时针的旋转风轮效果，如图 12-77 所示为设置"旋转扭曲"滤镜。

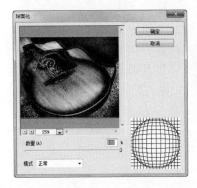

图 12-75　设置"球面化"滤镜　　图 12-76　设置"水波"滤镜　　图 12-77　设置"旋转扭曲"滤镜

在"切变"对话框中选中 ◉折回(W) 单选按钮，则以图像中弯曲的部分来填充空白区域；而选中 ◉重复边缘像素(R) 单选按钮，则以图像中扭曲边缘的像素来填充空白区域。

12.2 其他滤镜

之前学习了图形图像处理中常用的滤镜，在 Photoshop CS6 中还有许多滤镜，虽然使用频率不高，却不可忽视其在图形图像处理中的重要性。下面分别对其进行介绍。

12.2.1 像素化滤镜组

像素化滤镜组主要通过将图像中相似颜色值的像素转化成单元格的方法，使图像分块或平面化。像素化滤镜组包括 7 种滤镜，选择【滤镜】/【像素化】命令，在弹出的子菜单中选择相应的滤镜组命令即可使用。

1. "彩块化"滤镜

"彩块化"滤镜可使图像中纯色或相似颜色凝结为彩色块，从而产生类似宝石刻画般的效果。如图 12-78 所示为使用"彩块化"滤镜前后效果对比，该滤镜没有参数设置对话框。

2. "彩色半调"滤镜

"彩色半调"滤镜可将图像分成矩形栅格并向栅格内填充像素，如图 12-79 所示为使用并设置"彩色半调"滤镜。

图 12-78 使用"彩块化"滤镜前后效果对比   图 12-79 使用"彩色半调"滤镜

3. "点状化"滤镜

"点状化"滤镜可在图像中随机产生彩色斑点，点与点之间的空隙用背景色填充，如图 12-80 所示为设置"点状化"滤镜。其中，"单元格大小"数值框用于控制图像中出现的彩色斑点大小。

像素化滤镜组将图像分块或平面化后，并不真正地改变图像像素的形状，只是在图像中表现出某种基础形状的特征，以形成一些类似像素的形状变化。

4."晶格化"滤镜

"晶格化"滤镜可使图像中相近的像素集中到一个像素的多角形网格中,从而使图像清晰化,如图 12-81 所示为设置"晶格化"滤镜。

5."马赛克"滤镜

"马赛克"滤镜可将图像中具有相似彩色的像素统一合成更大的方块,从而产生类似马赛克般的效果,如图 12-82 所示为设置"马赛克"滤镜。

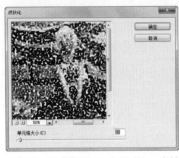  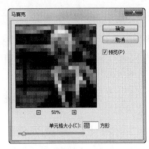

图 12-80　设置"点状化"滤镜　　图 12-81　设置"晶格化"滤镜　　图 12-82　设置"马赛克"滤镜

6."碎片"滤镜

"碎片"滤镜可将图像的像素复制 4 遍,然后将它们平均移位并降低不透明度,从而形成一种不聚焦的"四重视"效果,如图 12-83 所示为使用"碎片"滤镜效果,该滤镜没有对话框。

7."铜版雕刻"滤镜

"铜版雕刻"滤镜可在图像中随机分布各种不规则的线条和孔状斑点,从而产生镂刻的版画效果,如图 12-84 所示为设置"铜版雕刻"滤镜。

图 12-83　使用"碎片"滤镜效果　　　　图 12-84　设置"铜版雕刻"滤镜

专家指导

　　"铜版雕刻"对话框中的"类型"下拉列表用于选择不同的雕刻类型,有精细点、中等点、粒状点、粗网点、短线、中长直线、长线、短描边、中长描边和长边 10 种类型。

12.2.2　杂色滤镜组

　　杂色滤镜组主要用于向图像中添加杂点或去除图像中的杂点，由中间值、减少杂色、去斑、添加杂色和蒙尘与划痕 5 个滤镜组成。选择【滤镜】/【杂色】命令，在弹出的子菜单中选择相应命令即可使用该滤镜组。

1．"减少杂色"滤镜

　　"减少杂色"滤镜用于消除图像中的杂色。如图 12-85 所示为原图，如图 12-86 所示为使用并设置"减少杂色"滤镜。

　　"减少杂色"对话框中主要参数作用如下。

▶ **"强度"数值框**：用于控制减少所有图像颜色亮度的量。

▶ **"保留细节"数值框**：用于控制保留边缘和图像细节的程度。

▶ **"减少杂色"数值框**：用于移去随机的颜色像素。

▶ **"锐化细节"数值框**：用于设置对图像进行锐化的量。

2．"蒙尘与划痕"滤镜

　　"蒙尘与划痕"滤镜可通过将图像中有缺陷的像素融入周围的像素中，从而达到除尘和涂抹的效果，如图 12-87 所示为设置"蒙尘与划痕"滤镜。其中，"阈值"数值框用于确定要进行像素处理的区域，该值越大，图像所能容纳的杂色就越多。

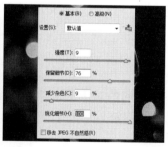
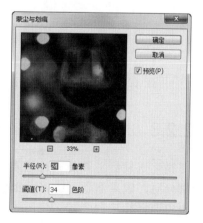

　　图 12-85　原图　　　图 12-86　设置"减少杂色"滤镜　　图 12-87　设置"蒙尘与划痕"滤镜

3．"去斑"滤镜

　　"去斑"滤镜可对图像进行轻微的模糊、柔化，从而达到掩饰图像中细小斑点、消除轻微折痕的效果，该滤镜无参数设置对话框。

　　在"减少杂色"对话框中选中 ☑移去 JPEG 不自然感(R) 复选框，可减少由于使用低 JPEG 品质而出现的图像伪像和光晕。

4. "添加杂色"滤镜

"添加杂色"滤镜用于向图像中随机地混合杂点，并添加一些细小的颗粒状像素，如图 12-88 所示为设置"添加杂色"滤镜。

"添加杂色"对话框中主要参数作用如下。

- "数量"数值框：用于调整杂点的数量，该值越大，效果越明显。
- "分布"栏：用于设置颜色杂点的分布方法。
- ☑单色(M)复选框：选中该复选框，杂点只改变原图的亮度而不改变颜色。

5. "中间值"滤镜

"中间值"滤镜通过混合图像中像素的亮度来减少图像中的杂色，如图 12-89 所示为设置"中间值"滤镜。

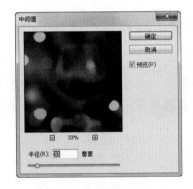

图 12-88　设置"添加杂色"滤镜　　　图 12-89　设置"中间值"滤镜

12.2.3　锐化滤镜组

锐化滤镜组主要是通过增强相邻像素间的对比度来减弱甚至消除图像的模糊，使图像轮廓分明、效果清晰。锐化组提供了 5 种滤镜，选择【滤镜】/【锐化】命令，在弹出的子菜单中选择相应命令即可使用该滤镜组。

1. "USM 锐化"滤镜

"USM 锐化"滤镜将增大相邻像素之间的对比度，使图像边缘清晰。如图 12-90 所示为原图，如图 12-91 所示为设置"USM 锐化"滤镜。其中，"阈值"数值框用于设置锐化的相邻像素的差值。

使用"中间值"滤镜减小杂色，会使图像产生模糊效果，如图像中没有杂色，应用"减少杂色"滤镜后将看不到任何变化。

2．"智能锐化"滤镜

"智能锐化"滤镜通过设置锐化的运算方法对图像进行锐化处理，如图 12-92 所示为使用并设置"智能锐化"滤镜。其中"移去"下拉列表框用于设置锐化的方法。

图 12-90　原图　图 12-91　设置"USM 锐化"滤镜　图 12-92　使用"智能锐化"滤镜

3．"锐化"滤镜

"锐化"滤镜用于增加图像像素间的对比度，使图像清晰化，该滤镜没有对话框。

4．"进一步锐化"滤镜

"进一步锐化"滤镜和"锐化"滤镜效果相似，只是锐化效果更加强烈，该滤镜没有对话框。

5．"锐化边缘"滤镜

"锐化边缘"滤镜用于锐化图像的轮廓，使不同颜色之间的分界更加明显，该滤镜没有对话框。

12.2.4　渲染滤镜组

渲染滤镜组主要是模拟光线的照明效果，该滤镜组提供了 5 种渲染滤镜。选择【滤镜】/【渲染】命令，在弹出的子菜单中选择相应命令即可使用该滤镜组。

1．"云彩"滤镜

"云彩"滤镜通过在前景色和背景色之间随机地抽取像素并完全覆盖图像，从而产生类似柔和云彩的效果。如图 12-93 所示为原图，如图 12-94 所示为使用"云彩"滤镜后的

锐化滤镜组在效果图处理方面运用十分频繁，因为使用 3ds Max 等三维软件渲染后的图像都具有模糊感，需要使用该类滤镜来消除这些模糊效果。

效果，该滤镜没有对话框。

2."分层云彩"滤镜

"分层云彩"滤镜产生的效果与原图像的颜色有关，不同于"云彩"滤镜那样完全覆盖图像，而是在图像中添加一个分层云彩效果，如图 12-95 所示为使用"分层云彩"滤镜后的效果，该滤镜没有对话框。

图 12-93　原图　　　　图 12-94　使用"云彩"滤镜　图 12-95　使用"分层云彩"滤镜

3."纤维"滤镜

"纤维"滤镜将前景色和背景色混合生成一种纤维效果，如图 12-96 所示为设置"纤维"滤镜。

"纤维"对话框中主要参数作用如下。

- "差异"数值框：用于调整纤维的纹理变化形状。
- "强度"数值框：用于设置图像中形成纤维的密度。

4."镜头光晕"滤镜

"镜头光晕"滤镜通过为图像添加不同类型的镜头，从而模拟镜头产生的眩光效果。在"镜头光晕"对话框的预览框中使用鼠标拖动光点，再选择镜头类型即可，如图 12-97 所示为设置"镜头光晕"滤镜。

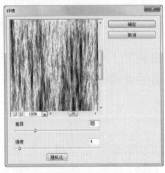

图 12-96　设置"纤维"滤镜　　　　图 12-97　设置"镜头光晕"滤镜

在"纤维"对话框中单击 随机化 按钮，滤镜将随机产生一种纤维效果。

5."光照效果"滤镜

"光照效果"滤镜可对图像使用不同类型的光源进行照射，从而使图像产生类似光线照明的效果。在"光照效果"对话框的预览框中拖动出现的白色框线调整光源大小，再使用鼠标拖动调整白色圈线中间的强度环，最后按"Enter"键确定。如图12-98所示为设置"光照效果"滤镜。此外，用户在"光照效果"面板中也可对光照效果进行设置，不需要使用鼠标拖动白色的框圈或是强度环调整图像效果。

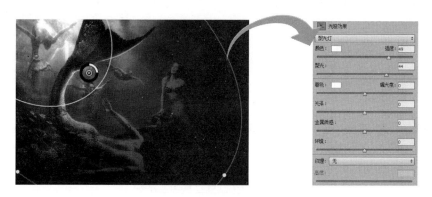

图 12-98　设置"光照效果"滤镜

12.3　提高实例——为图像添加气泡

本章的提高实例将为图像添加气泡，通过新建图像、使用"镜头光晕"、"极坐标"滤镜、编辑选区和使用调色图层等操作来实现。在图像中增加气泡，使图像看起来更有童话效果，如图12-99所示。

图 12-99　为图像添加气泡

设置"光照效果"滤镜后，在"光照效果"的工具属性栏中单击 确定 按钮，也可运用光照效果。

12.3.1　行业分析

　　为图像添加气泡可应用于各种梦幻或科幻风格的设计作品中。通过添加气泡可充实图像画面。

　　使用 Photoshop CS6 在图像天空部分制作气泡可以使气氛更加活泼、纯净，在水中制作气泡可突出图像中水的质感，使观赏者有身临其境的感觉。此外，在水中放置气泡还可为某些图像带来冰冷、阴深的感觉。

12.3.2　操作思路

　　为更快完成本例的制作，并且尽可能运用本章讲解的知识，本例的操作思路如下。

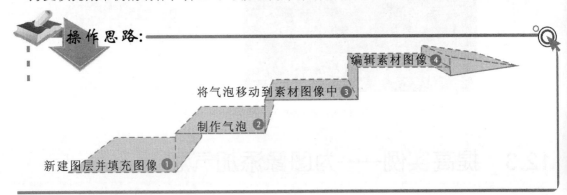

操作思路：
编辑素材图像 4
将气泡移动到素材图像中 3
制作气泡 2
新建图层并填充图像 1

12.3.3　操作步骤

　　下面介绍为图像添加气泡的方法，其操作步骤如下：

　参见　光盘\素材\第 12 章\空中城堡.jpg
　光盘　光盘\效果\第 12 章\空中城堡.psd
　　　　光盘\实例演示\第 12 章\为图像添加气泡　>>>>>>>>>

1　新建一个"600×600 像素"、"分辨率为 300 像素"的图像，并新建图层，用黑色填充图层。

2　选择【滤镜】/【渲染】/【镜头光晕】命令，在打开的"镜头光晕"对话框的预览框中调整光晕的位置，并设置"亮度"为"95"，选中 ⦿ 50-300 毫米变焦(Z) 单选按钮，单击 确定 按钮，如图 12-100 所示。

3　选择【滤镜】/【扭曲】/【极坐标】命令，在打开的"极坐标"对话框中选中 ⦿ 极坐标到平面坐标(P) 单选按钮，单击 确定 按钮。

4　选择【编辑】/【变换】/【垂直旋转】命令，垂直旋转图像。

5　选择【滤镜】/【扭曲】/【极坐标】命令，在打开的"极坐标"对话框中选中 ⦿ 平面坐标到极坐标(R)

　　需要注意的是，如果新建文件的像素和文件大小不同，使用滤镜所产生的效果也会有所不同。

单选按钮，单击 确定 按钮，如图 12-101 所示。

图 12-100　"镜头光晕"对话框

图 12-101　"极坐标"对话框

6　在工具箱中选择磁性套索工具，使用鼠标沿着制作的球形图像绘制一个圆形选区，按"Ctrl+T"快捷键缩小图像，按"Enter"键确定变换，如图 12-102 所示。

7　选择【选择】/【改变】/【羽化半径】命令，在打开的"羽化半径"对话框中设置"羽化半径"为"5"，单击 确定 按钮。

8　打开"空中城堡.jpg"图像，使用移动工具将之前制作的圆球移动到"空中城堡"图像中，生成"图层 1"。将"图层 1"的图层"混合模式"设置为"线性减淡（添加）"，按"Ctrl+T"快捷键缩小图像。

9　在"图层"面板中复制几个"图层 1"，并缩放这几个气泡大小，将它们分布在图像上，如图 12-103 所示。

图 12-102　缩小图像

图 12-103　将气泡分散在图像中

10　在"图层"面板中选择"背景"图层，按"Ctrl+J"快捷键复制图层。

11　选择【图像】/【调整】/【色彩平衡】命令，在打开的"色彩平衡"对话框中设置"色阶"为"+59"、"-5"、"+18"，单击 确定 按钮。

12　在工具箱中选择加深工具，使用鼠标在图像四周、建筑、山以及岩石上进行涂抹。

13　在工具箱中选择直排文字工具，在其工具属性栏中设置"字体"、"字体大小"、"颜色"分别为"汉仪蝶语体简"、"18 点"、"白色"。在图像左下角输入"空中城堡"文字。

14　在"图层"面板中双击"空中城堡"文字，在打开的"图层样式"对话框中选中☑外发光和☑投影复选框，单击 确定 按钮。

将制作的气泡移动到不同颜色的背景图像中时，要为气泡图层设置不同的图层混合模式。

12.4 提高练习——制作放射晶体纹理

本章主要介绍了常用滤镜组，如像素化滤镜组、杂色滤镜组、锐化滤镜组以及渲染滤镜组的使用方法。这些滤镜组结合起来可以制作出各种奇妙的效果，其操作方法是用户在进行平面设计时必须掌握的。

本次练习将制作放射晶体纹理效果。其方法是新建一个"600×450 像素"、"分辨率为300 像素"的图像，并新建图层。用黑色填充图层，用"镜头光晕"滤镜在图像中间添加一个镜头光晕效果，用"壁画"滤镜编辑制作的镜头光晕，使其出现类似人类瞳孔的效果。用"凸出"滤镜使图像凸出于画面。用"亮度/对比度"命令调整图像颜色，减少图像中多余杂色。最后在图像中输入"Radiation"文字，并设置"外发光"图层样式，效果如图 12-104所示。

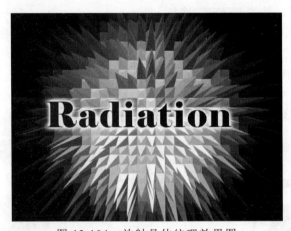

图 12-104 放射晶体纹理效果图

参见 光盘\效果\第 12 章\放射晶体.psd
光盘 光盘\实例演示\第 12 章\制作放射晶体纹理

该练习的操作思路与关键提示如下。

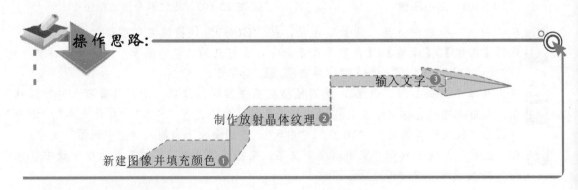

操作思路：

输入文字 ③

制作放射晶体纹理 ②

新建图像并填充颜色 ①

专家指导

若想放射效果没有那么明显，可将"凸出"滤镜的"深度"参数设置得低一些。

↳ **关键提示：**

在"镜头光晕"对话框中设置"亮度"为"160"，选中 50-300 毫米变焦(Z) 单选按钮。

在"壁画"对话框中设置"画笔大小"、"画笔细节"、"纹理"分别为"2"、"8"、"1"。

在"凸出"对话框中设置"大小"、"深度"分别为"20"、"70"，选中 ◉ 金字塔(P) 单选按钮。

在"亮度/对比度"对话框中设置"亮度"、"对比度"分别为"-15"、"40"。

设置文字"字体"、"字体大小"、"颜色"分别为"Elephant"、"18"、"浅黑色（#31282c）"。

"外发光"图层样式设置"不透明度"、"扩展"、"大小"分别为"100"、"14"、"13"。

12.5 知识问答

在使用滤镜的过程中难免会遇到一些难题，如在滤镜对话框中怎样重新调整滤镜效果、混合滤镜效果等。下面将介绍使用滤镜过程中常见的问题及解决方案。

问： 在滤镜执行过程中，要中止滤镜的执行，该如何操作？在滤镜设置窗口中对自己调节的效果感觉不满意，希望恢复到调节前的参数，又该如何操作？

答： 有些滤镜很复杂或是要应用滤镜的图像尺寸很大，执行时需要很长时间，如果想结束正在生成的滤镜效果，按"Esc"键即可。在滤镜窗口中按住"Alt"键不放，这时 ▭取消 按钮会变为 ▭复位 按钮，单击该按钮即可将参数重置为调节前的状态。

问： 若想将滤镜效果和原图效果混合应该怎么办？

答： 执行滤镜命令后，选择【编辑】/【渐隐】命令，在打开的"渐隐"对话框中通过设置不透明度和模式，使滤镜效果和原图效果混合。

✦──知──关联──**外挂滤镜的使用**────────────────────────

Photoshop 自带了大量的滤镜，在要求效率以及效果的设计行业，Photoshop 自带的滤镜有一定的局限性和针对性。为了满足用户的要求，用户可以载入非 Adobe 公司制作而是由别人制作的外挂滤镜。最常见的滤镜有 KPT、EYESCANDY 和 NEATIMAGE 等。

操 作 提 示

扭曲类滤镜中的"玻璃"滤镜和"炭精笔"滤镜，都可在对应的参数设置区中选择使用其他纹理，且可载入格式为 PSD 的图像文件作为纹理。

第13章 •••

动作与批处理图像

执行动作

批处理图像

认识"动作"面板

动作的使用
自动处理图像

在处理大量图像时，会花费很多时间。若对图像进行的是重复的操作，可使用动作与批处理来处理图像。本章将学习动作及其应用范围的相关知识，以及批处理图像的操作方法，以提高用户工作效率。

本章导读

13.1　动作的使用

动作是 Photoshop 的一个特色功能，通过此功能，可以对不同的图像快速进行相同的图像处理，从而大大简化重复性工作的复杂度，还能减少用户因为重复操作而出现的误操作。

13.1.1　什么是动作

动作是将不同的操作、命令及命令参数记录下来，以一个可执行文件的形式存在，供再对图像执行相同操作时使用。

在处理图像过程中，每一步操作都可看作是一个动作，如将若干步操作放到一起，就成了一个动作组。

13.1.2　认识"动作"面板

动作的所有功能都被集合在"动作"面板中，如动作的创建、存储、载入和执行等，因此要掌握并灵活运用动作，须先掌握"动作"面板。选择【窗口】/【动作】命令，或按"Alt+F9"快捷键，打开如图 13-1 所示的"动作"面板，其中常见选项含义如下。

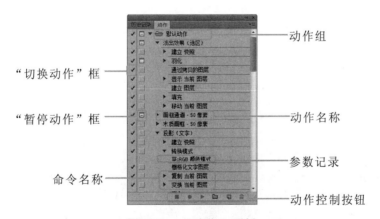

图 13-1　"动作"面板

- **动作组**：用于存储或归类的动作组合，单击"动作"面板底部的 按钮可创建一个新的动作组，在创建过程中会提示为新创建的动作组命名。
- **"暂停动作"框**：若该框中有一个 标记，表示该动作中只有部分步骤设置了暂停；若该框中有一个 标记，表示该步骤在执行过程中会暂停。
- **动作名称**：显示动作的名称，单击面板底部的 按钮创建一个新动作，并且在创建过程中会提示为新创建的动作命名。

默认情况下，"动作"面板只显示"默认动作"动作组，通过快捷菜单还可载入图像效果、处理、文字效果、画框、纹理和视频动作 6 个动作组，每个组内都包含了若干个动作。

- **动作控制按钮**：用于动作的各种控制，从左至右各个按钮的功能依次是停止播放、开始录制动作、播放选定动作、创建动作组、创建动作和删除。
- **"切换动作"框**：该框用于控制动作是否可播放，如该框是空白的，则表示该动作或动作序列是不能播放的；如该框内有一个红色的"√"标记，则表示该动作中有部分动作不能播放；如该框内有一个黑色的"√"标记，则表示该动作组中的所有动作都可以播放。

13.1.3　执行动作

"动作"面板用于存储和编辑动作，将动作包含的图像处理操作应用到图像中，需通过该面板完成。

 为"林中精灵"图像添加画框 ●●●

下面将打开"林中精灵.jpg"图像，在图像中通过"动作"面板，为图像添加"渐变映射"和"滴溅形画框"动作处理图像。

> **参见光盘**　光盘\素材\第 13 章\林中精灵.jpg
> 光盘\效果\第 13 章\林中精灵.psd

1. 打开"林中精灵.jpg"图像，如图 13-2 所示。打开"动作"面板。单击面板上的■按钮，在弹出的快捷菜单中选择"图像效果"命令。
2. 在"动作"面板的列表框中单击"图像效果"动作组前面的▶按钮，展开"图像效果"动作组，选择"渐变映射"动作，然后单击▶按钮，如图 13-3 所示。

图 13-2　打开图像

图 13-3　选择动作

3. 执行动作后，效果如图 13-4 所示。单击"动作"面板上的■按钮，在弹出的下拉菜单中选择"画框"命令。
4. 单击"图像效果"动作组前面的▶按钮，展开"画框"动作组，选择"滴溅形画框"

当动作太多时，不利于用户查找动作，此时需要用户删除多余的动作。其方法是单击面板上的■按钮，在弹出的下拉菜单中选择"复位动作"命令。

动作，单击▶按钮，在"图层"面板中显示"渐变映射 1"图层，效果如图 13-5 所示。

图 13-4　应用渐变映射后的效果

图 13-5　添加画框后的效果

13.1.4　录制新动作

Photoshop 自带了大量动作，但在具体的操作中却很少用到。为了满足图像处理的需要，用户可自行录制新的动作。

录制"淡色蓝紫调"动作 ●●●

参见
光盘　光盘\素材\第 13 章\草地上的松鼠.jpg
　　　光盘\效果\第 13 章\草地上的松鼠.psd、淡色蓝紫调.atn　　>>>>>>>

1 打开"草地上的松鼠.jpg"图像，如图 13-6 所示。打开"动作"面板，单击底部的▢按钮，在打开的"新建组"对话框的"名称"文本框中输入"我的动作"，单击 确定 按钮。

2 在"动作"面板底部单击▢按钮，打开"新建动作"对话框，在其中设置"名称"、"组"、"功能键"分别为"淡色蓝紫调"、"我的动作"、"F12"，单击 记录 按钮，如图 13-7 所示。

图 13-6　打开图像

图 13-7　新建动作

新建动作组是将接下来要创建的动作放置在该组内，如不新建动作组，则新建的动作将放置在当前默认的动作组内，不便于管理。

3　按"Ctrl+J"快捷键复制图层，在"图层"面板底部单击 按钮，在弹出的下拉菜单中选择"通道混合器"命令。在打开的"属性"面板的"输出通道"下拉列表框中选择"蓝"选项。设置"红色"、"绿色"、"蓝色"分别为"-40"、"+140"、"-7"，如图 13-8 所示。

4　在"图层"面板底部单击 按钮，在弹出的下拉菜单中选择"纯色"命令。打开"拾色器（纯色）"对话框，在其中设置颜色为"紫色（#903793）"，单击　　按钮。

5　设置"颜色填充 1"，调整图层的图层"混合模式"为"亮光"，"不透明度"为"30%"，如图 13-9 所示。

图 13-8　设置"通道混合器"

图 13-9　设置纯色调整图层

6　在"图层"面板底部单击 按钮，在弹出的下拉菜单中选择"可选颜色"命令，在打开的"属性"面板的"颜色"下拉列表框中选择"红色"，设置"青色"、"洋红"、"黄色"、"黑色"分别为"+42"、"0"、"+100"、"+32"。

7　在"属性"面板的"颜色"下拉列表框中选择"中性色"，设置"青色"、"洋红"、"黄色"、"黑色"分别为"+2"、"+3"、"+7"、"0"。

8　在"属性"面板的"颜色"下拉列表框中选择"白色"，设置"黄色"为"+74"，如图 13-10 所示。在"动作"面板中单击 按钮完成录制，如图 13-11 所示。

图 13-10　设置"可选颜色"

图 13-11　完成录制

完成录制后，可选中动作名称，单击面板上的 按钮，在弹出的提示对话框中单击　确定　按钮，将不需要的动作删除。

9 在"动作"面板中选择"我的动作"。单击面板中的 ■■■ 按钮，在弹出的下拉菜单中选择"存储"命令，在其中设置动作组的保存位置，单击 保存(S) 按钮。

13.2 命令的使用

在 Photoshop 中除了使用动作处理图像外，还提供了一些常用的自动处理图像功能，通过这些功能，用户可以轻松而快速地完成对多个图像的同时处理。

13.2.1 使用"批处理"命令

使用"动作"面板一次只能对一个图像执行动作，如要对一个文件夹下的所有图像同时应用某动作，可通过"批处理"命令实现。其方法是，将要处理的所有图像移动到一个文件夹，选择【文件】/【自动】/【批处理】命令，打开"批处理"对话框，在其中设置"动作"、"源"、"目标"等参数后即可完成图像的批处理，如图 13-12 所示。

图 13-12 "批处理"对话框

"批处理"对话框中各选项的作用如下。

◐ **"组"下拉列表框**：在该下拉列表框中可选择所要执行的动作所在的组。

◐ **"动作"下拉列表框**：在该下拉列表框中可选择所要应用的动作。

◐ **"源"栏**：用于选择需要批处理的图像文件来源。选择"文件夹"选项，单击 选择(C)... 按钮可查找并选择需要批处理的文件夹；选择"导入"选项，则可导入从其他途径获取的图像，从而进行批处理操作；选择"打开的文件"选项，可对所有已经打开的图像文件应用动作；选择 Bridge 选项，可对 Bridge 中选取的文件应用动作。

执行图像批处理系统自带的其他动作组内的动作时，要先通过快捷菜单载入到"图层"面板中，然后才能在"批处理"对话框中选择需要的动作。

● "**目标**"栏：用于选择处理文件的目标。选择"无"选项，表示不对处理后的文件做任何操作；选择"存储并关闭"选项，可将进行批处理的文件存储并关闭以覆盖原来的文件；选择"文件夹"选项并单击下面的 选择(C)... 按钮，可选择目标文件所保存的位置。

● "**文件命名**"栏：在"文件命名"栏中的 6 个下拉列表框中，可指定目标文件生成的命名形式。在该选项区域中还可指定文件名的兼容性，如 Windows、Mac OS 以及 UNIX 操作系统。

● "**错误**"下拉列表框：在该下拉列表框中可指定出现操作错误时软件的处理方式。

13.2.2 使用"PDF 演示文稿"命令

办公中为了方便携带一些效果图或人物照图像，可使用 PDF 的方式存储，该方式不但容量小，且文件数量也很少。Photoshop 能直接创建 PDF 演示文稿，其创建方法是，选择【文件】/【自动】/【PDF 演示文稿】命令，打开"PDF 演示文稿"对话框，单击 浏览(B)... 按钮，打开"打开"对话框，选择要创建为演示文稿的多个图像，单击 打开(0) 按钮。选中 ● 演示文稿(P) 单选按钮，如图 13-13 所示。单击 存储 按钮，打开"存储"对话框，设置保存地址以及文件名，单击 保存(S) 按钮，如图 13-14 所示。

图 13-13 设置 PDF 演示文稿

图 13-14 存储文稿

13.2.3 使用"裁剪并修齐照片"命令

办公时为了节约时间，会同时扫描多幅照片，但扫描出的图像需要后期进行分割、修

在"PDF 演示文稿"对话框的"过度效果"下拉列表框中可对演示文稿的翻页效果进行设置。

正，而使用 Photoshop 提供的"裁剪并修齐照片"命令则能快速完成以上操作。其使用方法是，打开要处理的图像，如图 13-15 所示。按"Ctrl+A"快捷键选择整幅图像，再使用移动工具将图像向上稍微移动，然后选择【文件】/【自动】/【裁剪并修齐照片】命令，原图像中的图像被单独分离出来，如图 13-16 所示。

图 13-15　打开图像

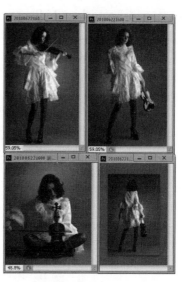

图 13-16　裁剪对齐后的图像

13.2.4　使用"联系表 II"命令

"联系表 II"命令可将一个文件夹中的图像集成组成一个新的图片文件。通过该命令处理的图像便于预览和打印。其使用方法是，选择【文件】/【自动】/【联系表 II】命令，打开如图 13-17 所示的"联系表 II"对话框，在其中对各参数进行设置即可实现操作。对话框中各选项的作用如下。

- ◎ "**源图像**"栏：用于选择操作对象。
- ◎ "**文档**"栏：用于设置图片的参数。
- ◎ "**缩览图**"栏：用于设置缩略图的参数。
- ◎ "**将文件名用作题注**"栏：用于设置缩览图注释的内容和字体。

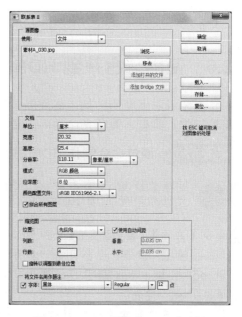

图 13-17　"联系表 II"对话框

制作证件照时，经常会使用到"联系表 II"命令。

13.2.5　使用 Photomerge 命令

拍摄照片时，由于相机镜头等客观因素的影响。在拍摄景物时无法将所有景物放入镜头中。而使用 Photoshop 的 Photomerge 功能，可将多次拍摄景物的各个部分快速拼合起来合成一幅完整的照片。其使用方法是，选择【文件】/【自动】/Photomerge 命令，将弹出如图 13-18 所示的 Photomerge 对话框，在其中选择需进行合成的图像，单击 确定 按钮即可快速合成照片。

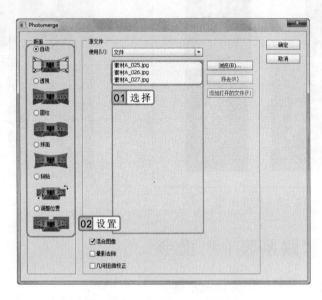

图 13-18　Photomerge 对话框

13.2.6　使用"合并到 HDR"命令

要让图像表现出颜色更加丰富且层次感更强的效果，可对图像使用"合并到 HDR"命令，将拍摄的、具有不同曝光度的同一景物的多幅图像合并在一起。

实例 13-3 通过命令制作 HDR 图像 ●●●

光盘\素材\第 13 章\亮调.jpg、中间调.jpg、暗调.jpg
光盘\效果\第 13 章\HDR.psd
>>>>>>>>>

1 选择【文件】/【自动】/【合并到 HDR】命令，打开"合并到 HDR Pro"对话框。单击 浏览(B)... 按钮，在打开的"打开"对话框中选择"亮调.jpg"、"中间调.jpg"、"暗调.jpg"图像，单击 打开(0) 按钮。返回"合并到 HDR Pro"对话框，如图 13-19 所示，单击 确定 按钮。

2 打开"手动设置曝光值"对话框，单击预览图下方的 → 按钮，将 3 张图像的"曝光

在 Photomerge 对话框中打开源图像，选中 ●调整位置 单选按钮，然后手动放置以获得最佳效果。

时间"都设置为"1/250",单击[确定]按钮,如图 13-20 所示。

图 13-19　选择图像

图 13-20　设置曝光度

3 在打开的"合并到 HDR Pro"对话框的"边缘光"栏中设置"半径"、"强度"、"灰度系数"、"曝光度"、"细节"分别为"253"、"1.17"、"1.12"、"-0.10"、"62",在"高级"选项卡中设置"阴影"、"高光"、"自然饱和度"、"饱和度"分别为"14"、"-8"、"6"、"69",单击[确定]按钮,如图 13-21 所示。

图 13-21　设置 HDR 效果

13.3　提高实例——制作个人相册

本章的提高实例中将制作个人相册,在制作时将用到图层样式、"动作"面板和加文字等方法,并为图像添加相框效果,修饰图像,最终效果如图 13-22 所示。

使用"合并到 HDR Pro"命令合并图像时,需要保证有 3 张或 3 张以上的图像进行合并。

图 13-22　制作个人相册

13.3.1　行业分析

　　本例制作的个人相册是影楼摄影的一个工作环节。影楼中制作个人相册一般分为个人相册本和电子相册。

　　根据个人相册载体的不同，可通过不同的软件对图像进行编辑，制作为个人相册本或是电子相册。其制作软件分别如下。

- **个人相册本**：影楼制作个人相册本时使用 Photoshop，其制作的相册可在各种环境使用。而用户制作个人相册，且将图像上传到网络上，这种对图像效果要求不高的情况，可使用光影魔术手、美图秀秀等软件进行制作。
- **电子相册**：制作电子相册时，可使用 Premiere、会声会影等专业软件，也可使用"影楼电子相册制作系统"这类简单的软件进行制作。

13.3.2　操作思路

　　为更快完成本例的制作，并且尽可能运用本章讲解的知识，本例的操作思路如下。

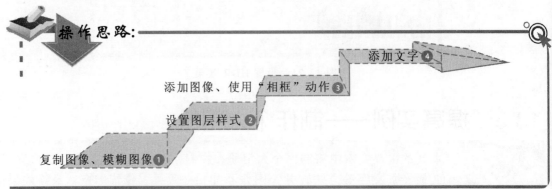

操作思路：

添加文字 4

添加图像、使用"相框"动作 3

设置图层样式 2

复制图像、模糊图像 1

　　Premiere、会声会影这类软件太过专业，对没有基础的用户来讲，使用起来有一定难度。

13.3.3　操作步骤

下面介绍个人相册的制作方法，其操作步骤如下：

光盘\素材\第 13 章\个人相册.jpg
光盘\效果\第 13 章\个人相册.psd
光盘\实例演示\第 13 章\制作个人相册

1 打开"个人相册.jpg"图像，按"Ctrl+J"快捷键复制图层。在工具箱中选择矩形选框工具 ，使用鼠标在图像右边建立选区，如图 13-23 所示。按"Ctrl+T"快捷键复制图层。

2 隐藏"图层 2"，选择"图层 1"图层。选择【滤镜】/【模糊】/【高斯模糊】命令，打开"高斯模糊"对话框，在其中设置"半径"为"4.5"，单击 确定 按钮，如图 13-24 所示。

图 13-23　绘制选区

图 13-24　设置"高斯模糊"对话框

3 选择"图层 2"，再选择【图层】/【图层样式】/【投影】命令。在打开的对话框中设置"不透明度"、"角度"、"距离"、"大小"分别为"70"、"127"、"22"、"40"，如图 13-25 所示。在"样式"列表框中选中 描边 复选框，并设置"大小"、"颜色"分别为"8"、"白色"，单击 确定 按钮。按"Ctrl+T"快捷键，缩放并旋转图像，效果如图 13-26 所示。

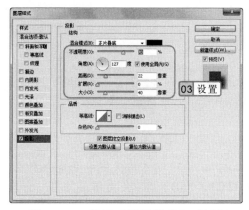

图 13-25　设置"图层样式"对话框

图 13-26　缩放并旋转图像

调整"图层 2"的大小时，为了图像的整体效果，"图层 2"的图像大小应和人物脸部大小基本相同。

4 打开"动作"面板，单击面板上方的 ▬▬ 按钮。在弹出的下拉菜单中选择"画框"命令。

5 打开"1.jpg"图像，在"动作"面板中选择"画框"组下的"拉丝铝画框"动作，单击 ▶ 按钮。在打开的提示对话框中单击 [继续(C)] 按钮，效果如图 13-27 所示。

6 按"Shift+Ctrl+E"组合键，合并可见图层。使用移动工具，将"1"图像移动到"个人相册"图像中。按"Ctrl+T"快捷键，调整图像大小和位置，如图 13-28 所示。

图 13-27　使用动作

图 13-28　添加图像

7 使用相同的方法，打开"2.jpg"和"3.jpg"图像，为图像添加拉丝铝画框。将图像都移动到"个人相册"图像中，并调整图像大小和位置，如图 13-29 所示。

8 在工具箱中选择横排文字工具 [T]，在其工具属性栏中设置"字体"、"字体大小"、"颜色"分别为"汉仪清韵体简"、"36 点"、"蓝色（#28d9ff）"，在图像左上角单击，输入"珍藏的时光"。选择【图层】/【图层样式】/【外发光】命令，打开"图层样式"对话框，在其中直接单击 [确定] 按钮，效果如图 13-30 所示。

图 13-29　继续添加图像

图 13-30　输入文字

9 在刚刚输入文字的下方单击并输入"our story"，选中输入的文字，在工具属性栏中设置"字体"、"字体大小"分别为"Snap ITC"、"48 点"，并为图层添加"外发光"图层样式。

影楼处理照片时，一般都是通过 Photoshop 动作功能处理。

13.4　提高练习

本章主要介绍了通过动作和批处理工具处理图像的方法，下面将通过两个练习进一步巩固这两个工具在工作中的应用，以提高图像处理时的速度和效率。

13.4.1　制作"商品"PDF 演示文稿

本次练习中将把"商品"文件夹中的所有图像转换为 PDF 演示文稿，设置"背景"为黑色，并在图像下显示文件名，其效果如图 13-31 所示。

图 13-31　　"商品"PDF 演示文稿

参见
光盘
光盘\素材\第 13 章\商品
光盘\效果\第 13 章\商品.pdf
光盘\实例演示\第 13 章\制作"商品"PDF 演示文稿

该练习的操作思路与关键提示如下。

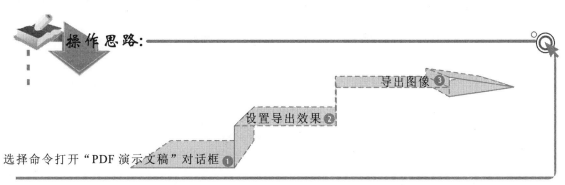

操作思路：

导出图像 ❸

设置导出效果 ❷

选择命令打开"PDF 演示文稿"对话框 ❶

不能使用 Photoshop 浏览 PDF 文件，需使用专门的 PDF 浏览器进行浏览。

> **关键提示:**
>
> 在"PDF 演示文稿"对话框中，设置"背景"为"黑色"并选中 ☑文件名(F) 复选框。

13.4.2　录制"灰度"动作并处理"咖啡"文件夹

　　本次练习中首先将图像转化为灰度，并将转换过程录制为动作，命名为"灰度"动作。再使用"批处理"命令，将"咖啡"文件夹中的其他图像通过"灰度"动作转换为灰度，其效果如图 13-32 所示。

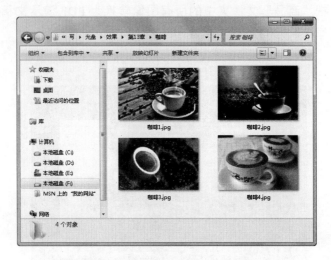

图 13-32　使用灰度转换的图像

　　光盘\素材\第 13 章\咖啡
参见　光盘\效果\第 13 章\咖啡、转换灰度.ant
光盘　光盘\实例演示\第 13 章\录制"灰度"动作并处理"咖啡"文件夹　➤➤➤➤➤➤➤➤

该练习的操作思路与关键提示如下。

操作思路:

使用"批处理"命令，处理"咖啡"文件夹中的其他图像 ❸

将 RGB 颜色模式的图像转换为"灰度"模式 ❷

新建组和动作 ❶

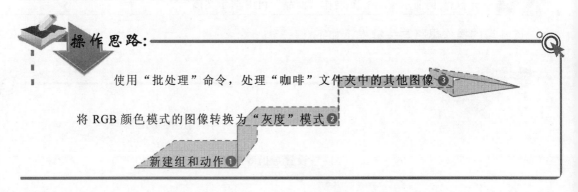

专家指导

　　在使用"批处理"命令时，为了方便用户查找批处理时出现的错误。可在"批处理"对话框的"错误"下拉列表框中选择"将错误记录到文件"选项。

↘关键提示：

新建组名为"转换灰度"，新建动作名为"转换为灰度"，设置"快捷键"为"F11"。

在"批处理"对话框中设置"组"、"动作"分别为"转换灰度"、"转换为灰度"，在"源"以及"目标"下拉列表框中选择"文件夹"选项。

13.5　知识问答

在使用公式和函数计算数据的过程中难免会遇到一些难题，如自动对单元格区域命名、不能复制公式等。下面将介绍公式和函数计算过程中常见的问题及解决方案。

问：为什么在录制有些动作时，不能在播放动作时进行设置？

答：录制动画时有些操作不能被录制，能被录制的有多边形套索、选框、裁切、直线、渐变、移动、魔棒、油漆桶和文字等工具以及路径、通道、图层和历史记录等面板中的操作。

问：在录制动作时，想加入一个自己设置的菜单选项该怎么办？

答：在"动作"面板中选中要插入菜单选项的位置，单击▤按钮，在弹出的下拉菜单中选择"插入菜单项目"命令，打开"插入菜单项目"对话框，再选择要插入的菜单，在"插入菜单项目"对话框中单击 确定 按钮。下次使用该动作时，将打开对话框并进行设置。

问：在录制动作过程中发现错误的录制操作，是不是只能放弃这次录制，再重新进行呢？

答：不需要重新录制，如果出现了错误，可先停止当前动作的录制，在已录制的动作中选择录制的出错动作内容，并单击"动作"面板底部的▥按钮将该内容删除，重新单击●按钮进入录制状态，将继续进行录制。

知识关联　使用外置动作

　　要想快速处理图像，除可自行录制动作外，还可在图像素材网或设计网上下载动作，这些动作比自行录制的动作更加专业，处理出的图像效果更好。

　　此外，解析这些动作还能让用户对 Photoshop 处理图像的方法有更进一步的理解。

操作提示

使用"裁剪并修齐照片"命令不能完美地将照片分离出来，如分离后的照片边缘会出现白色杂边，这时可通过裁剪工具除去杂边。

第14章 ●●●

Photoshop 的多媒体功能

视频图层

3D的基本操作

认识"时间轴"面板

流光溢彩

编辑3D效果

3D功能的应用

制作 3D 效果、视频以及动画时都是用专业软件进行编辑，而在学习了 Photoshop 后，可直接使用 Photoshop 进行编辑。使用 Photoshop 处理的图像效果，并不亚于通过专业编辑软件制作出的效果。本章将详细讲解在 Photoshop 中制作 3D 效果、视频以及动画的方法。

本章导读

14.1　3D 功能的应用

Photoshop 的 3D 功能可满足普通用户对 3D 图像进行编辑的需求，如编辑光照、纹理和渲染等。此外，使用 Photoshop 不但能编辑 3D 文件，还能创建简单的 3D 形状。下面将讲解在 Photoshop 中 3D 功能的应用及其操作方法。

14.1.1　3D 的基础知识

在 Photoshop 中显示的 3D 效果都是通过 3D 图层实现的，3D 图层也是 Photoshop 中的一种图层，但它和普通图层相比多了很多不同的对象，所以在学习编辑 3D 图像前，还需对 3D 的基础知识有一定的了解。

1．3D 的基本元素

3D 图像比平面图像更立体，因为 3D 图像的成像原理与平面图像不同。3D 图像文件至少包含一个或多个 3D 组成元素。3D 元素的作用和特点如下。

- 网格：分布在对象表面，用于确定对象的形状。结构越复杂，3D 对象中拥有的网格数量越多。在 Photoshop 中将预先准备的形状或是现有的平面图层转换为 3D 网格，如图 14-1 所示为 3D 图层中的网格。

- 材质：用于覆盖在对象表面，表现出纹理效果，增强图像的真实感。通过材质可设置对象的颜色、图案、反光度或崎岖度等。如图 14-2 所示为对对象设置材质后的效果。

图 14-1　3D 图层中的网格

图 14-2　设置材质后的效果

- 光源：用于照亮对象以及场景，如文件中没有光源，图像将会一片漆黑。图像在 Photoshop 中有无限光、聚光灯和电光 3 种光源。如图 14-3 所示为添加一个聚光灯的光源效果。

- 3D 相机：是观察对象的角度，通过移动摄像机的位置可得到观察对象的最佳位置，

操作提示

为保证 Photoshop 的 3D 功能正常使用，用户最好选择【编辑】/【首选项】/【性能】命令，打开"首选项"对话框，在其中选中  复选框。

如图 14-4 所示为显示前视图。

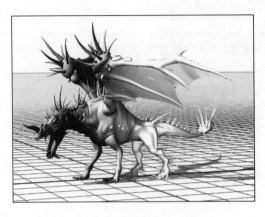

图 14-3　添加聚光灯后的效果

图 14-4　前视图显示

2. 打开 3D 文件

打开 3D 文件的方法很简单，只需选择【文件】/【打开】命令，在打开的"打开"对话框中选择需打开的 3D 文件，单击 按钮即可。

3. 创建并存储 3D 文件

在制作特效时，为了增强图像的立体感，需将对象创建为 3D 图像。在 Photoshop 中用户可以根据需要将一个普通图层转换为 3D 图层。

实例 14-1　将图像转换为 3D 对象 ●●●

参见光盘　光盘\素材\第 14 章\流光.jpg、光线.jpg
光盘\效果\第 14 章\流光.psd　

1 打开"流光.jpg"图像和"光线.jpg"图像，如图 14-5 和图 14-6 所示。

图 14-5　"流光"图像

图 14-6　"光线"图像

Photoshop 只能打开 U3D、3DS、OBJ、KMZ 和 DAE 等格式的 3D 文件，如要打开其他格式的 3D 文件，只能通过其他软件将其转换为可编辑的格式再打开。

2 使用移动工具将"光线"图像移动到"流光"图像中，选择 3D/【从图层新建网格】/【网格预设】/【球体】命令，稍等片刻后图层将被转换为 3D 对象，如图 14-7 所示。

3 在"图层"面板中的"图层 1"上右击，在弹出的快捷菜单中选择"栅格化 3D"命令，将 3D 图层转换为普通图层。按"Ctrl+T"快捷键，将图像缩小后存放在"流光"图像左下角处。

4 将"图层 1"的图层"混合模式"设置为"强光"，在工具箱中选择直排文字工具 ⏉。在其工具属性栏中设置"字体"、"字体大小"、"颜色"分别为"汉仪菱心体简"、"72点"、"白色"，在图像右边输入"流光溢彩"，效果如图 14-8 所示。

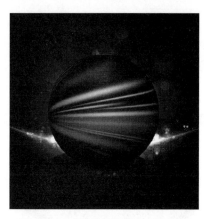

图 14-7　将图层转换为 3D 对象

图 14-8　最终效果

14.1.2　3D 的基本操作

打开 3D 文件后，为了便于编辑，会对 3D 对象进行移动或翻转等基本操作。其操作一般是通过 3D 模式栏以及 3D 轴进行的。

1. 使用 3D 模式

选择需要查看的 3D 图层，在工具箱中选择移动工具 ⯈。此时，移动工具的工具属性栏中将会多出一个 3D 模式栏，如图 14-9 所示。在该模式栏中单击需要的按钮即可对 3D 对象进行编辑。

3D 模式栏

图 14-9　选择 3D 图层后移动工具的工具属性栏

- ⬡按钮：单击该按钮后，使用鼠标拖动对象，上下拖动可水平旋转对象，左右拖动可垂直旋转对象，如图 14-10 所示。
- ◎按钮：单击该按钮后，使用鼠标拖动对象，左右拖动可滚动对象，如图 14-11 所示。

操作提示

将 3D 图层转换为普通图层进行操作，可加快 Photoshop 处理图像时的速度。

图 14-10　旋转对象

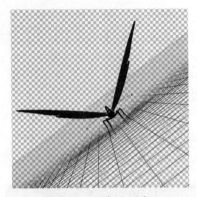

图 14-11　滚动对象

- ◉ ✛按钮：单击该按钮后，使用鼠标拖动对象，左右拖动可水平移动对象，上下拖动可垂直移动对象，如图 14-12 所示。
- ◉ ❖按钮：单击该按钮后，使用鼠标拖动对象，左右拖动可沿水平方向移动对象，上下拖动可移近或移远对象，如图 14-13 所示。

图 14-12　移动对像

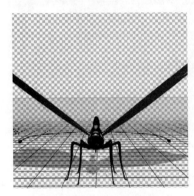

图 14-13　滑动对象

- ◉ 🞐按钮：当鼠标在对象上操作时将出现该按钮。单击该按钮后，将鼠标光标移动到对象上按住鼠标左键不放，上下拖动可放大或缩小对象。
- ◉ 🞐按钮：当鼠标在对象以外的黑色区域上进行操作时，按钮🞐将变为按钮🞐。将鼠标光标移动到对象上并按住鼠标左键不放，上下拖动可放大或缩小对象。

2．使用 3D 轴

　　选中一个 3D 对象后，对象中心都会出现一个 3D 轴。通过 3D 轴的操作，用户也可对对象进行移动、旋转及缩放。使用 3D 轴编辑 3D 对象的方法如下。

- ◉ **使用 3D 轴移动对象**：使用鼠标拖动轴的锥尖处，对象将根据选择的轴方向进行移动，如图 14-14 所示为将 3D 对象在 X 轴上进行移动。
- ◉ **使用 3D 轴缩放对象**：使用鼠标拖动两轴之间的中心交叉处，对象即根据选择的轴方向进行移动，如图 14-15 所示。

对 3D 对象进行的移动、翻转操作可在"动作"面板中进行恢复。

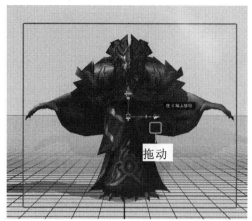

图 14-14   在 X 轴上移动对象

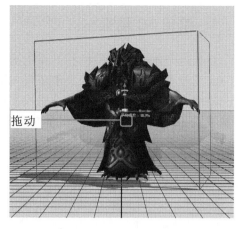

图 14-15   缩放对象

◐ **使用 3D 轴旋转对象**：使用鼠标单击轴锥尖处下方的旋转线段，将出现暗黄色的旋转环，使用鼠标拖动旋转环即可旋转对象，如图 14-16 所示。

◐ **使用 3D 轴变形对象**：如想将对象拉长或变粗，可使用鼠标拖动轴旋转线段下方的变形立方体，如图 14-17 所示。

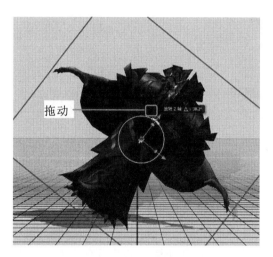

图 14-16   旋转对象

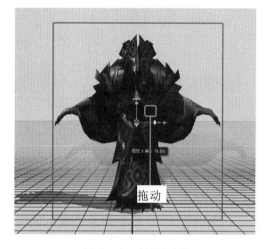

图 14-17   变形对象

14.1.3   编辑 3D 效果

编辑 3D 效果实质上是对 3D 基本元素进行编辑。对 3D 元素进行编辑后能很直观地看出对 3D 效果的影响。对 3D 的基本元素进行编辑都是通过对应的"属性"面板进行的。下面将分别讲解编辑 3D 场景、网格、材质及光源的效果和设置方法。

须先在"图层"面板中选择 3D 图层后，才能打开对应的"属性"面板设置 3D 效果。

1. 编辑 3D 场景

场景是存放对象、网格和光源的虚拟空间，设置 3D 场景使用户能轻易地更改渲染模式和改变对象上的纹理。其使用方法是在"图层"面板中选择要编辑的 3D 图层。选择【窗口】/3D 命令，在打开的 3D 面板中单击 按钮，在其下方的列表中双击"场景"选项，在打开的"属性"对话框中即可对3D 场景进行设置，如图 14-18 所示。

该面板中主要参数作用如下。

图 14-18 场景的"属性"面板

- **"预设"下拉列表框**：用于设定 3D 对象的渲染方式，不同图像的显示方式也有所不同，如图 14-19 所示为默认的渲染方式，如图 14-20 所示为着色线稿渲染方式。
- **横截面 复选框**：选中该复选框后，通过复选框下方的切片、位移、倾斜和不透明度等选项，选择不同的角度与对象相交的平面横截面，可以切入模型内部，查看内部效果，如图 14-21 所示。

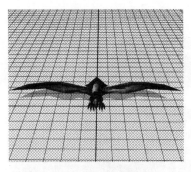

图 14-19 默认渲染方式

图 14-20 着色线稿

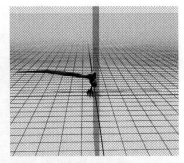

图 14-21 显示横截面

- **表面 复选框**：选中该复选框后图像中才会显示对象。在其后面的"样式"下拉列表框中可对对象的表面效果进行设置。
- **线条 复选框**：选中该复选框后图像中才会显示对象的边框，在其后方可对线条样式、宽度、角度和颜色等进行设置。
- **点 复选框**：选中该复选框后才会显示对象中的网格点，在其后方可对线条样式、半径和颜色等进行设置。

2. 编辑 3D 网格

3D 网格用于控制对象的阴影和位置关系。其使用方法是选中 3D 图层，单击 3D 面板中的 按钮，在其下方的列表中选择需要设置的网格选项。在打开的"属性"对话框中进行设置即可，如图 14-22 所示。

选中 横截面 复选框，在面板中用户可对横截面的位置、角度和颜色等进行设置。

网格的"属性"面板中主要参数的作用如下。

- ◇ ☑捕捉阴影复选框：选中该复选框后，3D 对象将出现阴影。

- ◇ ☑不可见复选框：选中该复选框后，对象将出现投影；未选中该复选框，对象将不会出现投影，其效果和捕捉阴影相似。

- ◇ ☑投影复选框：选中该复选框后，网格将被隐藏，仅显示对象产生的所有阴影和投影。

图 14-22 网格的"属性"面板

3．编辑材质

除了网格外，材质也是影响 3D 对象效果的一个重要因素，不同的材质能给予同一对象不一样的效果。越精致的 3D 对象越需要用户设置多种材质。

 为对象添加、编辑材质 ●●●

参见
光盘　光盘\素材\第 14 章\赛车.psd、赛车素材.bmp
　　　光盘\效果\第 14 章\赛车.psd

>>>>>>>>>

1 打开"赛车.psd"图像，如图 14-23 所示。在"图层"面板中选择"图层 1"。选择【窗口】/3D 命令，在打开的 3D 面板中单击■按钮，在下方的列表框中选择 Material_594 选项。

2 打开"属性"面板，单击"漫射"选项后的■按钮，在弹出的菜单中选择"载入纹理"命令，如图 14-24 所示。

图 14-23 打开图像

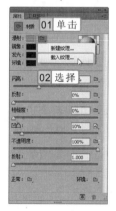

图 14-24 载入纹理

3 打开"打开"对话框，选择"赛车素材.bmp"图像，单击 打开(O) 按钮。在"属性"面板中设置"闪亮"、"反射"、"粗糙度"、"凹凸"、"折射"分别为"100%"、"23%"、"34%"、"22%"、"2.243"。

4 单击"漫射"选项后的色块，在打开的"拾色器（漫射颜色）"对话框中设置"颜色"

在网格的"属性"面板中单击■按钮，可对网格的位置进行设置。

为"白色"，单击 确定 按钮，如图 14-25 所示。返回图像窗口，效果如图 14-26 所示。

图 14-25　设置材质颜色

图 14-26　最终效果

14.2　动画和视频的应用

在日常生活或者工作中，有时需要制作、编辑动画图像或视频短片，但并不一定需要使用制作动画和视频的专业软件来完成，使用 Photoshop 就能对动画图像以及视频短片进行简单编辑。

14.2.1　认识"时间轴"面板和视频图层

在 Photoshop 中编辑动画图像和视频都是通过"时间轴"面板进行的。此外，视频只能被保存在视频图层中。在制作动画和视频前，还需了解"时间轴"面板和视频图层的相关知识。

1."时间轴"面板

在一定时间内快速播放一系列图像，根据图像之间的细微变化，可出现画面在运动的动画效果。在 Photoshop 中也是通过当前帧与上一帧之间的细微变化来实现动画的效果。制作动画图片和处理视频都是通过"时间轴"面板实现的。"时间轴"面板有两种模式，即"视频时间轴"模式和"动画帧"模式，其编辑方式和显示方式都有所不同。下面将分别进行讲解。

（1）"视频时间轴"模式

选择【窗口】/【时间轴】命令，打开如图 14-27 所示的"时间轴"面板。"视频时间轴"模式是 Photoshop 默认的"时间轴"面板模式。

默认情况下，"时间轴"面板位于 Photoshop 工作界面下方。

时间标尺

关键帧导航器

时间码和帧数显示

图层持续时间条

图 14-27　"视频时间轴"模式

◯ **时间标尺**：用于显示文件的持续时间和帧数。

◯ **图层持续时间条**：显示图层的画面将持续哪一时间段。

◯ **当前帧数指示器**：用于显示当前播放位置，拖动指示器可调整播放进程。

◯ **◀按钮**：单击该按钮，将选择时间轴中的第一帧。

◯ **◀按钮**：单击该按钮，将选择当前帧的前一帧。

◯ **▶按钮**：单击该按钮，将在图像窗口中播放动画，再单击该按钮可暂停动画播放。

◯ **▶按钮**：单击该按钮，将选中当前帧的后一帧。

◯ **◀按钮**：单击该按钮，将播放声音。在动画播放时不能对声音进行开关。

◯ **✂按钮**：单击该按钮，将从当前位置拆分视频，拆分的视频段可以移动。

◯ **◢按钮**：单击该按钮，在弹出的列表框中可设置过渡效果和效果延迟的时间。

◯ **关键帧导航器**：单击两边的箭头按钮可移动到上一帧或下一帧，单击中间的黄色按钮可在当前位置添加或删除帧。

◯ **◉按钮**：单击该按钮可启用图层属性的帧设置，再次单击该按钮即可取消该设置。

◯ **◢和◣按钮**：用于缩小和放大时间标尺。单击◢按钮可缩短一定时间的时间轴，单击◣按钮可延长一定时间的时间轴。

◯ **"音轨"轨道**：用于控制动画声音，单击"音轨"轨道后的◀按钮可控制轨道中声音的开关，单击♫按钮，在弹出的菜单中可执行添加音频、新建音轨等操作。

◯ **时间码和帧数显示**：用于显示当前帧的时间位置以及帧数位置。

（2）"动画帧"模式

　　和"视频时间轴"模式相比，"动画帧"模式更便于编辑动画效果，使用该模式能将每个动画帧中图像的变化都显示出来，而"视频时间轴"模式更适合于处理视频。在"视频时间轴"模式的"时间轴"面板中单击▭▭▭按钮，打开"动画帧"模式的"时间轴"面板，如图 14-28 所示。

当前帧

"循环次数"
下拉列表框

"帧延迟时间"
下拉列表框

图 14-28　"动画帧"模式的"时间轴"面板

　　单击"时间轴"面板右上方的▤按钮，在弹出的下拉菜单中选择"设置时间轴帧速率"命令，在打开的对话框中可对持续时间以及帧数进行设置。

◐ "帧延迟时间"下拉列表框：用于设置帧播放的持续时间。

◐ "循环次数"下拉列表框：用于设置动画作为图像导出时播放的次数。

◐ ◥按钮：单击该按钮，将打开"过渡"对话框，可设置在两个帧之间插入一系列的过度帧，使图像效果过渡自然。

◐ ◱按钮：单击该按钮，复制选中的动画帧。

◐ ◰按钮：单击该按钮，删除选中的动画帧。

2. 视频图层

在 Photoshop 中都是通过视频组和视频图层进行管理。视频组用于管理视频，而视频图层用于管理一个完成的视频，用户在 Photoshop 中打开视频，在"图层"面板中会出现视频组和视频图层。视频图层的缩略图的右下方会出现一个▤标志，如图 14-29 所示。

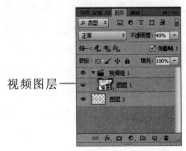

视频图层——

图 14-29　视频图层

14.2.2　创建与编辑视频图层

视频图层和普通图层不同，其创建和编辑方法也有所不同。下面讲解视频图层的相关操作方法。

1. 创建视频图层

不管是对视频添加效果，还是要制作新的视频，都需要用户创建视频图层。视频图层的创建方法主要有以下两种：

◐ 选择【文件】/【新建】命令，打开"新建"对话框，在"预设"下拉列表框中选择"胶片和视频"选项，单击 确定 按钮，如图 14-30 所示。

◐ 选择【图层】/【视频图层】/【新建空白视频图层】命令，可为普通图像创建视频图层。

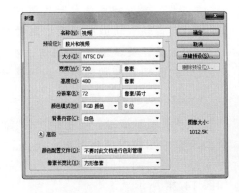

图 14-30　创建视频图层

2. 导入视频

在编辑视频前，需要用户将视频导入到 Photoshop 中。将视频导入到 Photoshop 的方法有以下两种：

◐ 选择【文件】/【导入】/【视频帧到图层】命令，打开"载入"对话框，在其中选

在"动画帧"模式下的面板中单击▤按钮，可转换到"视频时间轴"模式。

择载入的视频，单击 [打开(O)] 按钮，打开"将视频导入图层"对话框，如图 14-31 所示。设置完成后单击 [确定] 按钮，稍等片刻后可看到图像已被分层，如图 14-32 所示。

○ 选择【图层】/【视频图层】/【从文件新建视频图层】命令，在打开的对话框中选择需要导入的视频，将视频导入到打开的图像中。

图 14-31　将视频导入图层

图 14-32　导入的视频

需要注意的是，"从文件新建视频图层"命令只会在"图层"面板中新建一个视频图层，而不会将视频以图像帧的形式在"图层"面板中自动分层。

3. 设置视频图层

编辑视频图层需要"时间轴"面板辅助进行，编辑视频图层的常见操作有移动视频图层的位置、添加图层和设置图层样式等。

实例 14-3 使用视频图层和"时间轴"面板编辑图像 ●●●

参见 光盘 光盘\素材\第 14 章\LIFE OF PI.psd、背景音乐.mp3、少年派的奇幻漂流.avi
光盘\效果\第 14 章\LIFE OF PI.psd ➤>>>>>>>>>

1 打开"LIFE OF PI.psd"图像，选择【窗口】/【时间轴】命令。打开"时间轴"面板，使用鼠标将当前帧数指示器▣移动到视频开始的位置，如图 14-33 所示。

2 在"图层"面板中选择"海上"图层，单击▣按钮。新建"图层 1"，将其重命名为"黑幕"。将前景色设置为"黑色"，按"Alt+Delete"快捷键使用前景色填充图层。

3 在"时间轴"面板中单击"黑幕"轨道前的▶按钮，展开"黑幕"轨道，单击"不透明度"轨道前的◉按钮，将当前帧设置为关键帧，如图 14-34 所示。

4 当前帧数指示器▣移动到 05:00f 的位置时，单击"不透明度"轨道前的◇按钮，将当前帧设置为关键帧，如图 14-35 所示。在"图层"面板中设置"黑幕"图层的不透明度为"0%"。

操 作 提 示

由于"LIFE OF PI.psd"图像中涉及的视频文件是被绝对引用的，因此使用 Photoshop 打开图像后，在弹出的提示对话框中需要单击 [选择(C)...] 按钮，再在打开的对话框中选择"少年派的奇幻冒险.avi"文件，重新制定图像源。

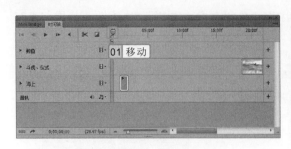

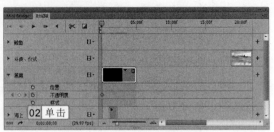

图 14-33　设置当前帧数指示器　　　　　　图 14-34　设置关键帧

5 将鼠标移动到"海上"轨道后方，当鼠标光标变为 🢀 形状时，将"海上"轨道移动到 05:00f 的位置，如图 14-36 所示。

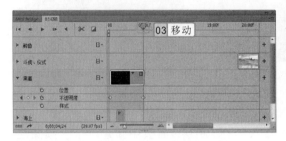

图 14-35　继续设置关键帧　　　　　　图 14-36　延长图像效果

6 在"时间轴"面板中使用鼠标按住"斗虎"、"仪式"轨道的缩略图不放，将其拖动到 05:00f 的位置，如图 14-37 所示。

7 使用相同的方法将"鲸鱼"轨道移动到"斗虎"、"仪式"轨道，如图 14-38 所示。

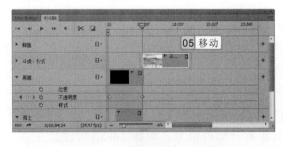

图 14-37　设置图层显示时间　　　　　　图 14-38　继续设置图层显示时间

8 将当前帧数指示器 📟 移动到 05:00f 的位置处，在"图层"面板中选择"鲸鱼"图层。在工具箱中选择横排文字工具 T，在其工具属性栏中设置"字体"、"字体大小"、"颜色"分别为"Calibri"、"90 点"、"白色"。使用鼠标在中间单击并输入"LIFE OF PI"文字，如图 14-39 所示。

9 将当前帧数指示器 📟 移动到视频开始的位置，并单击面板上方的 ◀ 按钮。在"时间轴"面板中单击"音轨"轨道后的 🎵 按钮，在弹出的下拉菜单中选择"添加音频"命令。在打开的"添加音频剪辑"对话框中选择"背景音乐.mp3"音乐，单击 打开(O) 按钮。

　　　　为确保能将音乐插入到视频图层中，最好选择 MP3 或 WMA 格式的音频。

10 将鼠标光标移动到"海上"轨道后方，当鼠标光标变为 ╬ 形状时，将"海上"轨道移动到 20:00f 的位置。在"音轨"轨道中的"背景音乐"选项上右击，在打开的对话框中设置"淡入"、"淡出"分别为"1.00 秒"、"1.00 秒"，如图 14-40 所示。单击"时间轴"面板中的 ▶ 按钮浏览视频效果。

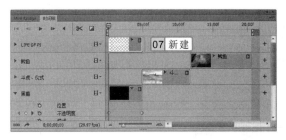

图 14-39　输入文字

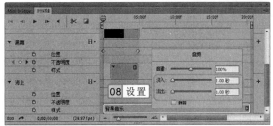

图 14-40　插入并设置音频

14.2.3　保存动画图片

用户通过"时间轴"面板制作的动画或视频可以保存为动画图片，其方法是选择【文件】/【存储为 Web 所用格式】命令，打开"存储为 Web 所用格式"对话框，如图 14-41 所示。单击 存储... 按钮，打开"将优化结果存储为"对话框，单击 保存(S) 按钮，将图像保存为 GIF 动画格式。

图 14-41　"存储为 Web 所用格式"对话框

如将视频保存为动画，最好选择帧数较少的视频。

14.2.4　渲染视频

保存制作的视频被称为渲染视频，通过渲染后的视频可使用视频播放器进行播放。渲染视频的方法有两种，分别介绍如下：

- 选择【文件】/【导出】/【渲染视频】命令，打开"渲染视频"对话框。在其中设置格式、预设、帧速率等参数，单击 渲染 按钮。
- 打开"时间轴"面板，将其转换为"视频时间轴"模式。单击面板中的 按钮，打开"渲染视频"对话框，设置参数后，单击 渲染 按钮。

14.3　提高实例 ——咖啡动画广告

本章的提高实例将通过"时间轴"面板制作咖啡动画广告。通过对动画帧的设置使画面出现动感，以吸引观赏者的注意力，最终效果如图 14-42 所示。

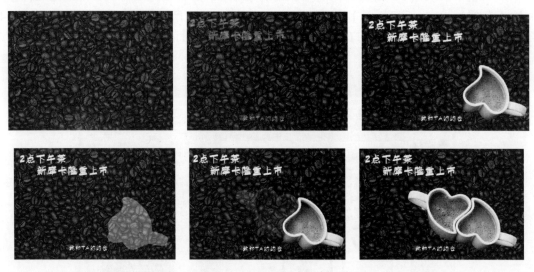

图 14-42　咖啡动画广告

14.3.1　行业分析

本例制作的咖啡动画广告是网络广告的一种。和普通的网络广告相比，动画广告能吸引更多人的注意力，能起到更好的宣传效果。

网络广告就是广告商将广告投放到网络上，和传统的载体相比，网络广告成本更低且覆盖面更广。常见的网络广告方式有以下几种。

如想快速地完成视频渲染，可减小图像的尺寸、减少帧数。

- **利用网站上的广告横幅**：这是网络广告中经常使用的一种方式。利用网站的主页或分支页面中的任一位置放置和产品宣传相关的静态或者动态图像，用户单击这些图像即可进入专门的宣传页面。
- **文本链接**：这类广告一般是被置入到软文中进行的，很少单独使用。用户单击文本链接即可进入专门的宣传页面。
- **多媒体**：这类广告费用较高，通常是在一些知名网站直接显示广告或是在视频网上播放广告。在网络上投放多媒体广告虽然费用高昂，但其作用是立竿见影的。

14.3.2　操作思路

为更快完成本例的制作，并且尽可能运用本章讲解的知识，本例的操作思路如下。

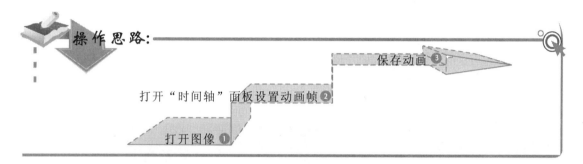

操作思路：

保存动画 ❸

打开"时间轴"面板设置动画帧 ❷

打开图像 ❶

14.3.3　操作步骤

下面介绍制作咖啡动画广告的方法，其操作步骤如下：

参见
光盘

光盘\素材\第 14 章\咖啡动画广告.psd
光盘\效果\第 14 章\咖啡动画广告.psd、咖啡动画广告.gif
光盘\实例演示\第 14 章\制作咖啡动画广告

1 打开"咖啡动画广告.psd"图像，在"时间轴"面板中单击 创建视频时间轴 按钮，为图像创建视频时间轴，并切换到"动画帧"模式。

2 在"图层"面板中隐藏"2 点下午茶"、"我和她的约会"、"左"和"右"图层，再在"时间轴"面板的"帧延迟时间"下拉列表框中选择"0.1 秒"选项，如图 14-43 所示。

3 在"时间轴"面板中单击 按钮，新建第 2 帧。在"图层"面板中显示"2 点下午茶"、"我和她的约会"图层，并设置这两个图层的"不透明度"为"20%"，如图 14-44 所示。

4 在"时间轴"面板中单击 按钮，新建第 3 帧。在"图层"面板中设置"2 点下午茶"、"我和她的约会"图层的"不透明度"均为"50%"。

5 新建第 4 帧，在"图层"面板中设置"2 点下午茶"、"我和她的约会"图层的"不透

操作提示

放置在网站上的动画广告其分辨率应该设置为 96pdi。

明度"均为"80%"。

图 14-43　设置第 1 帧

图 14-44　设置第 2 帧

6 新建第 5 帧，在"图层"面板中设置"2 点下午茶"、"我和她的约会"图层的"不透明度"均为"100%"，并显示"右"图层。在"时间轴"面板的"帧延迟时间"下拉列表框中选择"0.2"选项，如图 14-45 所示。

7 新建第 6 帧，在"图层"面板中隐藏"右"图层，显示"白杯子"图层。设置"白杯子"图层的"不透明度"为"50%"，如图 14-46 所示。

图 14-45　设置第 5 帧

图 14-46　设置第 6 帧

8 新建第 7 帧，在"图层"面板中隐藏"白杯子"图层，再在"时间轴"面板的"帧延迟时间"下拉列表框中选择"0.1"选项。新建第 8 帧，在"图层"面板中显示"右"图层，再在"时间轴"面板的"帧延迟时间"下拉列表框中选择"0.2"选项。

9 新建第 9 帧，在"图层"面板中显示"左"图层，并设置图层的"不透明度"为"30%"。在"时间轴"面板的"帧延迟时间"下拉列表框中选择"0.1"选项，如图 14-47 所示。

10 新建第 10 帧，在"图层"面板中设置"左"图层的"不透明度"为"60%"，在"时间轴"面板的"帧延迟时间"下拉列表框中选择"0.2"选项。

11 新建第 11 帧，在"图层"面板中设置"左"图层的"不透明度"为"100%"，如图 14-48 所示。

在设置前几帧时，若出现错误，可在"时间轴"面板中选择需要重新设置的帧，再在设置错误的地方重新进行设置。

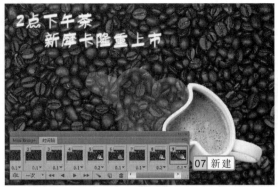

图 14-47　设置第 9 帧

图 14-48　设置第 11 帧

12 在"时间轴"面板中单击▶按钮，播放动画。选择【文件】/【存储为 Web 所用格式】命令，在"优化的文件格式"下拉列表框中选择 GIF 选项，单击 存储 按钮，如图 14-49 所示。

13 在"将优化结果存储为"对话框中设置保存位置，单击 保存(S) 按钮，在打开的提示对话框中单击 确定 按钮。

图 14-49　设置存储格式

14.4　提高练习——制作老电影动画

本章主要讲解了 3D 功能、动画和视频的应用。通过这些多媒体功能的应用，能扩大创作作品的适用范围。此外，使用 Photoshop 制作动画也是用户在平面设计方面经常使用到的。

在将图像上传到网络中时，为了能正常进行上传，一定要将图像的名称命名为英文。

本练习将制作老电影动画效果，如图 14-50 所示。先将图像转换为黑白复制图层，再将复制的图层图像颜色调暗，在新建图层中使用黑色的画笔在图像上绘制暗角，然后创建视频图层。在新建图层中使用画笔工具，在图像上绘制老电影中会出现的杂点。

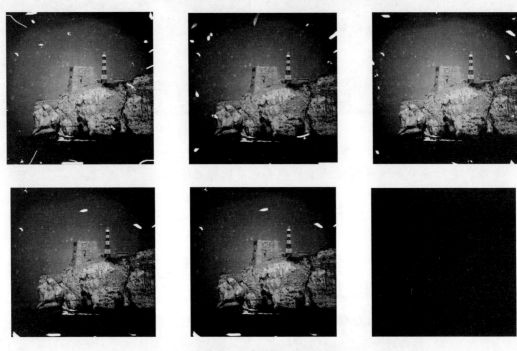

图 14-50　老电影动画效果

光盘\素材\第 14 章\老电影.jpg
光盘\效果\第 14 章\老电影.psd
光盘\实例演示\第 14 章\制作老电影动画

参见
光盘

　　该练习的操作思路与关键提示如下。

操作思路：

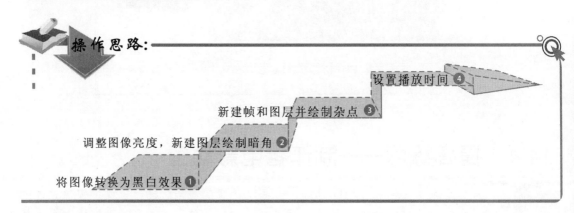

设置播放时间 ④

新建帧和图层并绘制杂点 ③

调整图像亮度，新建图层绘制暗角 ②

将图像转换为黑白效果 ①

专家指导

　　为使图像在播放时更有电影效果，在制作时需要复制一个背景图层，并将背景图层调整得比原背景图层亮一些。在播放时交替显示原背景图层和复制的背景图层。

关键提示:

> 选择【图像】/【调整】/【黑白】命令，将图像转换为黑白效果。在"黑白"对话框中分别设置"红色"、"黄色"、"青色"为"92"、"38"、"160"。
>
> 用画笔绘制杂点时，可使用"圆角低硬度"画笔以及"圆点硬"画笔。
>
> 将 1~5 帧的"帧延迟时间"设置为 0.2 秒，将第 6 帧的"帧延迟时间"设置为"0.1 秒"，设置"循环次数"为"永远"。

14.5　知识问答

在编辑 3D 以及动画、视频的过程中难免会遇到一些难题，如恢复操作、得到更加清晰的图像等。下面将介绍使用 3D 以及动画、视频的过程中常见的问题及解决方案。

问：在"时间轴"面板中编辑动画或视频时，觉得效果不理想，想要恢复之前的操作应该怎么办？

答：用户可以恢复对帧的操作。其方法是打开"时间轴"面板，切换到"视频时间轴"模式下选择需要恢复的视频图层，将当前帧数指示器移动到特定的视频帧上，选择【图层】/【视频图层】/【恢复帧】命令。若想恢复对帧的所有操作，可选择【图层】/【视频图层】/【恢复所有帧】命令。

问：使用 3D 功能制作出的图像效果不理想，有什么办法解决吗？

答：用户在处理完成 3D 效果后还可对 3D 对象进行渲染，以得到更理想的效果。其方法是选择需要渲染的 3D 图层，再选择 3D/【渲染】命令。需要注意的是，一般渲染需要大量的时间，如终止渲染可按"Esc"键。

常见的 3D 软件

　　虽然使用 Photoshop 也能制作 3D 效果，但与专业软件相比，Photoshop 在造型方面以及渲染方面欠缺很多。目前各行各业在制作 3D 图像时，经常会使用到的 3D 软件有 3ds Max 和 Maya，这两款软件均由美国 Autodesk 公司出品。其中 3ds Max 比较适合于建筑造型，普遍被应用于室内装潢与工程展示，而 Maya 制作图像效率极高，渲染真实感强，常被应用于制作影视广告、动画和电影特技等。

将源视频文件删除、重命名或移动后，Photoshop 找不到源视频与视频图层的链接时，可选择需替换的图层，再选择【图层】/【视频图层】/【替换素材】命令为文件替换素材。

精通篇

　　通过使Photoshop的一些高级操作能制作、编辑出各种效果，如制作纹理、制作不同质感效果的字体。而使用Photoshop进行平面设计，则是一种创作艺术的过程。为了制作出结构清晰、符合大众审美的平面作品，还需要对平面设计基础有一定的了解。本篇将讲解Photoshop的高级技巧以及Photoshop与平面设计软件的结合应用。

●●●●

<<< PROFICIENCY

精通篇

第15章 •••

平面设计基础

了解平面设计

色彩的构成

平面构成基础

色彩构成基础

学习了 Photoshop 处理图像的操作和技巧后，还需了解平面设计的相关知识，以便为平面设计工作打下良好的基础。本章将详细介绍平面设计的基础知识，包括平面设计的概念、色彩构成基础和平面构成基础等内容。

本章导读

15.1　了解平面设计

为了更好地利用 Photoshop 进行平面设计，除了要掌握软件的操作技巧外，还需对平面设计和色彩搭配等相关知识有一定的了解。下面将介绍平面设计的相关知识。

15.1.1　平面设计的概念

平面设计是将不同的基本图形按照一定的规则在平面上组合成图案，主要在二维空间范围之内以轮廓线划分图与图之间的界限。平面设计所表现的立体空间感，并非实在的三维空间，仅是因图形对人的视觉引导作用形成的幻觉空间。

15.1.2　平面设计的手法

要成为一名出色的平面设计师，需要掌握平面设计的各种设计手法，常用的设计手法有以下几种。

- **直接展示法**：这是制作汽车、数码电器等产品类的广告作品时常会使用的表现手法，运用摄影或绘画等技巧的写实表现力，直接将产品或主题如实地展示在广告中，再着力渲染产品的质感和功能，呈现产品的优点和说服力，使消费者对所宣传的产品产生购买的冲动。如图 15-1 所示为一款知名时尚服装品牌的宣传海报。

- **合理夸张法**：大胆使用想象力，对所宣传对象的特质或作用的某个方面进行夸大，使消费者在加深对这些特征的认识时，对产品制造商也有了一定的印象。通过这种手法能更鲜明地强调或揭示事物的实质。如图 15-2 所示为一款保鲜膜的宣传海报。

图 15-1　直接展示法　　　　　　　　　　　图 15-2　合理夸张

- **突出特征法**：强调产品或抓住主体本身与众不同的特点，通过各种手段鲜明地表现出来，使用这种手法时通常需要将产品特点置于广告画面最佳的视觉部位或使用烘托处理，使消费者在看到广告的瞬间很快领悟，再加以注意，以达到刺激购买欲望

在平面设计中需要用视觉元素来传达设想和计划时，将用文字和图形把信息传达给观众，让观众通过这些视觉元素了解自己的设想和计划。

的促销目的。

◐ **对比衬托法**：在艺术行业中经常会用到此方法，可将广告中所描绘的商品的性质和特点通过鲜明的对照，互比互衬，使消费者从中感觉到同类商品的差别。使用这种手法能更鲜明地强调或提示产品的性能和特点，给消费者以深刻的视觉感受和暗示。

15.2　色彩构成基础

学习了软件中的颜色调整方法后，还需对色彩相关知识有一定的了解，才能更好地通过调整颜色展示设计主题的内涵。下面详细介绍色彩构成方面的知识。

15.2.1　色彩构成概述

色彩构成是指将两个以上的色彩要素按一定的规则进行组合和搭配，从而形成新的具有美感的色彩关系。

在同种光线条件下，可看到物体呈现不同的颜色，是因为物体表面具有不同的吸收光线与反射光线的能力。反射光线不同就能看到不同的色彩。因此，色彩是光对人视觉和大脑发生作用的结果，是一种视知觉。

由此可以看出，光通过光源色、透射光和反射光进入人眼，从而使人感知物体表面的色彩。

◐ **光源色**：是指本身能发光的物体发出的色光，如灯、蜡烛和太阳等发光体的光。

◐ **透射光**：是指光源穿过透明或半透明的物体之后再进入视觉的光线。

◐ **反射光**：是光进入眼睛的最普通形式，眼睛能看到的任何物体都是由于物体反射光进入视觉所致的。

如表 15-1 所示为色彩在人眼中的形成过程。

表 15-1　色彩在人眼中的形成过程

光源色	复色光	白色光（全色光）	投射在物体上	不透明物体	反射
		有色光		半透明物体	透射
	单色光			透明物体	

物体表面色彩的形成取决于光源的照射、物体本身反射一定的色光以及环境与空间对物体色彩的影响 3 个方面。

◐ 各种光源发出的光，由于光波的长短、强弱和比例性质的不同形成了不同的色光，称为光源色。

◐ 物体本身不发光，物体的颜色光源色经过物体的吸收反射，反映到视觉中形成的，这些本身不发光的色彩统称为物体色。

　　将物体放置在不同的空间与环境中，物体表面色彩也会发生相应的变化，这是因为不同的环境与空间具有不同的色彩和明暗变化，从而造成物体反射光和透射光发生变化所致。

15.2.2　色彩构成分类及属性

色彩构成是色彩设计的基础，是研究色彩的产生及人们对色彩的感知和应用的一门学科。

1. 色彩分类

色彩分为非彩色和彩色两类，其中黑、白、灰为非彩色，除此之外的其他色彩为彩色。彩色是由红色、绿色和蓝色 3 种基本的颜色互相组合而成的，这 3 种颜色又称为三原色，能够按照一些数量规定合成其他任何一种颜色，通过对三原色的基本调配，可以得到需要的不同颜色。常见色彩的类型有以下几种。

- ◎ **近似色**：近似色可以是给出的颜色之外的任何一种颜色，从橙色开始，如果想得到它的两种近似色，可以选择红和黄，如图 15-3 所示。用近似色的颜色主题可以实现色彩的融洽与融合，与自然界中看到的色彩相接近。
- ◎ **补充色**：补充色是色环中位置相对的颜色，如图 15-4 所示。如果想使色彩强烈突出，选择补充色比较好。如组合一幅柠檬图片时，用蓝色背景将使柠檬更加突出。
- ◎ **分离补色**：分离补色由 2～3 种颜色组成，当选择一种颜色后，就会发现它的补色在色环的另一面，如图 15-5 所示。

　图 15-3　近似色　　　　　　图 15-4　补充色　　　　　　图 15-5　分离补色

- ◎ **组色**：组色是色环上距离相等的任意 3 种颜色，如图 15-6 所示。当组色被用作一个色彩主题时，会给浏览者营造紧张的情绪。
- ◎ **暖色**：暖色由红色调组成，如红色、橙色和黄，如图 15-7 所示，它们给选择的颜色赋予温暖、舒适和活力，也产生了一种向浏览者显示或移动的色彩，并从页面中突出来的可视化效果。
- ◎ **冷色**：冷色来自于蓝色色调，如蓝色、青色和绿色，如图 15-8 所示。这些颜色能产生令人冷静的效果，适合用作页面的背景。

使用电脑进行平面图像处理，且处理出高质量的图像，除了要熟练掌握平面软件的功能使用外，还需掌握一些关于平面图像处理方面的美学知识，如色彩构成。

　　　　图 15-6　组色　　　　　　　图 15-7　暖色　　　　　　　图 15-8　冷色

2．色彩属性

　　视觉所能感知的一切色彩，都具有明度、色相和纯度 3 种属性，是色彩最基本的构成要素。

　　不同的色彩都能表达不同的情感，因人的性别、年龄、生活环境、地域、时代、民族、阶层、经济地区、工作能力、教育水平、风俗习惯和宗教信仰的差异有着不同的象征意义。各种色彩代表的含义如下。

- 　**红色**：是火的颜色，是激奋、强有力的色彩，具有刺激效果，能使人产生热烈、冲动、愤怒、紧张、热情、活力、吉祥和幸福的感觉。
- 　**橙色**：是暖色系中最温暖的色彩，具有活泼、轻快、富足、快乐、热烈、温馨、华丽和时尚的效果。橙色与蓝色的搭配，可产生最欢快的气氛。
- 　**黄色**：是亮度最高的颜色，是灿烂、辉煌、快乐、希望、智慧和财富的象征。在黄色中加入其他色会产生意想不到的效果。
- 　**绿色**：是大自然草木的颜色，意味着纯自然和生长，具有和平、宁静、健康、安全、年轻和清秀的感觉。
- 　**蓝色**：是博大的色彩，如蓝色的天空、大海。具有永恒、凉爽、清新、平静、理智和纯净的色彩。它与白色搭配，能体现柔顺、淡雅的气氛。
- 　**紫色**：能体现恐怖、神秘、柔和、柔美、动人和高贵的感觉。
- 　**黑色**：能体现深沉、神秘、寂静、悲哀、压抑、崇高、坚实和严肃的感觉。
- 　**白色**：能体现纯洁、明快、洁白、纯真、朴素、神圣和单调的感觉。
- 　**灰色**：能体现中庸、平凡、随意、宽容、苍老、温和、沉默、寂寞、忧郁、消极、谦让、中立和高雅的感觉。

15.2.3　色彩对比

　　两种或两种以上的色彩，以空间或时间关系相比较，能出现明显的差别并产生比较作用，称为色彩对比。

　　同一色彩被感知的色相、明度、纯度、面积和形状等因素是相对固定的，且处于孤立状态，无从对比。而对比有对应比较的含义，所以色彩的对比现象是发生在两种或两种以

　　在平面设计中，色彩一直是最为重要的设计要素。正确地搭配和运用色彩可以为作品赋予良好的视觉效果，同时也大大增加了作品的吸引力。

上的色彩间的。色彩对比从色彩的基本要素上可以分为色相对比、明度对比和纯度对比 3 种，下面分别进行讲解。

1．色相对比

色彩并置时因色相的差别而形成的色彩对比称为色相对比。将相同的橙色放在红色或黄色上，将会发现在红色上的橙色会有偏黄的感觉，因为橙色是由红色和黄色调成的，当与红色并列时，相同的成分被调和而相异部分被增强，所以看起来比单独看时偏黄，使用其他色彩比较也会有这种现象。当对比的两色具有相同的彩度和明度时，对比的效果越不明显，两色越接近补色，对比效果越强烈。如图 15-9 所示为不同情况下色相对比示意图。

图 15-9　色相对比示意图

2．明度对比

色彩并置时因明度的差别而形成的色彩对比称为明度对比。将相同的色彩放在黑色和白色上比较时会发现，放在白色上的色彩感觉比较暗，黑色上的色彩感觉比较亮，明暗的对比效果非常强烈。如图 15-10 所示为不同情况下明度对比示意图。

图 15-10　明度对比示意图

3．纯度对比

色彩并置时因纯度的差别而形成的色彩对比称为纯度对比。纯度对比可体现在单一色相的对比中，同色相因为含灰量的差异而形成纯度对比，也可体现在不同色相的对比中，红色是色彩系列之中纯度最高的，其次是黄色、橙色和紫色等，蓝绿色系纯度偏低。当其中一色混入灰色时，也可以明显地看到它们之间的纯度差。如图 15-11 所示为不同情况下纯度对比示意图。

图 15-11　纯度对比示意图

操 作 提 示

色彩对比的前提是，色彩要出现明显的差别，没有差别的色彩对比其效果不明显。

15.2.4　色彩搭配方案

不同的色彩组合可以表现出不同感情，同一种感情也可用多种不同的色彩组合方式来体现。下面将对一些常见的感情表达的色彩组合方式进行介绍。

- ○ **友善、随和效果的配色**：友善效果常使用橙色，它具有开放、随和的特性，能够营造出平等、有序的气氛，如图 15-12 所示。
- ○ **柔和效果的配色**：要营造出柔和的效果，常使用对比不十分强烈的明色。如桃色能体现出甜美诱人的效果，当桃色与紫色、绿色搭配则使色彩趋于柔和，如图 15-13 所示。
- ○ **浪漫、典雅效果的配色**：在浪漫效果中常用粉色系，粉色与红色一样会引起人的兴趣与快感，但与红色相比，则显得较为柔和、宁静。当粉红、淡紫和桃红一起配合时能体现出柔和、典雅的效果，如图 15-14 所示。

图 15-12　友善、随和配色　　　图 15-13　柔和配色　　　图 15-14　浪漫、典雅配色

- ○ **清新、自然效果的配色**：有时要体现一种清新自然的效果，而绿色代表着欣欣向荣、健康的气息，绿色与其补色配合能创造出一股生命力，与其类比色配合则能产生鲜丽、生动的效果，如图 15-15 所示。
- ○ **清爽、闲适效果的配色**：浅而清淡的蓝绿色和红橙色搭配，会使作品显得色彩清新、舒爽，如图 15-16 所示。
- ○ **动感效果的配色**：黄色代表太阳，有活力和永恒的动感。黄色与紫色（补色）搭配能体现活力和动感的意味，如图 15-17 所示。

图 15-15　清新、自然配色　　　图 15-16　清爽、闲适配色　　　图 15-17　动感配色

柔和效果的配色还能体现出活泼、平和、开朗和大方的效果，更能突出作品的主题。

- 平和、宁静效果的色彩组合：灰蓝和淡蓝的明色组合会制造出平和、恬静的效果，如图 15-18 所示。
- 可靠、信任效果的色彩组合：海蓝色体现出可靠与信赖，海蓝色与金色和红色搭配则显示出坚定、有力量的感觉，如图 15-19 所示。
- 怀旧效果的色彩搭配：淡紫色与其他任何色彩搭配都能体现出怀旧思古之情，如图 15-20 所示。

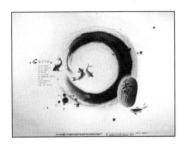

图 15-18 平和、宁静配色　　　图 15-19 可靠、信任配色　　　图 15-20 怀旧配色

15.3 平面构成基础

平面构成作为设计基础训练，在于培养人们的形象思维能力和设计创造能力，特别是通过抽象形态体现形式美的法则，能培养形象思维的敏感性，反映现代人的生活方式和审美理念。

15.3.1 平面构成概述

平面构成是指将既有形态（包括具象形态、抽象形态的连贯点、线、面以及体），在二次元的平面内，按照一定的秩序和法则进行分解、组合，从而构成理想形态的组合形式。

15.3.2 平面构成属性

平面构成设计的基本单元是点、线和面，只有深入理解了各个单元与单元间的相互关系，才能设计出令人满意的作品。

1. 点的形象

数学上的点没有大小，只有位置，但造型上作为形象出现的点不仅有大小、位置，还有形态和面积，越小的形体越能给人点的感觉。不同大小、疏密的混合排列，能形成一种散点式的构成形式，如图 15-21 所示。按一定的方向有规律地排列且大小一致的点，会给人留下由点的移动而产生的线化的感觉，如图 15-22 所示。将点由大到小按一定的轨迹、

黄橙色与琥珀色的色彩组合具有亲和力，而与淡琥珀色组成的配色，会使人产生舒适、温馨的感觉。

方向进行变化，使之产生一种韵律感，如图 15-23 所示。

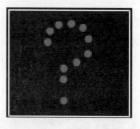

图 15-21　散点式构成　　　　图 15-22　点的移动　　　图 15-23　点按轨迹、方向变化

将点以大小不同的形式，部分密集、部分分散地进行有目的的排列，可以使之产生点的面化感觉，如图 15-24 所示。将大小一致的点以相对的方向逐渐重合，可以产生动态视觉感，如图 15-25 所示。将不规则的点按一定的方向重合分布，则可产生另一种神奇的动态视觉感，如图 15-26 所示。

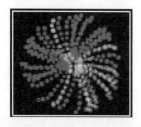
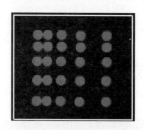
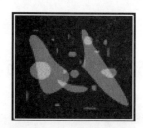

图 15-24　点的面化分布　　图 15-25　规则点的动态变化　图 15-26　不规则点的动态变化

2．线的形象

平面相交形成直线，曲面相交形成曲线。几何学上，线是没有粗细只有长度与方向的，但在造型世界中，线被赋予了粗细与宽度。线在现代抽象作品与东方绘画中广泛运用，有很强的表现力。

线是点移动的轨迹，将线等距密集排列，可以产生面化的线，如图 15-27 所示。而将线按不同的距离排列，则可以产生透视空间的视觉效果，如图 15-28 所示。

将粗细不等的线进行排列，可以产生虚实空间的视觉效果，如图 15-29 所示。将规则的线在同一方向上作一些切换变化，则可以产生错觉化的视觉效果，如图 15-30 所示。

图 15-27　等距排列的线　　图 15-28　非等距排列的线　　图 15-29　线的虚实变化

将具有厚重感的规则的线按一定的方式分布，可以产生规则的立体化视觉效果，如

在平面设计中，可将作品中的各个组成部分看成不同的点，当各个点之间相互协调时，整个作品也就协调了。

图 15-31 所示。将不规则的线按一定的方式分布，则可以产生不规则的立体化视觉效果，如图 15-32 所示。

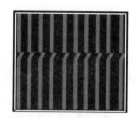

图 15-30　线的切换变化

图 15-31　线的规则立体变化

图 15-32　线的不规则立体变化

3．面的形象

单纯的面具有长度与宽度，没有厚度，是体的表面。面受线的界定，具有一定的形状。分为实面和虚面两类，实面具有明确、突出的形状，虚面则由点、线密集而成。

几何形的面，表现出稳定、规则而理性的视觉效果，如图 15-33 所示。自然形的面以不同外形展现现实物体的面，给人以更为厚实的视觉效果，如图 15-34 所示。

徒手绘制的面总是给人无限想象，如图 15-35 所示。有机形的面会为图像带出自然、柔和的面的形态，如图 15-36 所示。

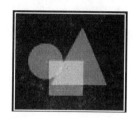

图 15-33　几何形的面

图 15-34　自然形的面

图 15-35　徒手绘制的面

偶然形的面，给人自由、活泼的感觉，如图 15-37 所示。人造形的面则给人较为理性的艺术特点表现，如图 15-38 所示。

图 15-36　有机形的面

图 15-37　偶然形的面

图 15-38　人造形的面

15.3.3　平面构成视觉对比

在平面设计过程中，平面的不同构成会给人不同的视觉感受，优秀的平面作品会让人过目不忘。下面介绍几种常用的平面构成。

操 作 提 示

在广告设计中，大面积的面通常用于决定设计作品的主色调，其他面积上的面则根据主色调来进行加工。

◆ **基本构成形式**：平面构成的基本形式大体分为 90°排列格式、45°排列格式、弧线排列格式和折线排列格式等，如图 15-39 所示。

◆ **重复构成形式**：重复构成形式以一个单元按一定规律重复排列，排列时可作方向、位置的变化，这种构成具有形式美感，如图 15-40 所示。

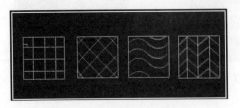

图 15-39　基本构成形式

图 15-40　重复构成形式

◆ **近似构成形式**：近似构成形式是具有相似之处的形体之间的构成，如图 15-41 所示。

◆ **渐变构成形式**：渐变构成形式是把形体按大小、方向、虚实和色彩等关系进行渐次变化排列的构成，如图 15-42 所示。

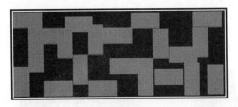

图 15-41　近似构成形式

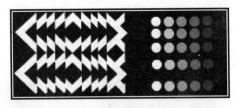

图 15-42　渐变构成形式

◆ **发射构成形式**：该形式以一点或多点为中心，以向周围发射、扩散等方式进行构成。沉重方式能产生强烈的动感和节奏感，如图 15-43 所示。

◆ **空间构成形式**：利用透视学中的视点、灭点和视平线等原理排列图像，使图像在平面上产生空间形态，如图 15-44 所示。

图 15-43　发射构成形式

图 15-44　空间构成形式

◆ **特异构成形式**：特异构成形式是在有规律的形态中进行小部分的变异，以此突破规范而单调的构成形式，如图 15-45 所示。

◆ **分割构成形式**：分割构成形式将不同的形态分割成较为规范的单元，以得到比例一致、特点灵活和自由的视觉感，如图 15-46 所示。

　　寓"变化"于"统一"之中是近似构成的形式特征，在设计中，一般采用基本形体之间的相加或相减来求得近似的基本形体。

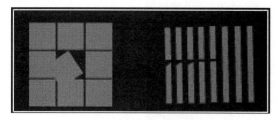

图 15-45　特异构成形式

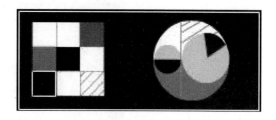

图 15-46　分割构成形式

15.3.4　平面构图原则

在平面构图过程中，为了让作品最终得到大家的认可，还可通过一些常见的手法，让图像看起来更加舒适以及符合常理。在构图时主要应注意以下几种平面构图的原则。

- 和谐：单独的一种颜色或单独的一根线条无所谓和谐，几种要素具有基本的共同性和融合性才称为和谐。和谐的组合也保持部分的差异性，但当差异性表现得强烈和显著时，和谐的格局就向对比的格局转化。
- 对比：对比又称对照，把质或量反差甚大的两个要素成功地配列于一起，使人感受到鲜明强烈的感触而仍具有统一感的现象称为对比，能使主题更加鲜明，作品更加活跃。
- 对称：对称又名均齐，假定在某一图形的中央设一条垂直线，将图形划分为相等的左右两部分，其左右两部分的形量完全相等，这个图形就是左右对称的图形，这条垂直线称为对称轴。对称轴的方向如由垂直转换成水平方向，就成上下对称。如垂直轴与水平轴交叉组合为四面对称，则两轴相交的点即为中心点，这种对称形式即称为"点对称"。
- 平衡：在平衡器上两端承受的重量由一个支点支持，当双方获得力学上的平衡状态时，称为平衡。在生活现象中，平衡是动态的特征，如人体运动、鸟的飞翔、兽的奔驰、风吹草动和流水激浪等都是平衡的形式，因而平衡的构成具有动态，且又达成视觉画面的均匀。
- 比例：比例是部分与部分或部分与全体之间的数量关系，是构成设计中一切单位大小，以及各单位间编排组合的重要因素。

15.4　精通实例——制作流行时装海报

本章的精通实例中将制作流行时装海报，在制作时将通过色彩配合以及平面构图的一些手法进行设计。通过在图像中增加色块、文字以及分割图像，以强调视觉效果，最终效果如图 15-47 所示。

特异构成的因素有形状、大小、位置、方向和色彩等，局部变化的比例不能过大，否则会影响整体与局部变化的对比效果。

图 15-47　流行时装海报

15.4.1　行业分析

本例制作的流行时装海报是服装宣传的手法之一，一般用于推出新一年或是新一季服装产品。

一般高档服装海报都是以模特直接穿着即将推出的服装，再以当季的景物为背景元素进行拍摄的。这类海报对模特自身素质、摄像师拍摄技术以及灯光应用有很高的要求。而有些品牌为了给消费者留下深刻的印象，会在某一季海报设计中加入一些创新元素以吸引消费者。

15.4.2　操作思路

为更快完成本例的制作，并且尽可能运用本章讲解的知识，本例的操作思路如下。

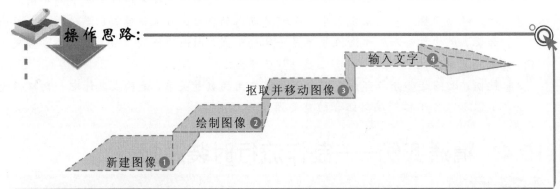

15.4.3　操作步骤

下面介绍制作流行时装海报的方法，其操作步骤如下：

在制作时装海报时，有时还需考虑配套的服装吊牌、促销小旗等设计元素。

光盘\素材\第 15 章\流行时装.jpg
光盘\效果\第 15 章\流行时装海报.psd
光盘\实例演示\第 15 章\制作流行时装海报

1. 选择【文件】/【新建】命令，打开"新建"对话框。在其中设置"名称"、"宽度"、"高度"、"分辨率"分别为"流行时装海报"、"25 厘米"、"17 厘米"、"72"，单击 确定 按钮。

2. 使用黑色填充背景图层，新建图层。在工具箱中选择矩形选框工具 ，在其工具属性栏中单击 按钮。使用鼠标在图像上绘制大小不同的矩形选区，如图 15-48 所示。

3. 将前景色设置为"淡黄色（#574800）"，按"Alt+Delete"快捷键，使用前景色填充选区。在工具箱中选择多边形套索工具 ，在其工具属性栏中单击 按钮。使用鼠标在图像右上角的选区绘制一个三角形选区，并使用"灰色（#303030）"进行填充，效果如图 15-49 所示。

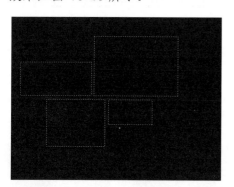

图 15-48　绘制选区

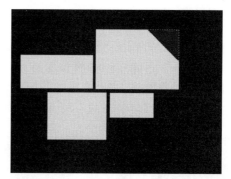

图 15-49　绘制选区并填充选区

4. 按 Ctrl 键的同时，单击"图层 1"缩略图，载入选区。使用多边形套索工具在图像下方绘制一个四边形，如图 15-50 所示。新建图层，使用"粉红色（#ff8484）"填充选区。

5. 按 Ctrl 键的同时，单击"图层 1"缩略图，载入选区。使用多边形套索工具在图像左上方绘制一个四边形，如图 15-51 所示。新建图层，使用"灰色（#303030）"填充选区。取消选区，选择"图层 4"。

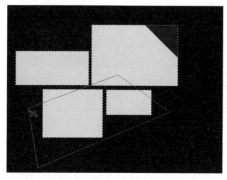

图 15-50　绘制四边形

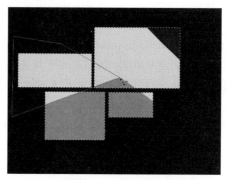

图 15-51　继续绘制四边形

操作提示

如制作男装海报，则应该选择庄重一些的深色绘制图像中的色块。

6 打开 "流行时装.jpg" 图像，如图 15-52 所示。使用磁性套索工具，选择图像中右边第 2 个人物的上半身，并将其移动到 "流行时装海报" 图像中，如图 15-53 所示。

图 15-52　打开图像

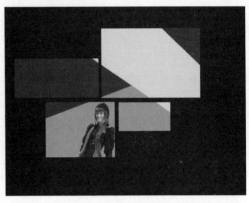

图 15-53　移动图像

7 使用魔棒工具选择 "流行时装" 图像中右边第 3 个人物的上半身，将其移动到 "流行时装海报" 图像中，并将该图层移动到 "图层 3" 下方，如图 15-54 所示。

8 使用相同的方法，将 "流行时装" 图像中左边第 3 个人物和左边第 4 个人物的上半身，移动到 "流行时装海报" 图像中，如图 15-55 所示。

图 15-54　继续移动图像

图 15-55　完成添加图像

9 选择 "图层 5"。选择【图层】/【图层样式】/【描边】命令，打开 "图层样式" 对话框，在其中设置 "大小"、"颜色" 分别为 "1"、"白色"，单击 确定 按钮。

10 使用相同的方法，对 "图层 6"、"图层 7" 和 "图层 8" 中的人物添加白色的描边，效果如图 15-56 所示。

11 在工具箱中选择横排文字工具 T，在工具属性栏中设置 "字体"、"颜色" 分别为 "Arial"、"白色"。设置不同的字体大小，在图像中输入文本，如图 15-57 所示。

将图像移动到 "流行时装海报" 中后，最好使用矩形选框将人物下方选中。按 "Delete" 键将人物下方不规则的部分删除。

图 15-56　为人物添加描边

图 15-57　输入文字

12 使用横排文字工具，在图像右下角输入 "Y&JOY" 文字，再在工具箱中选择自定形状工具 ，在其工具属性栏中设置 "颜色" 为 "黄色（#ffe875）"，并在 "形状" 下拉列表框中选择 ✱ 选项。使用鼠标在刚刚输入的 "J" 字母上绘制形状，效果如图 **15-58** 所示。

13 新建图层，在 "Y&JOY" 文字下方绘制一个矩形选区，并使用白色填充选区，如图 **15-59** 所示，并设置图层的 "不透明度" 为 "20%"。

图 15-58　绘制形状

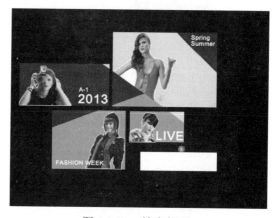

图 15-59　填充矩形

15.5　精通练习——制作中秋海报

本章主要介绍了平面设计、色彩构成、平面构成、构图原则和视觉对比等概念及其基础知识。这些都是平面设计的基础，也是平面设计中最常用、最重要的知识。

操作提示

在设计广告时，要注意多创建图层，并给图层命名，以便需要时进行修改。

本练习将制作中秋海报，首先新建一个"32cm×21.12cm"、"分辨率为 300 像素"的图像，使用渐变工具在背景中绘制一个"白色"到"黄灰色（#c9c2a7）"的径向渐变，再打开"中秋素材.psd"图像，将"中秋素材"图像中的素材移动到"中秋海报"图像中，并调整其大小和位置。最终选择文字工具并使用"汉仪雁翎体简"字体，输入"一样的月光，不一样的情怀"。最终效果如图 15-60 所示。

图 15-60　中秋海报

光盘\素材\第 15 章\中秋素材.psd
光盘\效果\第 15 章中秋海报.psd
光盘\实例演示\第 15 章\制作中秋海报

该练习的操作思路与关键提示如下。

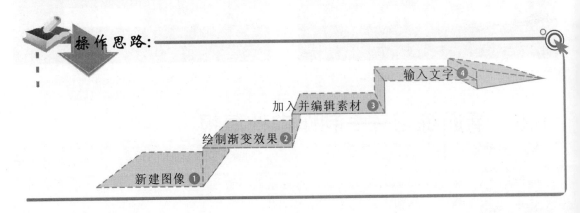

操作思路：

输入文字 ❹

加入并编辑素材 ❸

绘制渐变效果 ❷

新建图像 ❶

制作与中秋题材相关的作品，通常都会使用黄色或是蓝色为主色调。

↘ 关键提示:

编辑"墨迹 2"、"水墨"图层时,使用图层蒙版将不需要的部分隐藏。

单独对"水墨"图层执行"去色"命令。

对"中秋"图层添加"颜色叠加"、"外发光"图层样式,其中"颜色叠加"的颜色效果设置为"黄色(#ffc820)"。

 包豪斯设计学院

　　平面构成作为设计的基础课,开始于德国包豪斯设计学院,其后应用于设计的各个领域。包豪斯设计学院是世界上最为出名的设计学院之一,对现代艺术设计有巨大的影响,包豪斯培养出了很多现代设计领域中出类拔萃的人才。由于一些原因,包豪斯设计学院最后被关闭,而重新开放后的包豪斯设计学院最后更名为魏玛包豪斯大学。

 操作提示

　　一幅好的设计作品,并不在于其作品中要展示多少元素,而是如何将各个元素有机组合,给观众带来视觉上的享受。

第16章

图像处理高级技巧

制作腮红

抠图的高级方法

风景照的常见处理方法

人物照的常见处理方法

Photoshop 在图像处理领域的应用十分广泛，用户常使用它进行照片和其他图像的处理，从而使照片或其他图像变得更漂亮、更吸引观众的眼球。本章将具体介绍照片和其他图像的常用处理技巧，包括各种抠图的高级方法、为照片添加层次感、边界锐化技术、制作梦幻色彩和为照片上色等处理技巧。

本章导读

16.1 抠图的高级方法

使用 Photoshop 处理图像经常需要对图像进行合成，而合成图像需要大量的素材文件，使用普通方法并不能在特殊情况下抠取用户需要的图像。不同的图像要使用不同的方法进行抠图，下面将讲解常用的抠图方法。

16.1.1 使用调整边缘

在抠取一些边缘复杂且颜色边缘比较不明显的图像时，使用普通的方法绘制选区往往会使抠取的图像很不明显。此时用户可通过选区工具，单击工具属性栏中的 调整边缘… 按钮，帮助优化图像边缘。

实例 16-1 使用调整边缘抠取"飞鸟"图像 ●●●

光盘\素材\第 16 章\飞鸟.psd
光盘\效果\第 16 章\飞鸟.psd

1 打开"飞鸟.psd"图像，选择"图层 1"。在工具箱中选择多边形套索工具 。使用鼠标在图像中鸟和树干周围绘制选区，如图 16-1 所示。

2 在套索工具的工具属性栏中单击 调整边缘… 按钮，打开"调整边缘"对话框，设置"半径"、"羽化"、"对比度"、"移动边缘"分别为"4.7"、"18.0"、"40"、"-42"，如图 16-2 所示。

图 16-1 绘制选区

图 16-2 设置调整边缘

3 在图像窗口中使用鼠标在图像中鸟的边缘多出的部分进行涂抹，直到图像中除需要部分外其他背景都变为了白色，效果如图 16-3 所示。在"调整边缘"对话框中单击 确定 按钮。

4 选择【选择】/【反向】命令，反向建立选区。按 Delete 键删除选区并取消选区。

在"调整边缘"对话框中选中 记住设置(T) 复选框。用户可将调整边缘的参数保存，需要注意的是，该功能较适合批量调整相同光线、颜色的同类图像。

5 使用套索工具，在鸟的脚部建立选区。选择【选择】/【反向】命令，反向建立选区。使用相同的方法删除脚部多余的背景图像，效果如图 **16-4** 所示。

图 16-3　涂抹图像　　　　　　　　　　　　　　图 16-4　最终效果

16.1.2　使用色彩范围

使用调整边缘虽能对选区进行优化，得到更加理想的选区。但在抠取去树根、树枝这类复杂的图像时并不适用。此时可使用"色彩范围"命令，建立选区抠取图像。

实例 16-2 使用色彩范围抠取"地球"图像 ●●●

参见光盘　光盘\素材\第 16 章\地球.psd
光盘\效果\第 16 章\地球.psd

1 打开"地球.psd"图像。选择"图层 1"，选择【选择】/【色彩范围】命令，在打开的"色彩范围"对话框中单击 按钮。

2 在图像窗口中的云和天空中单击，如图 **16-5** 所示，在"色彩范围"对话框中预览效果，如图 **16-6** 所示。单击 按钮。

图 16-5　打开图像　　　　　　　　　　　　　　图 16-6　设置色彩范围

3 按 Delete 键删除选区中的图像，再取消选区。在工具箱中选择套索工具 ，使用鼠

如需要删除的对象颜色太鲜艳，不易被选择，可先使用鼠标选择简单而不需要的对象，再在"色彩范围"对话框中选中 ☑反相(I) 复选框。

标在地面上建立选区，如图 16-7 所示。

4 按 Delete 键，删除选区中的图像，再取消选区。按 "Ctrl+T" 快捷键，将树木缩小
并将其放置在地球图像正上方，效果如图 16-8 所示。

图 16-7　绘制选区

图 16-8　最终效果

16.1.3　使用通道抠图

在抠取毛发、婚纱等对象时，由于对象过小且边缘复杂，使用调整边缘和色彩范围等
方法都不易被抠取。此时不妨通过通道对图像进行抠取。

实例 16-3　使用通道抠取 "春天" 图像 ●●●

光盘\素材\第 16 章\春天.psd
光盘\效果\第 16 章\春天.psd

1 打开 "春天.psd" 图像，打开 "通道" 面板，在其中选择颜色对比度最大的 "红　副
本" 通道。使用鼠标将 "红" 通道移动到 按钮上，复制通道，如图 16-9 所示。

2 在工具箱中选择画笔工具 ，使用黑色的画笔对人物白色和浅色的区域进行涂抹，再
使用白色的画笔工具对画像中深色的部分进行涂抹，如图 16-10 所示。

图 16-9　复制通道

图 16-10　使用画笔对图像进行涂抹

通过通道进行抠图，只适合于图像通道中颜色对比度很高的图像。

3　在"通道"面板中单击按钮，将图像载入选区。删除"红 副本"通道，显示 RGB 通道，如图 16-11 所示。

4　按 Delete 键，删除选区中的图像，取消选区。删除"图层 2"，按"Ctrl+J"快捷键，复制"图层 1"，效果如图 16-12 所示。

图 16-11　删除通道

图 16-12　最终效果

16.2　风景风格照处理方法

拍摄完风景照后，还需要对图像进行处理。风景照的常见处理方法有调整亮度、对比度和饱和度等，这些方法都可直接通过图层样式以及调色命令完成。下面将讲解一些处理风景风格照的方法。

16.2.1　制作移轴效果

使用正常方法拍摄出的图像，有时会让人觉得平淡无奇。为了追求有趣味的画面，有些用户在拍摄建筑风景时，会使用移轴相机而使拍摄出的图像有微缩模型的效果。在实际生活中用户并不一定需要使用专门的移轴相机拍摄移轴效果，只需使用 Photoshop 将图像处理出移轴效果。

实例 16-4　将"圣诞节"图像制作为移轴效果 ●●●

参见光盘　光盘\素材\第 16 章\圣诞节.jpg
　　　　　光盘\效果\第 16 章\圣诞节.psd

1　打开"圣诞节.jpg"图像，如图 16-13 所示。打开"通道"面板，在面板中单击按钮。新建"Alpha 1"通道，将前景色设置为"白色"。

2　在工具箱中选择画笔工具，在其工具属性栏中设置"画笔大小"、"硬度"分别为"500 像素"、"0%"。按 Shift 键的同时，使用鼠标在图像中间绘制一条直线，如图 16-14 所示。选择【图像】/【调整】/【反相】命令，反相图像颜色，再在"通道"面板中选择显示 RGB 通道。

使用制作移轴效果的方法，也可制作景深效果。只需在图像 Alpha 通道中需要的焦点处绘制一个黑点即可。

图 16-13　打开图像

图 16-14　绘制直线

3 打开"图层"面板，按"Ctrl+J"快捷键复制图层。选择【滤镜】/【模糊】/【镜头模糊】命令，打开"镜头模糊"对话框，在其中设置"源"、"模糊焦距"、"半径"分别为"Alpha 1"、"20"、"15"，如图 16-15 所示，单击 确定 按钮。

4 在工具箱中选择颜色加深工具，在其工作属性栏中设置"画笔大小"、"范围"、"曝光度"分别为"120 像素"、"中间调"、"20%"。使用鼠标在图像四角进行涂抹，增加暗角。

图 16-15　设置镜头模糊

16.2.2　为风景照添加颜色效果

不同景点有各自最漂亮的季节，如果在季节不佳时拍摄照片，会直接影响图像的美感。此时，用户不妨使用 Photoshop 对图像中的景物进行调色。

在使用加深工具绘制图像暗角时，不要将暗角涂抹得过于明显，否者会适得其反，影响图像效果。

实例 16-5 改变"高山"图像的颜色 ●●●

光盘\素材\第 16 章\高山.jpg
光盘\效果\第 16 章\高山.psd

1 打开"高山.jpg"图像。按"Ctrl+J"快捷键复制图像,将图层"混合模式"设置为"强光","不透明度"为"40%"。

2 在工具箱中选择多边形套索工具,在其工具属性栏中设置"羽化"为"6 像素",并单击按钮。使用鼠标在图像下方和中间绘制选区,如图 16-16 所示。

3 在"图层"面板中单击按钮,在弹出的下拉菜单中选择"通道混合器"命令,在打开的"调整"面板中设置"输出通道"、"红色"、"绿色"、"蓝色"分别为"绿"、"+200"、"+90"、"-25",再设置"输出通道"、"红色"、"绿色"、"蓝色"分别为"蓝"、"-152"、"0"、"-106",如图 16-17 所示。

图 16-16　绘制选区

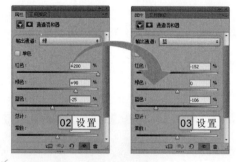

图 16-17　调整绿色

4 在"图层"面板中选择"背景 副本"图层。使用套索工具,在图像下方绘制选区,如图 16-18 所示。

5 在"图层"面板中单击按钮,在弹出的下拉菜单中选择"通道混合器"命令,在打开的"调整"面板中设置"输出通道"、"红色"、"绿色"、"蓝色"分别为"红"、"+162"、"+79"、"+21",再设置"输出通道"、"红色"、"绿色"、"蓝色"分别为"绿"、"+129"、"+106"、"0",如图 16-19 所示。

图 16-18　绘制选区

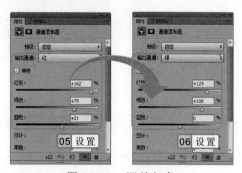

图 16-19　调整红色

用户也可使用"色相/饱和度"命令来调整图像颜色。

6　在"图层"面板中选择"通道混合器 1"，调整图层的"不透明度"为"60%"，调整"通道混合器 2"图层的"不透明度"为"80%"。

7　设置前景色为"黑色"，在工具箱中选择画笔工具，在其工具属性栏中设置"画笔大小"为"28 像素"。单击"通道混合器 1"图层的图层蒙版，在图像上的花朵上单击，使变色的花朵恢复为原色，效果如图 16-20 所示。

8　在"图层"面板中单击按钮，在弹出的下拉菜单中选择"照片滤镜"命令。打开"调整"面板，在"滤镜"下拉列表框中选择"加温滤镜（LBA）"选项，设置"浓度"为"40"，如图 16-21 所示。

图 16-20　编辑蒙版

图 16-21　设置照片滤镜

16.3　人物照处理方法

拍摄人物照后，为了使图像中人物表情更加立体和整体画面更加美观，需要对照片的人物进行处理。下面将讲解一些常用的处理人物照方法，以便用户处理人物照。

16.3.1　为人物磨皮

拍摄人物照时，有些人物的脸部有很多斑痕，这些斑痕直接影响了图像的整体美观，所以很多用户在处理人物照时，首先对人物进行磨皮，然后再对人物的其他部分进行美化。

实例 16-6　对"磨皮"图像中的人物磨皮 ●●●

参见光盘　光盘\素材\第 16 章\磨皮.jpg
　　　　　光盘\效果\第 16 章\磨皮.psd

1　打开"磨皮.jpg"图像，如图 16-22 所示。按"Ctrl+J"快捷键复制图层，选择【滤镜】/【其他】/【高反差保留】命令，在打开的"高反差保留"对话框中设置"半径"为"1.2"，如图 16-23 所示，单击　确定　按钮。

使用"高反差保留"滤镜是为人物轮廓添加锐化效果，其"半径"数字不能设置得过大。

图 16-22　打开图像

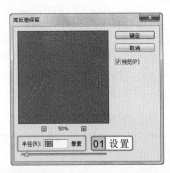

图 16-23　设置高反差保留

2 将该图层的图层"混合模式"设置为"叠加"，按"Shift+Ctrl+Alt+E"组合键盖印图层。打开"通道"面板，按住"Ctrl"键的同时单击"红"通道。按"Shift+Ctrl"快捷键的同时单击 RGB 通道，如图 16-24 所示。

3 按"Ctrl+J"快捷键复制图层。选择【滤镜】/【模糊】/【高斯模糊】命令，打开"高斯模糊"对话框，设置"半径"为"3.0"，单击 确定 按钮。

4 选择"图层 2"，按"Ctrl+J"快捷键复制图层。将复制的图层放置在所有图层的最上方。在"图层"面板中单击 按钮，为图层添加蒙版。

5 设置前景色为"黑色"，在工具箱中选择画笔工具 ，在其工具属性栏中设置"不透明"、"流量"均为"50%"。使用鼠标在人物的脸部、手部涂抹，效果如图 16-25 所示。

图 16-24　建立选区

图 16-25　编辑蒙版

16.3.2　为人物去除眼袋

拍摄的照片中有时会出现人物有眼袋或黑眼圈的情况，眼袋和黑眼圈虽然不会影响图像的整体效果，但会让图像看起来很颓废、没有朝气。在制作一些有朝气的图像时，就需要为图像中的人物去除眼袋和黑眼圈。

在"通道"面板中，应该选择一个脸部斑痕最少的通道进行处理。

对 "眼袋" 图像中的人物去除眼袋 ●●●

参见
光盘　光盘\素材\第 16 章\眼袋.jpg
光盘\效果\第 16 章\眼袋.psd

>>>>>>>>

1 打开 "眼袋.jpg" 图像，如图 **16-26** 所示，按 "Ctrl+J" 快捷键复制图层。

2 放大图像，在工具箱框中选择多边形套索工具 ，在其工具属性栏中单击 按钮，设置 "羽化" 为 "0 像素"，在人物眼袋上绘制两个选区，如图 **16-27** 所示。

图 16-26　打开图像

图 16-27　绘制选区

3 选择【滤镜】/【模糊】/【高斯模糊】命令，打开 "高斯模糊" 对话框，设置 "半径" 为 "3.0"，单击 确定 按钮。

4 取消选区，在工具箱中选择吸管工具 ，使用鼠标在人物眼睛下方单击吸取颜色，如图 **16-28** 所示。

5 在工具箱中选择画笔工具 ，在其工具属性栏中设置 "画笔大小"、"硬度"、"不透明度"、"流量" 分别为 "17 像素"、"0%"、"50%"、"50%"。使用鼠标在眼睛下方轻轻进行涂抹，效果如图 **16-29** 所示。

图 16-28　吸取颜色

图 16-29　涂抹黑眼圈

操 作 提 示

如需要处理的图像是一张脸部特写，在使用多边形套索工具时，最好设置一定的羽化值。

6 选择【滤镜】/【液化】命令，在打开的"液化"对话框中单击 ◈ 按钮，设置"画笔大小"、"画笔压力"分别为"50"、"27"，使用鼠标在"液化"对话框的预览框的人物两只眼睛上各单击一次，如图 16-30 所示，单击 确定 按钮。

图 16-30　设置液化

16.3.3　制作腮红

在处理小孩子的照片时，为了使小孩更可爱、健康，可使用 Photoshop 为照片加亮颜色并添加腮红。

 在"小孩"图像中制作腮红和提亮图像 ●●●

参见
光盘　　光盘\素材\第 16 章\小孩.jpg
　　　　光盘\效果\第 16 章\小孩.psd

1 打开"小孩.jpg"图像，如图 16-31 所示，按"Ctrl+J"快捷键复制图层。

2 选择【图像】/【调整】/【曲线】命令，打开"曲线"对话框。使用鼠标调整曲线，如图 16-32 所示，单击 确定 按钮，然后将"图层 1"的"不透明度"设置为"60%"。

3 在"图层"面板中单击 ◉ 按钮，在弹出的下拉菜单中选择"照片滤镜"命令。在打开的"属性"面板中设置"滤镜"、"浓度"分别为"深蓝"、"25"。在"图层"面板中单击 ◉ 按钮，新建图层。

使用"液化"滤镜将人物眼睛变大时，一定不能将人物的眼睛变得过大，否则会因为过度夸张而使图像看起来缺乏说服力。

图 16-31　打开图像

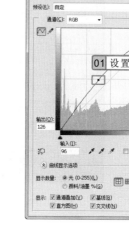

图 16-32　调整曲线

4 将前景色设置为"粉红（#ff67b6）"，在工具箱中选择画笔工具，在其工具属性栏中设置"画笔大小"、"硬度"分别为"88 像素"、"0%"，在小孩左右脸颊上各单击一次，效果如图 16-33 所示。

5 选择【滤镜】/【模糊】/【高斯模糊】命令，打开"高斯模糊"对话框。在其中设置"半径"为"10.0"，单击 确定 按钮。设置"图层 2"的"不透明度"为"60%"，效果如图 16-34 所示。

图 16-33　绘制腮红

图 16-34　最终效果

16.4　精通实例——合成"遥望地球"图像

本章的精通实例将合成"遥望地球"图像，在制作时将通过建立选区、图层样式、图层不透明度和图层蒙版等方法制作图像。通过在图像中添加地球、眩光和精灵等元素来增加图像的魔幻感，最终效果如图 16-35 所示。

为图像添加"蓝色照片"滤镜，可以使人物皮肤显得更加白净。

图 16-35　合成"遥望地球"图像

16.4.1　行业分析

本例制作的"遥望地球"图像属于数码合成图的一种，合成图在很多方面被广泛使用，如电影海报、CD 封面和广告海报等。

制作合成图不但考验设计师的想象力，而且由于一幅合成图往往由多个素材组成，所以要使图像看起来融合、不突兀，设计师的 Photoshop 技术以及耐心也起到重要作用。合成图一般分类为科幻、魔幻以及超现实风格 3 种。

16.4.2　操作思路

为更快完成本例的制作，并且尽可能运用本章讲解的知识，本例的操作思路如下。

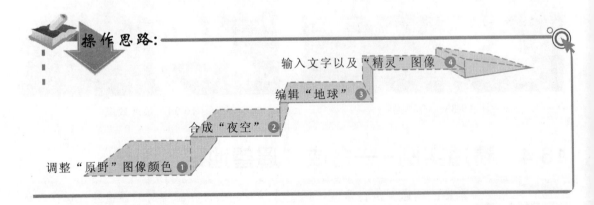

操作思路：

输入文字以及"精灵"图像 ❹

编辑"地球" ❸

合成"夜空" ❷

调整"原野"图像颜色 ❶

16.4.3　操作步骤

下面介绍合成"遥望地球"图像的方法，其操作步骤如下：

为了使合成图看起来更加和谐，所以在制作时一定要注意调整各个图像元素的颜色以及阴影关系。

参见
光盘　　光盘\素材\第 16 章\地球.jpg、原野.jpg、星空.jpg、眩光.psd
光盘\效果\第 16 章\遥望地球.psd

1　打开"原野.jpg"图像，双击"背景"图层，打开"新建图层"对话框，单击 ▭确定▭ 按钮。在"图层"面板中单击 ▯按钮，新建"图层 1"，并将新建的图层移动到"图层 0"下方，使用"黑色"填充"图层 1"，如图 16-36 所示。

2　选择"图层 0"，并为该图层添加图层蒙版。将前景色设置为"黑色"，在工具箱中选择画笔工具 ✐。使用鼠标对图像中的天空进行涂抹，效果如图 16-37 所示。

图 16-36　新建图层

图 16-37　编辑蒙版

3　打开"星空.jpg"图像，使用移动工具将其移动到"原野"图像上，并将该图层移动到"图层 1"图层上方，如图 16-38 所示。

4　选择"图层 0"图层，按"Ctrl+M"快捷键，打开"曲线"对话框，使用鼠标调整曲线，如图 16-39 所示。

图 16-38　加入素材

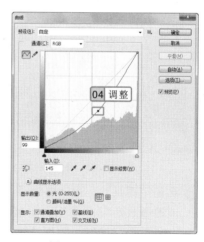

图 16-39　调整曲线

5　在"图层"面板中单击 ◕按钮，在弹出的下拉菜单中选择"曲线"命令。在打开的"属性"面板中，使用鼠标调整曲线，如图 16-40 所示。

按"Ctrl+M"快捷键打开"曲线"对话框是为了单独调整"图层 0"的颜色。使用曲线调整图层是为了调整所有图层的颜色。

6 打开"地球.jpg"图像，在工具箱中选择魔棒工具 。单击图像中的黑色区域，使用移动工具将地球图像移动到"原野"图像中。按"Ctrl+T"快捷键缩放图像，如图 16-41 所示。按"Enter"键确定大小。

图 16-40　设置调整图层

图 16-41　添加素材

7 在"图层"面板中单击 按钮，为图层添加蒙版。在工具箱中选择画笔工具 ，在工具属性栏中设置"不透明度"、"流量"分别为"40%"、"40%"。使用鼠标对地球图像底端进行涂抹，如图 16-42 所示。

8 双击"图层 3"，打开"图层样式"对话框，在"样式"列表框中选中 渐变叠加 复选框。设置"不透明度"、"角度"、"缩放"分别为"31"、"48"、"77"，在"渐变"下拉列表框中选择"透明彩虹渐变"选项，如图 16-43 所示，单击 确定 按钮。

图 16-42　编辑蒙版

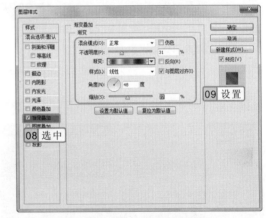

图 16-43　编辑图层样式

9 设置"图层 3"的"不透明度"为"90%"。选择【图像】/【画布大小】命令，打开"画布大小"对话框，设置"高度"为"25.5"，并单击"定位"栏中的 按钮，单击 确定 按钮，如图 16-44 所示。

10 使用移动工具将"地球"图像向上移动。打开"眩光.psd"图像，选中"眩光"图层。对"眩光"使用移动工具将其移动到"原野"图像中。按"Shift+Ctrl+Alt+E"组合键盖印图层。

用户也可以在打开"原野"图像时，设置画布大小。

11 在工具箱中选择加深工具 ，在工具属性栏中设置"曝光度"为"40%"。使用鼠标对图像的四周以及麦田中的道路进行涂抹，如图 16-45 所示。

图 16-44　设置画布大小

图 16-45　使用加深工具编辑图像

12 使用移动工具将"眩光"图像中的"蝴蝶"图层移动到"原野"图像中，如图 16-46 所示。

13 在工具箱中选择直排文字工具 ，在其工具属性栏中设置"字体"、"字体大小"、"颜色"分别为"汉仪丫丫体简"、"60 点"、"白色"，并在图像中间输入"遥望地球"，如图 16-47 所示。

14 使用直排文字工具在"遥望地球"文字下方输入"Earth"文字，在直排文字工具属性栏中单击 按钮，设置"字体"、"字体大小"分别为"Tempus SansITC"、"36 点"，最后选择【文件】/【存储为】命令，在打开的对话框中将图像另存为"遥望地球"。

图 16-46　添加素材

图 16-47　输入文字

16.5　精通练习——为图像上色

本章主要介绍了图像的高级处理技巧，如各种常用的抠图方法、风景照的处理技巧及人物照的处理技巧等。通过学习本章的知识，相信能让用户对图像处理的方法有更进一步的了解。

使用钢笔工具也可以完成抠图，其方法是，使用钢笔工具沿着图像边缘绘制路径，完成后，在"路径"面板中将路径转化为选区。

本次练习将为黑白照片上色，新建一个"色相/饱和度"调整图层，将图像调整为冷色调。在工具箱中选择画笔工具 ✏，在其工具属性栏中设置"模式"、"不透明"分别为"颜色"、"50%"。盖印图层，使用浅蓝色对人物的衣服进行涂抹，再使用棕色对人物皮肤进行涂抹。使用其他颜色为书籍、眼睛上色，最终效果如图 16-48 所示。

图 16-48   为图像上色

参见
光盘

光盘\素材\第 16 章\为图像上色.jpg
光盘\效果\第 16 章\为图像上色.psd
光盘\实例演示\第 16 章\为图像上色   >>>>>>>>>>

该练习的操作思路与关键提示如下。

操作思路:

使用画笔工具对各部分进行上色 ③

选择画笔工具并进行设置 ②

打开图像 ①

关键提示:

设置"色相/饱和度"调整图层的"色相"、"饱和度"、"明度"分别为"7"、"25"、"0"。

设置画笔的具体颜色数值为:

衣服淡蓝色（#7589a2）、皮肤棕色（#d06536）、口红红色（#ae0a30）、书籍封面淡蓝色（#7589a2）、书籍背面土黄色（# 62300c）、书籍封面中的树木绿色（# 39843a）、眼影灰色（#4d4b56）。

某些相机可在黑白模式下拍摄，在这种模式下记录图像时，相机只使用 3 个颜色通道中的一个而减少色调范围。将彩色模式图像处理成黑白照片，可精确记录场景中所有范围内的色调。

Photoshop Express

　　Photoshop Express 是由 Adobe 公司推出的一款可安装在移动智能手机上的图像处理软件，可以理解为是手机版的 Photoshop。Photoshop Express 是一款免费的软件。由于 Photoshop Express 使用的是手机平台，所以并没有 PC 平台的 Photoshop 功能强大。尽管如此，Photoshop Express 支持横屏和竖屏照片以及对图片进行简单的处理，如加字、调节光亮度等，完全能够满足手机用户的正常使用。

　　一般情况下，越靠近拍摄主体，越容易得到效果较佳的照片。因为靠近主体拍摄，可使主体更突出、更清楚。

第17章 •••

为图像添加"炫"特效

文字特效制作

制作风雪效果

制作牛仔布纹理

特效制作

纹理、画框制作

图像特效制作

学习了 Photoshop 的基础知识后，就可以利用所学的知识制作出各式各样的效果。本章将运用所学内容创建文字、画框、纹理与图案特效，其中包括创建文字效果、制作木质纹理和玻璃画框等。

本章导读

17.1　文字特效制作

 文字是平面设计中不可缺少的元素，尤其在商业设计作品中起着至关重要的作用，常用作设计作品的主题、说明和装饰等。下面将介绍一些常用特效文字的制作方法和技巧。

17.1.1　制作金属字

金属字会给人一种坚硬、稳重以及不易推倒的感觉，多用于制作一些比较刚硬或者与男性有关的设计主题。

 为"蝙蝠侠"图像添加金属字 ●●●

参见光盘　光盘\素材\第 17 章\蝙蝠侠.jpg、金属.jpg
光盘\效果\第 17 章\蝙蝠侠.psd

1 打开"蝙蝠侠.jpg"图像，在工具箱中选择横排文字工具，在其工具属性栏中设置"字体"、"字体大小"、"颜色"分别为"方正综艺简体"、"24 点"、"白色"。使用该工具在图像左上角输入"蝙蝠侠"，如图 17-1 所示。

2 选择"蝙蝠侠"文字图层，再选择【图层】/【图层样式】/【投影】命令，在打开的"图层样式"对话框中设置"混合模式"、"颜色"、"不透明度"、"距离"、"扩张"、"大小"分别为"正常"、"白色"、"100"、"6"、"2"、"15"。

3 在"图层样式"对话框的"样式"栏中选中☑内发光复选框。设置"混合模式"、"不透明度"、"颜色"、"方法"、"大小"分别为"柔光"、"100"、"白色"、"柔和"、"62"，效果如图 17-2 所示。

图 17-1　输入文字

图 17-2　设置投影、内发光

4 在"图层样式"对话框的"样式"栏中选中☑渐变叠加复选框。设置"混合模式"、"不透

在制作文字特效时，输入的字体也非常重要，合适的字体能更好地表现特效图像。

明度"、"渐变"、"缩放"分别为"正常"、"44"、"黑，白渐变"、"20"。

5 在"图层样式"对话框的"样式"栏中选中 ☑斜面和浮雕 复选框。设置"样式"、"方法"、"深度"、"大小"、"光泽等高线"分别为"内斜面"、"雕刻清晰"、"307"、"16"、"锥形"，如图 17-3 所示。

6 在"图层样式"对话框的"样式"栏中选中 ☑等高线 复选框。设置"等高线"为"半圆"，如图 17-4 所示，单击 确定 按钮。

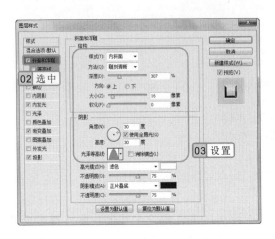

图 17-3　设置斜面和浮雕

图 17-4　设置等高线

7 打开"金属.jpg"图像，使用移动工具将图像移动到蝙蝠侠图像中，按"Ctrl+T"快捷键旋转图像，如图 17-5 所示。按"Enter"键确定。

8 选择【图层】/【创建剪贴蒙版】命令，为图像创建剪贴蒙版。在工具箱中选择横排文字工具 T ，在其工具属性栏中设置"字体"、"字体大小"、"颜色"分别为"黑体"、"9 点"、"白色"，并输入"黑暗骑士 9 月 14 日全国出击"文字。

9 在"蝙蝠侠"文字图层上右击，在弹出的快捷菜单中选择"拷贝图层样式"命令。在"黑暗骑士 9 月 14 日全国出击"文字图层上右击，在弹出的快捷菜单中选择"粘贴图层样式"命令，最终效果如图 17-6 所示。

图 17-5　旋转图像

图 17-6　最终效果

通过选择不同的等高线，可以对浮雕效果进行更细致的调整。

17.1.2　制作激光字

激光字可以为图像增添科技感和科幻感，设计师经常使用激光字将观赏者带入画面。

 为"迷失"图像添加激光字 ●●●

参见
光盘
光盘\素材\第 17 章\迷失.jpg
光盘\效果\第 17 章\迷失.psd
≫>>>>>>>>>

1 打开"迷失.jpg"图像，在工具箱中选择横排文字工具 T，在其工具属性栏中设置"字体"、"字体大小"、"颜色"分别为"方正超粗黑简体"、"25 点"、"白色"，单击"居中"按钮 ，并在图像下方输入"迷失 LOST"，如图 17-7 所示。

2 按"Ctrl+J"快捷键复制文字图层，并在复制的文字图层上右击，在弹出的快捷菜单中选择"栅格化文字"命令。隐藏"迷失 LOST"字体图层，如图 17-8 所示。

图 17-7　输入文字

图 17-8　隐藏图层

3 选择【图层】/【旋转画布】/【90 度（顺时针）】命令，旋转画布。选择【滤镜】/【风格化】/【风】命令，打开"风"对话框，选中 风(W) 和 从右(R) 单选按钮，单击 确定 按钮，如图 17-9 所示。按"Ctrl+F"快捷键重复滤镜。再次打开"风"对话框，选中 从左(L) 单选按钮。按"Ctrl+F"快捷键重复滤镜，效果如图 17-10 所示。

图 17-9　设置"风"滤镜

图 17-10　应用"风"滤镜

操 作 提 示

按"Ctrl+Alt+F"组合键，可以打开之前应用过的滤镜对话框。

4　选择【图像】/【旋转画布】/【90 度（逆时针）】命令。按 "Ctrl+F" 快捷键，应用 "风" 滤镜。打开 "风" 对话框，在其中选中 ◎ 从右(R) 单选按钮，单击 确定 按钮。

5　选择【滤镜】/【扭曲】/【波纹】命令，打开 "波纹" 对话框。在其中设置 "数量"、"大小" 分别为 "100"、"中"，单击 确定 按钮，如图 17-11 所示。

6　按 "Shift+Ctrl+Alt+E" 组合键盖印图层，在 "图层" 面板中单击 ◉ 按钮，在弹出的下拉菜单中选择 "色彩平衡" 命令。在打开的 "属性" 面板中设置 "青色"、"洋红"、"黄色" 分别为 "-59"、"+39"、"-33"。

7　将前景色设置为 "黑色"，在 "图层" 面板中选择 "色彩平衡 1" 图层的图层蒙版。使用鼠标对图像中除文字以外的区域进行涂抹，如图 17-12 所示。

图 17-11　设置 "波纹" 滤镜

图 17-12　编辑蒙版

8　按 "Ctrl+E" 快捷键合并图层。显示 "迷失　LOST" 字体图层，按 "Ctrl" 键的同时，单击 "迷失 LOST" 字体图层，载入选区。新建 "图层 2"，并将其放置在所有图层上方。

9　选择【选择】/【修改】/【收缩】命令，在打开的对话框中设置 "收缩量" 为 "2"，单击 确定 按钮。使用黑色填充选区，取消选区。按 "Ctrl+E" 快捷键合并图层，如图 17-13 所示。

10　新建图层，在工具箱中选择画笔工具 ✎，在其工具属性栏中设置 "画笔大小"、"颜色" 分别为 "1像素"、"白色"。使用鼠标在文字附近绘制直线，效果如图 17-14 所示。

图 17-13　合并图层

图 17-14　绘制直线

当文字被栅格化处理后，只能作为普通图像处理，不能再对其进行字体、字形设置。

17.2　纹理、画框特效制作

纹理、画框特效在平面作品设计中经常使用，恰当的纹理、画框不但可以增加作品的细节美，还可以使作品整体增色不少。下面将介绍几种纹理、画框特效的制作方法和技巧。

17.2.1　制作牛仔布纹理

为图像中的对象添加纹理，能为图像增加趣味点。而在图像中添加牛仔布纹理可为图像添加休闲的感觉。

　为杯子添加牛仔布效果 ●●●

光盘\素材\第 17 章\杯子.jpg
光盘\效果\第 17 章\杯子.psd

1 打开"杯子.jpg"图像，在工具箱中选择钢笔工具 ∅，使用鼠标沿着杯子下部边缘绘制路径，如图 17-15 所示。按"Ctrl+Enter"快捷键将路径载入选区。

2 新建图层，将前景色设置为"蓝色（#073666）"，使用前景色填充选区，取消选区。将背景色设置为"白色"。

3 选择【滤镜】/【滤镜库】命令，在打开的"滤镜库"对话框中选择"素描"滤镜组中的"半调图案"滤镜，设置"大小"、"对比度"分别为"1"、"20"，单击 确定 按钮，如图 17-16 所示。

图 17-15　绘制路径

图 17-16　"半调图案"滤镜效果

4 选择【滤镜】/【风格化】/【扩散】命令，在打开的"扩散"对话框中选中 ⊙ 变暗优先(D) 单选按钮，单击 确定 按钮。

5 按"Ctrl+M"快捷键，打开"曲线"对话框，在其中调整曲线，如图 17-17 所示，单击 确定 按钮。

在绘制选区时，为了使选区紧贴杯子边缘，必须使用钢笔工具绘制路径，再将路径转换为选区，而不能直接使用多边形套索工具创建选区。

6　使用钢笔工具沿着杯子左边绘制一个修长的椭圆路径，按"Ctrl+Enter"快捷键，将路径载入选区，如图 17-18 所示。按"Ctrl+J"快捷键，生成"图层 2"。

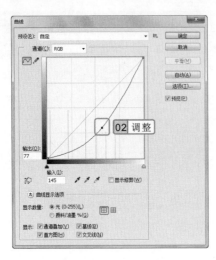

图 17-17　设置曲线

图 17-18　将路径载入选区

7　在"图层"面板中双击"图层 2"。打开"图层样式"对话框，在"样式"列表框中选中☑斜面和浮雕复选框，设置"深度"为"60"。在"样式"列表框中选中☑内发光复选框，设置"不透明度"为"40"。在"样式"列表框中设置"不透明度"为"70%"，单击　确定　按钮。

8　新建图层，将前景色设置为"灰色（#465164）"，在工具箱中选择画笔工具☑。在其工具属性栏中设置"画笔大小"、"流量"分别为"6 像素"、"75%"。使用鼠标在图像上绘制灰色牛仔布深色的褶皱，再将前景色设置为"白色"，使用鼠标在图像上绘制白色的牛仔布褶皱，效果如图 17-19 所示。

9　按"Shift+Ctrl+Alt+E"组合键盖印图层。使用加深工具在图像中杯子的手柄处以及与牛仔布接触的部位绘制阴影。新建图层，选择画笔工具，使用黑色在杯子下方绘制阴影，使用白色为杯子绘制高光，效果如图 17-20 所示。

图 17-19　绘制褶皱

图 17-20　绘制明暗关系

使用加深工具绘制杯子的阴影时，注意不要对图像过于修饰，否则图像效果看起来很不真实。

17.2.2 制作木纹

为图像中的对象添加纹理，不但能修饰图像，还能通过纹理衬托图像。为图像添加木纹效果，可让图像看起来更加接近自然。

实例 17-4 为"留声机"图像添加木纹背景 ●●●

 参见
光盘 光盘\素材\第 17 章\留声机.psd
光盘\效果\第 17 章\留声机.psd

1 打开"留声机.psd"图像，隐藏"形状"、"背景"图层，并在"背景"图层下方新建"图层 1"。

2 为新建的图层填充白色。选择【滤镜】/【杂色】/【添加杂色】命令，打开"添加杂色"对话框。设置"数量"为"180"，如图 17-21 所示，单击 确定 按钮。

3 选择【滤镜】/【模糊】/【动感模糊】命令，打开"动感模糊"对话框。设置"角度"、"距离"分别为"90"、"200"，如图 17-22 所示，单击 确定 按钮。

图 17-21 "添加杂色"对话框

图 17-22 "动感模糊"对话框

4 按"Ctrl+J"快捷键复制图层，隐藏复制的图层。在图像左上方绘制一个"羽化"值为"5 像素"的椭圆选区，如图 17-23 所示。选择【滤镜】/【扭曲】/【旋转扭曲】命令，在其中设置"角度"为"-109"，如图 17-24 所示，单击 确定 按钮。

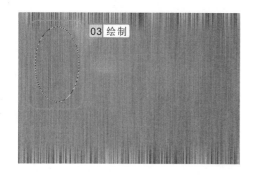

图 17-23 绘制选区

图 17-24 "旋转扭曲"对话框

如果对图像使用过"高斯模糊"命令，在第 2 次使用时直接按"Ctrl+F"快捷键即可实现。

5　显示隐藏的图层，选择【滤镜】/【扭曲】/【旋转扭曲】命令，打开"旋转扭曲"对话框，在其中设置角度为"150"，单击 确定 按钮。

6　按"Ctrl+T"快捷键变换图像。将图像从左边向图像右边拖动，如图 17-25 所示。按"Enter"键确定变换。

7　在"图层"面板中单击 按钮，在弹出的下拉菜单中选择"色相/饱和度"命令。在打开的"属性"面板中选中 着色 复选框。设置"色相"、"饱和度"、"明度"分别为"42"、"55"、"0"。

8　在"图层"面板中单击 按钮，在弹出的下拉菜单中选择"亮度/对比度"命令。在打开的"属性"面板中设置"亮度"、"对比度"分别为"5"、"50"。显示"形状"、"背景"图层，最终效果如图 17-26 所示。

图 17-25　变换图像

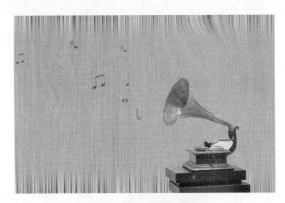

图 17-26　最终效果

17.2.3　制作画框

为图像添加画框可以使画面看起来更加充实，用户可根据需要使用 Photoshop 制作画框，也可在网上下载一些需要的画框添加到图像中。

 为"少女"图像添加画框 ●●●

光盘\素材\第 17 章\少女.jpg
光盘\效果\第 17 章\少女.psd

1　打开"少女.jpg"图像，按"Ctrl+J"快捷键复制图层。在工具箱中选择矩形选框工具 ，使用鼠标在图像上绘制一个比图像小一些的选区，如图 17-27 所示。

2　在工具箱中单击 按钮，进入快速蒙版模式。选择【滤镜】/【像素化】/【彩色半调】命令。打开"彩色半调"对话框，在其中设置"最大半径"、"通道 1"、"通道 2"、"通道 3"、"通道 4"分别为"35"、"100"、"35"、"60"、"45"，如图 17-28 所示，单击 确定 按钮。

3　选择【滤镜】/【像素化】/【碎片】命令，将蒙版区域打碎。

若不想制作出的木纹效果中间有那么多的纯色区域，可以将"动感模糊"滤镜的"距离"数值设置得小一些。

图 17-27　建立选区

图 17-28　设置"彩色半调"滤镜

4 选择【滤镜】/【锐化】/【智能锐化】命令，打开"智能锐化"对话框。在其中设置"数量"、"半径"分别为"350"、"2.6"，如图 17-29 所示，单击 确定 按钮。

5 再次单击 按钮，退出快速蒙版模式。选择【选择】/【反向】命令，反向建立选区。将前景色设置为"白色"，使用前景色填充选区。选择【编辑】/【描边】命令，打开"描边"对话框，在其中设置"宽度"、"模式"、"不透明度"分别为"4 像素"、"正常"、"50%"，单击 确定 按钮，最终效果如图 17-30 所示。

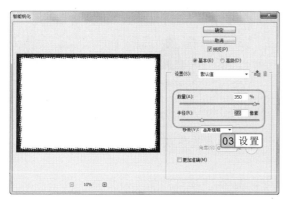

图 17-29　设置"智能锐化"滤镜

图 17-30　最终效果

17.3　特效的制作

在处理图像时，为了制作出各种各样的奇妙效果，需要用户在处理图像时添加不同的特效。下面介绍制作风雪效果和科幻灵鸟效果的方法。

17.3.1　制作风雪效果

让图像中有风雪效果，往往可以使图像看起来更有意境。而由于时间等一些客观因素

使用制作风雪效果的方法也可用于制作降雨效果，只需在"动感模糊"滤镜中将"距离"数值设置得大一些即可。

的影响，用户很难拍摄到风雪中的景物，此时就可以通过 Photoshop 制作风雪效果。

 为"飘雪"图像添加风雪 ●●●

参见
光盘　光盘\素材\第 17 章\飘雪.jpg
　　　光盘\效果\第 17 章\飘雪.psd

1 打开"飘雪.jpg"图像，如图 17-31 所示。按"Ctrl+J"快捷键复制图层。选择【滤镜】/【像素化】/【点状化】命令，打开"点状化"对话框，在其中设置"单元格大小"为"14"，单击 确定 按钮。

2 选择【图像】/【调整】/【阈值】命令，打开"阈值"对话框，在其中设置"阈值色阶"为"1"，单击 确定 按钮，如图 17-32 所示。

图 17-31　打开图像

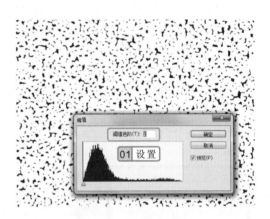

图 17-32　设置阈值

3 选择【图像】/【调整】/【反相】命令，设置该图层的图层"混合模式"为"滤色"，如图 17-33 所示。

4 选择【滤镜】/【模糊】/【动感模糊】命令，打开"动感模糊"对话框，在其中设置"角度"、"距离"分别为"-53"、"17"，单击 确定 按钮，如图 17-34 所示。

图 17-33　设置图层样式

图 17-34　设置"动感模糊"滤镜

若想使图像中雪片少些，可在"点状化"对话框中将"单元格大小"设置大一些。

5 设置图层的"不透明度"为"70%"，在"图层"面板中单击 ▣ 按钮，为图层添加蒙版，如图 17-35 所示。

6 设置图层的"不透明度"为"70%"，在"图层"面板中单击 ▣ 按钮，为图层添加蒙版，将前景色设置为"黑色"，使用画笔工具对图像进行涂抹，效果如图 17-36 所示。

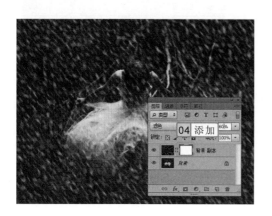

图 17-35　添加图层蒙版

图 17-36　最终效果

17.3.2　制作科幻灵鸟效果

在进行平面设计时，用户有时需要将物体转换为有科技感的图像，以增强图像空灵、剔透、干净的感觉。

实例 17-7　将飞鸽转换为科幻灵鸟 ●●●

参见　光盘\素材\第 17 章\飞鸽.jpg、素材.psd
光盘　光盘\效果\第 17 章\飞鸽.psd
>>>>>>>>>

1 打开"飞鸽.jpg"图像，双击"背景"图层。在打开的"新建图层"对话框中单击 确定 按钮。在"背景"图层下方新建"图层 1"，并使用黑色为"图层 1"填充颜色。

2 使用磁性套索工具，为图像中的两个鸽子建立选区，如图 17-37 所示。选择【选择】/【反向】命令，反转图像。按"Delete"键删除选区中的图像，取消选区。

3 选择【滤镜】/【滤镜库】命令，打开"滤镜库"对话框。在其中选择"风格化"组下的"照亮边缘"滤镜，设置"边缘宽度"、"边缘亮度"、"平滑度"分别为"4"、"10"、"5"，单击 确定 按钮。

4 选择【图像】/【调整】/【去色】命令，效果如图 17-38 所示。

5 选择【图像】/【调整】/【色相/饱和度】命令，打开"色相/饱和度"对话框。选中 ☑着色(O) 复选框，设置"色相"、"饱和度"、"明度"分别为"202"、"57"、"0"，单击 确定 按钮。

在处理图像对比度大且图像背景明显的图像时，用户不能单独使用"照亮边缘"滤镜，而是要直接使用【图像】/【调整】/【反相】命令。

图 17-37　绘制选区

图 17-38　为图像去色

6 选择【图像】/【调整】/【色相/饱和度】命令，打开"色相/饱和度"对话框。选中☑着色(O)复选框，设置"色相"、"饱和度"、"明度"分别为"227"、"73"、"0"，单击 确定 按钮。

7 在工具箱中选择魔棒工具 ，在其工具属性栏中设置"取样大小"、"容差"分别为"取样点"、"5"，取消选中□连续复选框。使用鼠标单击图像中飞鸽的眼睛，建立选区。将前景色设置为"蓝色（#5475e2）"，按"Alt+Delete"快捷键使用前景色填充选区。取消选区，效果如图 17-39 所示。

8 打开"素材.psd"图像，将"水花 1"、"水花 2"图层移动到"飞鸟"图像中，并复制几个图层，将"水花"素材放置在鸟的翅膀和鸟尾巴的位置上。

9 再使用移动工具将"素材"图像中的"炫光 1"、"炫光 2"图层移动到"飞鸟"图像中，分别为"炫光 1"、"炫光 2"图层添加图层蒙版，并使用黑色的画笔工具在炫光和鸟重叠的地方进行涂抹，效果如图 17-40 所示。

图 17-39　填充颜色

图 17-40　添加炫光效果

用户也可通过魔棒工具慢慢建立选区，将飞鸟图形中的所有白色都转换为蓝色。

17.4　精通实例——制作夜景效果

本章的精通实例将制作夜景效果，在制作时将使用建立选区、新建图像、色阶和滤镜等命令。通过在图像中增加月亮、灯光等强调夜晚的视觉效果，最终效果如图 17-41 所示。

图 17-41　制作夜景效果

17.4.1　行业分析

本例制作的夜景效果属于图像特效，可以运用于其他方面，如创意广告、人物处理等。制作夜晚效果主要在素材照片场景为白天，而又想让图像有种神秘和黑暗压抑感时使用。

在使用相机拍摄夜景时，拍摄不同的对象，所使用的拍摄手法与白天的拍摄手法也有所不同。在拍摄夜景时，为了使拍摄出的照片足够清晰，所以在拍摄时一定要通过设置慢快门或 B 门进行拍摄，这样拍摄的好处在于拍摄的照片得到了足够的曝光，从而不会出现曝光不足的情况。需要注意的是，由于使用了慢快门，所以手持相机时因为晃动而使拍摄出的照片模糊。为了避免这一情况，用户可以在拍摄夜景时使用三脚架。

17.4.2　操作思路

为更快完成本例的制作，并且尽可能运用本章讲解的知识，本例的操作思路如下。

所谓 B 门就是使用单反相机的用户自行设置快门时间的一个快门档位。

操作思路：

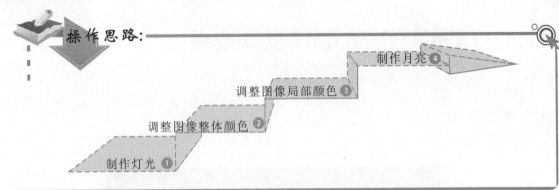

制作月亮 ④

调整图像局部颜色 ③

调整图像整体颜色 ②

制作灯光 ①

17.4.3　操作步骤

下面介绍制作夜景的方法，其操作步骤如下：

光盘\素材\第 17 章\小镇.jpg
光盘\效果\第 17 章\小镇.psd
光盘\实例演示\第 17 章\制作夜景效果　➤>>>>>>>>

1 打开"小镇.jpg"图像。按"Ctrl+J"快捷键复制图层，再在"图层"面板中单击 按钮，新建"图层 2"。

2 在工具箱中选择多边形套索工具 ，在其工具属性栏中设置"羽化"为"3 像素"，并单击 按钮。使用该工具对图像中所有的窗口建立选区，如图 17-42 所示。

3 将前景色设置为"黄色（#ffcc00）"，使用前景色填充选区，取消选区。设置"图层 2"的图层"混合模式"为"滤色"，"不透明度"为"50%"。

4 选择"图层 1"，选择【图像】/【调整】/【色阶】命令，打开"色阶"对话框，设置"输出色阶"为"29"、"0.67"、"248"，如图 17-43 所示，单击 按钮。

图 17-42　绘制选区

图 17-43　设置色阶

5 在工具箱中选择海绵工具 ，在其工具属性栏中设置"模式"为"降低饱和度"，使用鼠标对图像中泛白的云以及橙黄色的墙壁进行涂抹，效果如图 17-44 所示。

6 在工具箱中选择加深工具 ，在其工具属性栏中设置"范围"、"曝光度"分别为"中间调"、"40%"，使用鼠标对图像中泛白的云以及墙壁进行涂抹。

在为窗口建立选区时为了能更方便地定位鼠标位置，最好将图像放大。

7 将前景色设置为"白色",在工具箱中单击"画笔预设"栏右边的 按钮。在弹出面板的"画笔样式"栏中选择"星形 **70** 像素"选项。使用鼠标在图像中房屋上方单击绘制 **8** 个星形,如图 **17-45** 所示。

图 17-44　降低图像局部亮度

图 17-45　绘制灯光

8 选择【图层】/【图层样式】/【外发光】命令,打开"图层样式"对话框,在其中设置"混合模式"、"不透明度"、"扩展"、"大小"分别为"强光"、"100"、"7"、"5",单击 确定 按钮。

9 将前景色设置为"蓝色(#294482)",背景色设置为"白色"。在工具箱中选择椭圆选框工具 ,在其工具属性栏中设置"羽化"为"3 像素"。使用鼠标在图像右上角绘制一个正圆选区。

10 新建图层,选择【滤镜】/【渲染】/【云彩】命令,效果如图 **17-46** 所示。

11 取消选区,选择【图层】/【图层样式】/【外发光】命令。在其中设置"不透明度"、"扩展"、"大小"分别为"100"、"3"、"0",如图 **17-47** 所示,单击 确定 按钮。

12 选择"图层 2",将其"不透明度"设置为"55%"。选择【滤镜】/【模糊】/【高斯模糊】命令,打开"高斯模糊"对话框,在其中设置"半径"为"4.8",单击 确定 按钮。

图 17-46　绘制月亮

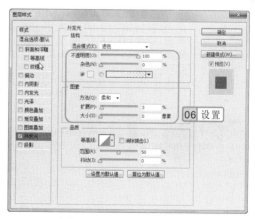

图 17-47　设置图层样式

操作提示

在使用加深工具对图像进行涂抹时,应该将画笔笔触调小后着重对泛白的云进行涂抹,再将画笔笔触调大后,稍微对墙壁进行涂抹。

精通篇　中文版 Photoshop CS6 从入门到精通

17.5　精通练习——制作果冻字

本章主要介绍了字体、相框以及部分特效的制作方法。这些都是平面设计时使用的常用手法。

　　本次练习将制作果冻字效果，首先打开"果冻字"图像，选择横排文字工具设置"字体"、"大小"分别为"Showcard Gothic"、"110 点"，输入"Friday"，再将文字栅格化后把文字载入选区。使用渐变工具为选区填充蓝色（#38adfc）到浅蓝色（# 8cd8ff）的渐变，再复制图层，隐藏复制的图层。双击没有隐藏的"Friday"图层，在打开的"图层样式"对话框中设置"投影"、"内阴影"、"内发光"、"斜面和浮雕"、"描边"等图层样式。最后显示隐藏的图层，并设置该图层的图层样式为"饱和度"，最后旋转字体，效果如图 17-48 所示。

图 17-48　果冻字效果

光盘\素材\第 17 章\果冻字.jpg
光盘\效果\第 17 章\果冻字.psd
光盘\实例演示\第 17 章\制作果冻字

　　该练习的操作思路与关键提示如下。

操作思路：

设置图层混合模式 ❸

设置图层样式 ❷

打开图层样式，输入文字 ❶

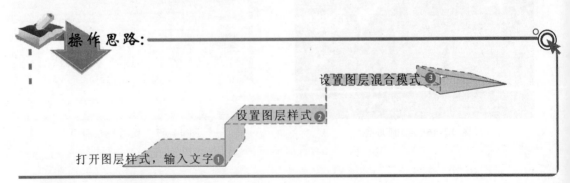

在渐变工具的工具属性栏中单击▣按钮，在绘制渐变时，应该从上到下垂直进行绘制。

388

关键提示:

"投影"图层样式设置如下:

"混合模式"、"角度"、"距离"、"扩展"、"大小"、"等高线"分别为"正片叠底"、"120"、"9"、"0"、"6"、"锥形"。

"内阴影"图层样式设置如下:

"混合模式"、"不透明度"、"角度"、"距离"、"阻塞"、"大小"分别为"正片叠底"、"60"、"120"、"7"、"0"、"8"。

"内发光"图层样式设置如下:

"不透明度"、"颜色"、"阻塞"、"大小"分别为"100"、"浅蓝色（#8cd8ff）"、"0"、"29"。

"斜面和浮雕"图层样式设置如下:

"样式"、"方法"、"深度"、"大小"、"软化"、"光泽等高线"、"不透明度"分别为"内斜面"、"平滑"、"317"、"10"、"0"、"环形-双"、"20"。

知识关联　制作字体特效的作用

　　为文字制作特效是一件繁琐的事,但学习为字体制作特效却是一件很重要的事。现在很多平面设计中都需要为字体制作特效效果。

　　此外,在平面设计行业,经常会制作 Logo,而制作 Logo 时就很需要对字体进行变形,制作特效。一般的字体特效,用户只需要使用电脑中已经存在的字体进行编辑即可完成,而有些公司对于 Logo 字体的创新要求较高,此时用户只能手绘自行设计字体、字形,最后将设计出的字体、字形输入到电脑中进行后期处理。

在制作文字效果时,应善用"图层样式"对话框中的☑▇▇▇复选框,编辑文字的光泽效果。

第18章 •••

图像的打印与输出

印刷种类

印刷的基本概念

图像的打印输出

打印与印刷中常见问题处理

图像的印刷输出

　　使用 Photoshop 处理图像后，可以使用打印设备将其打印出来，或将其输出为其他指定格式的文件。在打印和输出图像时，需要进行一些必要的设置，并注意一些关键的问题，才能使打印或输出的图像符合实际需求。本章将详细介绍图像的打印和输出的操作与注意事项。

本章导读

18.1 图像的印刷输出

很多图像在制作之后都需要进行印刷，通过印刷，可以将图像无限制地复制输出。印刷是一门学问，所以为了使用户制作出的作品更好地印刷出来，还需要对印刷有一定的了解。

18.1.1 印刷的基本概念及其准备工作

印刷是指通过印刷设备将图像快速、大量输出到纸张等介质上，是广告设计、包装设计、海报设计等作品的主要输出方式。

在设计作品提交印刷之前，应进行一些准备工作，其流程如图18-1所示。印刷前具体准备工作如下。

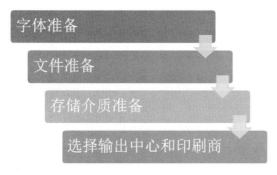

图 18-1 印刷前的准备工作流程

- ◐ **字体准备**：如果作品中运用了某种特殊字体，应准备好该字体的文件，在制作分色胶片时提供给输出中心，但一般不使用特殊字体。
- ◐ **文件准备**：把所有与设计有关的图片文件、字体文件，以及设计软件中使用的素材文件准备齐全，一并提供给输出中心。
- ◐ **存储介质准备**：把所有文件保存在输出中心可接受的存储介质中，一般可将CD-R光盘、U盘甚至网络硬盘等作为存储介质。
- ◐ **选择输出中心和印刷商**：输出中心主要制作分色胶片，价格和质量参差不齐，应做些基本调查。印刷商则根据分色胶片制作印版、印刷和装订。

18.1.2 印刷种类

印刷的种类是依据不同形式的印刷版式进行划分的，主要有以下几类。

- ◐ **凸版印刷**：凸版的印文是反的，高于非印文，如图18-2所示。油墨附着在突起的印文上，与纸张接触时，油墨被印在纸上。凸版印刷后墨色浓厚、文字清晰，常用

在完成作品的制作后，用户应根据输出需要将图像存储为相应的格式。若用于观看，可将其存储为 JPG 格式；若用于印刷，则要将其存储为 TIF 格式。

于印刷教材、杂志、小型广告、包装盒和名片等，但不适合大版面印刷，并且彩色印刷成本高。

◗ **凹版印刷**：凹版的印文是反的，其平面低于非印文区域，如图 18-3 所示。油墨充满在凹陷的印文里，当与纸张接触时，油墨被印在纸上。凹版印刷后墨色充实，表现力强，线条准确、流畅，颜色鲜艳，不易仿印，适用纸张范围广泛，甚至某些非纸张材料也适用。常用于证券、货币、邮票和凭证等印刷，但制版和印刷费用较高，小批量印刷成本高。

图 18-2　凸版

图 18-3　凹版

◗ **平版印刷**：平版的印文与非印文区域处于同一平面，如图 18-4 所示。油墨附着在印文位置，非印文部分有水，不粘油墨，当与纸张接触时，油墨被印在纸上。平版印刷后的效果墨色柔和，制版工艺简单、成本低，适用于大批量印刷，常用于印刷广告、海报、报纸、挂历和包装等，但其色彩表现力稍差，不够鲜艳，不能达到最佳的表现力。

◗ **孔版印刷**：孔版印刷的印文是镂空的，如图 18-5 所示。油墨透过镂空的印文印在下面的纸张上。孔版印刷墨色浓厚、色彩鲜艳且表现力强，适合于任何材料的印刷，并可在曲面介质上印刷，例如，有特殊印刷要求的介质，如玻璃、塑料等的瓶状物。其缺点是印刷速度慢，彩色表现难度大，不适合大批量印刷。

图 18-4　平版

图 18-5　孔版

18.1.3　印刷工艺流程

设计的作品在进行印刷时，先是将作品以电子文件的形式打样，以便了解设计作品的

如果想深入了解印刷知识，用户可查阅相关专业书刊。

色彩、文字字体和位置是否正确。

　　样品无误后送到输出中心进行分色处理，得到分色胶片，然后根据分色胶片进行制版，将制作好的印版装到印刷机上，进行印刷。为了更为精确地了解设计作品的印刷效果，也有在分色后进行打样的，但费用较高。

18.1.4　分色和打样

　　在印刷图像之前，还需对图像进行分色和打样。经过分色和打样才能保证图像在印刷时不会印刷出错误，下面将分别进行介绍。

　　◐ **分色**：在输出中心将原稿上的各种颜色分解为黄、洋红、青和黑 4 种原色，在电脑印刷设计或平面设计软件中，分色工作就是将扫描图像或其他来源图像的色彩模式转换为 CMYK 模式。

　　◐ **打样**：印刷厂在印刷之前，必须将所交付印刷的作品交给出片中心进行出片。输出中心先将 CMYK 模式的图像进行青色、洋红、黄色和黑色 4 种胶片分色，再进行打样，从而检验制版阶调与色调能否良好地再现，并将打样出现的误差及应达到的数据标准提供给制版部门，作为修正或再次制版的依据，打样校正无误后交付印刷中心进行制版、印刷。

18.2　打印和印刷中常见问题处理

　　在将文件进行打印或印刷之前，为了保证一次输出后的图像正确显示，必须在印刷前解决一些印刷过程中常出现的问题。

18.2.1　输出设备颜色的校对

　　平面设计者在设计初期都会有这样的经历，在绘制图像过程中调制好了作品中不同区域的颜色，但在输出后却与源作品在色彩显示方面有些出入，这主要是由于显示器颜色设置或打印颜色设置出错造成的。

1．显示器色彩校准

　　同一个图像文件在不同的显示器或不同时间在显示器中的显示效果不一致，这就表明其中一台显示器上的颜色显示出现了偏差，需要进行显示器颜色校准。用户可以手动调整显示器面板中的颜色或亮度按钮来校准，也可通过专业的显示器颜色校准仪器来辅助校准。另外，显示器受光照的强烈程度也会使用户看到的颜色出现偏差。

　　在印刷前须将图像转换为 CMYK 格式，出片中心将以 CMYK 模式对图像进行四色分色，即将图像中的颜色分解为 C（青色）、M（洋红）、Y（黄色）和 K（黑色）4 张胶片。

2．打印机色彩校准

若在显示器上看到的颜色和打印机打印到纸张上的颜色不能完全匹配，这是因为电脑产生颜色的方式和打印机在纸上产生颜色的方式不同造成的。要让打印机输出的颜色和显示的颜色接近，需要注意设置好打印机的色彩管理参数和调整彩色打印机的偏色规律。

偏色规律是指因彩色打印机中墨盒的使用时间或其他原因，造成墨盒中的某种颜色偏深或偏淡，调整的方法是更换墨盒或根据偏色规律调整墨盒中的墨粉，如对偏淡的墨盒添加墨粉等。这需要用户对打印机有清楚的了解，当然也可以请专业人员进行校准。

18.2.2　专色的设置

专色是指在印刷时不是通过印刷 C、M、Y、K 四色合成这种颜色，而是专门用一种特定的油墨来印刷该颜色。专色油墨是由印刷厂预先混合好或由油墨厂生产的，印刷品的每一种专色，在印刷时都有专门的一个色版对应。

使用专色可使颜色更准确，通过标准颜色匹配系统的预印色样卡，能看到该颜色在纸张上的准确颜色，如 Pantone 彩色匹配系统就创建了很详细的色样卡。

对于设计中设定的非标准专色颜色，印刷厂不一定能准确地调配出来，而且在屏幕上也无法看到准确的颜色，所以若不是特殊的需求，建议不要轻易使用专色。

18.2.3　字体的配备

图像文件在印刷出图时，有时会发现胶片中的字体与图像本身的字体不相符，这是因为设计作品中使用了输出中心没有的特殊字体，解决方法是把特殊字体复制给输出中心或将字体转换成图片格式再提供给输出中心。另外，如果使用了非输出字体，也不能正常输出。

18.2.4　出血的设置

将图像打印或印刷输出后，为了规范所有图像所在纸张的尺寸，都会对纸张进行裁切处理。而裁剪纸张的量被称为出血线，用户可以自行设置出血线。超出出血线以外的区域将被裁切。在打印和印刷时，出血一般设置为 3 毫米。

18.2.5　输出前应注意的问题

当要印刷图像时，在输出之前需要注意下列问题：

◆ 如果图像是以 RGB 模式扫描，在进行色彩调整和编辑的过程中，尽可能保持 RGB 模式，最后一步再转换为 CMYK 模式，然后在输出成胶片之前进行一些色彩微调。

如果要做 21×28.5 大小的图，实际在做时则要做成 21.6×29.1 大小，因为通常在印刷出图后都会在图像四周留有一部分空白区域，便于裁剪纸张。

- 在转换为 CMYK 模式之前，将 RGB 模式下没有合并图层的图像存储为一个副本，以便以后进行其他编辑或较大修改。

- 如果图像是以 CMYK 模式扫描，那么可保持 CMYK 模式，不必将图像转换为 RGB 模式进行色彩调整，然后再转换回 CMYK 模式进行胶片输出，这样做会影响像素信息受到影响。

- 在 RGB 模式下制作会更快一些，因为 RGB 模式下的文件会比 CMYK 模式小 25%，在 RGB 模式下只有 3 个原色通道，而在 CMYK 模式下则有 4 个原色通道。

- 可以通过 Photoshop 提供的色彩调整图层改变图像颜色，而不影响实际像素，有助于图像的编辑和修改。

18.3 图像的印刷输出

 平面作品制作完成后，在进行印刷前还可以将处理后的最终图像通过打印机输出到纸张上，以便于查看和修改，这是平面设计中最常用的查看图像效果的方法。

18.3.1 图像校准

在印刷图像前，需要对颜色进行校准，以防止印刷出来的颜色有误差。除此之外，在印刷前还需要对菲林等进行检查，对图像进行校准。图像校准包括查看分辨率、图像出血线和图像色彩校准，分别介绍如下。

- **查看分辨率**：图像分辨率对图像印刷效果影响很大，在印刷不同的印刷品时使用的分辨率有所不同。如制作写真需 300pdi 以上的分辨率，报纸需要 130~160pdi 的分辨率。

- **图像出血线**：由于出血线在印刷后都会被裁剪掉，所以在出血线中不能出现重要图像。

- **图像色彩校准**：图像色彩校准主要是指图像设计人员在制作过程中或制作完成后对图像的颜色进行校准。当用户指定某种颜色后，在进行某些操作后颜色有可能发生变化，这时就需要检查图像的颜色和当时设置的 CMYK 颜色值是否相同，如果不同，可以通过"拾色器"对话框调整图像颜色。

18.3.2 设置打印内容

在打印作品前，应根据需要有选择性地指定打印内容，打印内容主要是指如下几点。

- **打印全图像**：默认情况下，当前图像中所有可见图层上的图像都属于打印范围，所以图像处理完成后不必做任何改动。

- **打印指定图层**：默认情况下，Photoshop 会打印一幅图像中的所有可见图层，如果

选择打印机时，由于不同的电脑安装有不同类型的打印机，在"名称"下拉列表框中应根据具体情况选择不同的打印机。

只需打印部分图层，将不需要打印的图层设置为不可见即可。

- 打印指定选区：如果要打印图像中的部分图像，可先在图像中创建一个选区将要打印的部分选中，然后再进行打印。
- 多图像打印：多图像打印是指一次将多幅图像同时打印到一张纸上，可在打印前将要打印的图像移动到同一个图像窗口中，然后再进行打印。

18.3.3　打印页面设置

为了避免打印误差，打印图像前应先对其进行打印预览，在确认图像在打印纸上的位置合适后再进行打印。其方法是，选择【文件】/【打印】命令，打开"Photoshop 打印设置"对话框，如图 18-6 所示，在其中调整打印后图像的位置、大小和出血等。

图 18-6　Photoshop 打印设置

该对话框中各选项作用如下。

- 预览框：用于显示打印的效果。用户对打印参数进行设置后，预览框中的图像会出现相应的变化。
- "打印机"下拉列表框：用于选择进行打印的打印机。
- "份数"数值框：用于设置打印的份数。
- 打印设置...按钮：单击该按钮，在打开的对话框中可设置打印纸张的尺寸以及打印质量等。
- "版面"栏：用于设置图像在纸张上的打印方向。单击 按钮，可纵向打印图像；

只有连接打印机并安装了打印机驱动后，"打印机"下拉列表框中才会出现打印机名称。

单击 ▣ 按钮，可横向打印图像。

◎ **"位置和大小"栏**：用于设置打印图像在图纸中的位置。取消选中 ▢居中(C) 复选框后，在右边的"顶"和"左"数值框中可设置图像上沿到纸张顶端的距离和图像左边到纸张左端的距离。

◎ **"缩放后的打印尺寸"栏**：用来设置打印图像在图纸中的缩放尺寸，使打印效果更加美观，选中 ☑缩放以适合介质(M) 复选框后图像按比例缩放至纸张边缘。其中"缩放"数值框可设置图像缩放的比例。"高度"数值框可设置图像的高度。"宽度"数值框用于设置图像的宽度。

◎ ☑打印选定区域 **复选框**：选中该复选框，图片文件周围出现控制框，通过拖动控制框 4 个角的控制点可实现图像的缩放。未选中该复选框时则不能调整图像大小。

◎ ☑角裁剪标志 **复选框**：选中该复选框，将在图像预览框的 4 个角的位置出现打印出图像的裁剪标志。

◎ ☑中心裁剪标志 **复选框**：选中该复选框，将在图像预览框的 4 条边线的中心位置出现打印裁剪标志。

◎ ☑套准标记(R) **复选框**：选中该复选框，将在图像预览框的 4 个角上出现打印对齐的标志符号，用于图像中分色和双色调的对齐。

◎ ☑说明(D) **复选框**：选中该复选框，将打印在"文件简介"对话框中输入的文字。

◎ ☑标签 **复选框**：选中该复选框，将打印出文件名称和通道名称。

◎ ☑药膜朝下 **复选框**：在使用照片专用打印纸进行打印时，选中该复选框后，药膜将朝下进行打印，以确保相片打印纸的打印效果。

◎ ☑负片(V) **复选框**：选中该复选框，将按照图像的反相效果进行打印。

◎ 背景(K)... **按钮**：单击该按钮，在弹出的"拾色器"对话框中设置图像区域外的背景颜色。

◎ 边界(B)... **按钮**：单击该按钮，在弹出的"边界"对话框中的"宽度"文本框中设置边框的宽度。

◎ 出血... **按钮**：单击该按钮，在弹出的"出血"对话框中可设置出血线。

18.3.4　打印图像

将要打印的图像经过页面设置和打印预览后，即可将其打印输出。选择【文件】/【打印】命令，在打开的"Photoshop 打印设置"对话框中单击 打印(P) 按钮，可根据打印设置打印图像。

18.4　Photoshop 与其他软件的协作

既可单独使用 Photoshop 绘制图像，也可以与其他软件配合使用，从而更充分地使用 Photoshop 在图像处理方面的资源。

在"Photoshop 打印设置"对话框中设置完成后，单击 完成(E) 按钮，Photoshop 将对设置的打印参数进行保存。

18.4.1　将路径导入 CorelDRAW

CorelDRAW 是加拿大 Corel 公司推出的一款矢量图形绘制软件，主要适用于文字设计、图案设计、版式设计、标志设计及工艺美术设计等。使用 Photoshop 可以打开从 CorelDRAW 中导出的 TIFF 和 JPG 格式的图像，而 CorelDRAW 也支持 Photoshop 的 PSD 分层文件格式。

将路径导入 CorelDRAW 的方法是：在 Photoshop 中绘制好路径后，选择【文件】/【导出】/【路径到 Illustrator】命令，将路径文件存储为 AI 格式，然后切换到 CorelDRAW 中，选择【文件】/【导入】命令，在打开的对话框中选择导出的 AI 格式路径文件，将其导入到 CorelDRAW 中。

18.4.2　将路径导入 Illustrator

与 Photoshop 一样出自 Adobe 公司的 Illustrator 是一款矢量图形绘制软件，支持在 Photoshop 中存储的 PSD、EPS 和 TIFF 等文件格式，可以将 Photoshop 中的图像导入到 Illustrator 中进行编辑。

将路径导入到 Illustrator 中的方法是：打开 Illustrator 软件，选择【文件】/【置入】命令，找到所需的 PSD 格式文件即可将 Photoshop 图像文件置入到 Illustrator 中。

18.4.3　导入 3ds Max 文件

3ds Max 是一款制作三维效果图和动画的软件，在国内，3ds Max 主要用于制作建筑和室内装饰效果图，渲染后图像文件经常需要进行后期处理，如为图像添加人物、装饰物，或对图像进行去斑、修复和裁切等。Photoshop 则是图像后期处理最常使用的软件之一，可轻松地完成图像的后期处理，只需在 3ds Max 中将图像渲染输出成 Photoshop 支持的文件格式即可。

另外，3ds Max 常需要使用一些图像贴图，而通过 Photoshop 可快速为其制作出各种带纹理的素材图像。

18.5　精通实例——打印"小红帽"图像

 本章主要学习了图像的打印与输出，这在平面设计中也是重要的一项操作。下面通过一个实际的图像打印练习，使读者进一步掌握"打印"对话框和"页面设置"对话框的设置方法。打印预览如图 18-7 所示。

如果 3ds Max 渲染输出的图像要进行后期处理，最好将输出的图像文件格式设置为 TGA，因为这种格式的文件不但能保持颜色不失真，还可存储通道。

图 18-7　打印预览

18.5.1　行业分析

本例设置打印"小红帽"图像，由于该图像为纵向显示，所以若不进行设置，打印后不会得到需要的效果。

广告公司在制作平面广告后，有时为更好地展示图像效果，除将电子稿发送给用户外，还会将打印样稿交付用户，以便于用户选稿。

根据平面设计作品的使用范围以及预览效果的不同要求，可选择不同的纸张打印或是印刷图像，常见的纸张类型有以下几种。

- **胶版纸**：胶版纸主要供平版（胶印）印刷机或其他印刷机印制较高级彩色印刷品，如彩色画报、画册、宣传画和彩印商标等。胶版纸伸缩性小，对油墨的吸收性均匀，平滑度好，质地紧密不透明，白度好，抗水性能强。胶版纸按纸浆料的配比分为特号、1 号和 2 号 3 种，有单面和双面之分，还有超级压光与普通压光两个等级。

- **铜版纸**：铜版纸是在原纸上涂布一层白色浆料经过压光制成的。铜版纸主要用于印刷画册、封面、明信片、精美的产品样本以及彩色商标等。铜版纸纸张表面光滑，白度较高，纸质纤维分布均匀，厚薄一致，伸缩性小，有较好的弹性和较强的抗水性能和抗张性能，对油墨的吸收性与接收状态十分良好。

- **压纹纸**：压纹纸是专门生产的一种封面装饰用纸。纸的表面有一种不十分明显的花纹。一般用来印刷单色封面，压纹纸性脆。印刷时纸张弯曲度较大，进纸困难，影响印刷效率。

- **照片专用打印纸**：用于打印拍摄的照片，照片专用打印纸表面都有一层药膜，用于将图像效果印刷得更加鲜艳。

牛皮纸具有很高的拉力，主要用于制作包装纸、信封、纸袋等和印刷机滚筒包衬等。

18.5.2　操作思路

　　为更快完成本例的制作，并且尽可能运用本章讲解的知识，本例的操作思路如下。

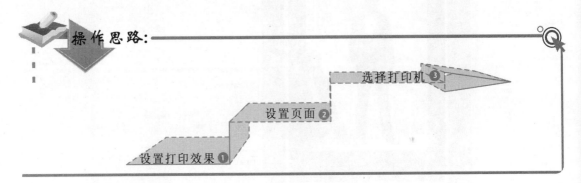

18.5.3　操作步骤

　　下面介绍设置"小红帽.jpg"图像打印参数的方法，其操作步骤如下：

 光盘\素材\第 18 章\小红帽.jpg
　　光盘\实例演示\第 18 章\打印"小红帽"图像　

1 打开"小红帽.jpg"图像，选择【文件】/【打印】命令。

2 打开"Photoshop 打印设置"对话框，在"打印机"下拉列表框中选择已经连接电脑的打印机。设置"份数"为"2"，单击🔲按钮，再设置"缩放"为"50%"，如图 18-8 所示。

图 18-8　设置打印效果

　　如果要印刷带有专色的图像，则需要创建存储这些颜色的专色通道。为了输出专色通道，应将文件以 DCS2.0 格式或 PDF 格式存储。

3 单击 背景(K)... 按钮，打开"拾色器（打印背景色）"对话框，在其中选择"黑色"选项，单击 确定 按钮，返回"Photoshop 打印设置"对话框。

4 单击 打印设置... 按钮，在打开的对话框中选择"纸张/质量"选项卡，在"纸张尺寸"下拉列表框中选择 B5 选项。选择"完成"选项卡，在"方向"栏中选中 纵向单选按钮，单击 确定 按钮，如图 18-9 所示。

5 返回"Photoshop 打印设置"对话框，单击 打印(P) 按钮，将会出现一个如图 18-10 所示的提示对话框，若要终止打印，只需单击对话框中的 取消 按钮。若是想将图像打印出来，则不需要任何操作，稍等片刻后打印机即可将图像打印出来。

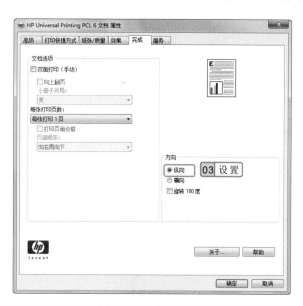

图 18-9　设置页面

图 18-10　提示对话框

18.6　精通练习

了解了图像的打印与输出知识后，还需要进行实际的操作加以巩固，下面练习为图像进行打印练习和打印参数的设置。

本次练习将为如图 18-11 所示的"女孩"图像设置打印参数，然后进行打印。打印时将使用纸张尺寸为 A5 的照片专用打印相纸，并将图像打印 3 份。为便于后期剪裁，在图像四周显示出裁剪标志。此外，在设置图像大小时，注意图像分辨率打印，以免打印出的效果不理想。最终效果如图 18-11 所示。

为了使打印效果更好，用户还可先对页面进行设置，在"Photoshop 打印设置"对话框中对缩放、位置等进行设置。

图 18-11　打印后效果

 光盘\素材\第 18 章\女孩.jpg
光盘\实例演示\第 18 章\打印"女孩"图像　≫>>>>>>>>

该练习的操作思路与关键提示如下。

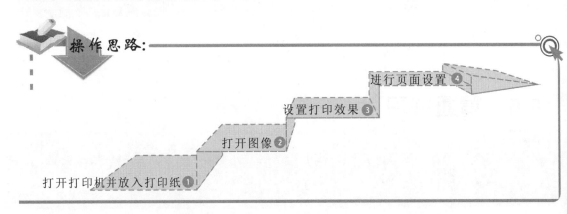

操作思路：

进行页面设置 ④

设置打印效果 ③

打开图像 ②

打开打印机并放入打印纸 ①

关键提示：

在"Photoshop 打印设置"对话框中设置如下：

设置"份数"、"缩放"分别为"3"、"200%"，并选中 ☑角裁剪标志 和 ☑药膜朝下 复选框。

 精 讲 笔 录

部分打印机在使用相片专用纸打印照片时，需要使用专门的油墨。

保养打印机

　　对打印机进行保养可延长打印机的使用寿命。保养打印机时需要注意的问题有：清洗打印机不能使用一般的水或清洁液，可使用电脑清洁液。擦洗打印机时需使用柔软的布料进行擦拭。打印机上不能堆放重物，打印时不要使用已变形的纸。长期不使用打印机需将电源线拔掉并套上防尘布。使用优质的墨盒和打印纸，以免影响打印效果，避免损坏打印机。

　　平面作品制作完成后，应根据作品的最终用途对其进行不同的处理，如需要将图像发布到网上，可将处理后的图像存储为 JPG 格式并放置在网页上。

实战篇

　　Photoshop被广泛应用于包装、广告、影楼、书籍装帧以及网页设计等平面设计领域。在制作不同类型的平面设计作品时，注意的事项有所不同，在制作前一定要了解对需要制作的平面设计的行业知识，如对图像大小、分辨率、设计原则、元素和要点进行了解，从而更好地表现出想要表达的意思。本篇将分别讲解Photoshop在广告设计、包装设计和数码照片处理方面的实际应用，在综合应用Photoshop知识的同时，也对相应的设计知识加以巩固，并对美感进行一定培养。

实
战
篇

第19章

广告设计

制作电影海报   制作抽象文化衫

制作地产DM单

广告，顾名思义，有"广而告之"、"普遍昭告"的意思。广告的内涵有广义和狭义之分。广义广告包括一切被法律许可的非个人接触的形式或行为，介绍和宣传物品、事件、人物和观念等。狭义广告是指盈利性广告或商业广告，其动机在于通过宣传影响人们的商业行为而使广告获利，是在大众传媒中接触最多的广告种类。

本章导读

19.1　制作电影海报

这里将制作一款电影海报。电影海报在电影宣传的传统传媒中起着重要的作用,制作电影海报会用到各种滤镜、选区、图层混合模式、蒙版和调色等命令和工具。

19.1.1　实例说明

下面将制作一款足球运动的电影海报,要求通过图像中的动感元素展示电影的主题,同时使观赏者能从海报中对电影有一定的了解,并有观看的欲望,最终效果如图 19-1 所示。

图 19-1　电影海报最终效果

19.1.2　行业分析

电影海报是电影宣传中比电影预告片更加重要的一环,因为电影海报是所有宣传手段中成本最低、最直观的。一部电影要想有票房,最重要的一点就是宣传,只有让大家都熟知了电影,才会有人去观赏电影。

目前电影宣传市场已经比较成熟,宣传电影的渠道也越来越多,选择的宣传物也有所不同,各渠道的分类以及宣传物分别如下。

- ◐ **阵地媒体**:包括海报、灯箱、展架、挂旗、DM 单派发和电影刊物赠送等,适合于在电影院以及一些公众场所进行宣传。
- ◐ **传统媒体**:报纸,如影讯,其余文稿;电视,如预告片、电影视频报道;广播。
- ◐ **新媒体**:包括官方网站、门户新闻网站、娱乐网站和微博等,在电影宣传前期和中期需要花费大量的精力。
- ◐ **硬广媒体**:包括户外大牌、公交站牌和楼宇视频等。由于费用较高,一般用于电影前期宣传。若宣传费高,宣传中期也可以继续使用。

为了便于宣传造势,一般电影的宣传海报、宣传视频都会推出几次,以不断吸引观众的注意力。

19.1.3 操作思路

为更快完成本例的制作，并且尽可能运用本章讲解的知识，本例的操作思路如下。

操作思路：

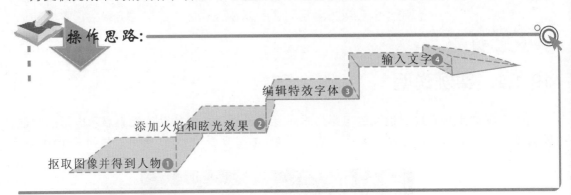

输入文字 4

编辑特效字体 3

添加火焰和眩光效果 2

抠取图像并得到人物 1

19.1.4 操作步骤

下面介绍制作电影海报的方法，其操作步骤如下：

参见光盘　光盘\素材\第 19 章\运动员.jpg、足球海报素材.psd
光盘\效果\第 19 章\电影海报.psd
光盘\实例演示\第 19 章\制作电影海报 >>>>>>>>>>

1 打开"运动员.jpg"图像，双击"背景"图层，在打开的"新建图层"对话框中单击 确定 按钮。使用钢笔工具沿着运动员边缘建立路径，按住 **Ctrl** 键的同时，在"路径"面板中单击"工作路径"路径，建立选区，如图 **19-2** 所示。

2 按"**Ctrl+J**"快捷键复制图层。按"**Ctrl**"键，单击"图层 1"，载入选区，再选择"图层 0"，按"**Shift+Ctrl+I**"组合键，反向建立选区。选择"图层 1"，使用黑色填充选区，如图 **19-3** 所示。

图 19-2　建立选区

图 19-3　填充选区

应 用 点 睛

　　海报设计是应用最为广泛的广告手法之一，设计精美，后期印刷制作所使用的纸张也非常讲究，通常会使用较厚的铜版纸来印刷。

3 取消选区。选择"图层 1"图层，再选择【图像】/【调整】/【反相】命令，选择【滤镜】/【滤镜库】命令，在打开的"滤镜库"对话框中选择"照亮边缘"滤镜，在其中设置"边缘宽度"、"边缘亮度"分别为"1"、"11"，如图 19-4 所示，单击 确定 按钮。

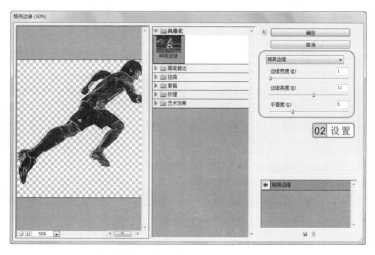

图 19-4　使用"照亮边缘"滤镜

4 选择【图像】/【调整】/【去色】命令，为图像去色。按 "Ctrl+J" 快捷键复制图层，生成 "图层 1 副本" 图层。将该图层重命名为 "红色"，设置该图层的 "混合模式" 为 "强光"。

5 再次按 "Ctrl+J" 快捷键复制图层，生成 "红色 副本" 图层，将该图层重命名为 "黄色"，并设置图层 "混合模式" 为 "柔光"，如图 19-5 所示。

6 选择【滤镜】/【模糊】/【高斯模糊】命令，打开 "高斯模糊" 对话框。在其中设置 "半径" 为 "1.5"，单击 确定 按钮，如图 19-6 所示。

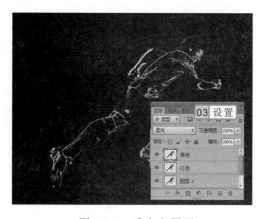

图 19-5　重命名图层

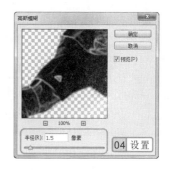

图 19-6　使用高斯模糊

7 按 "Ctrl+J" 快捷键复制图层。选择【滤镜】/【模糊】/【高斯模糊】命令，打开 "高

操作提示

这里为图层重命名是为了便于后期对图像进行调色。

斯模糊"对话框。在其中设置"半径"为"2.5"，单击[确定]按钮。

8 选择"红色"图层，再选择【图像】/【调整】/【色相/饱和度】命令，打开"色相/饱和度"对话框。选中☑着色(O)复选框，设置"色相"、"饱和度"、"明度"分别为"360"、"56"、"+21"，单击[确定]按钮，如图 19-7 所示。

9 选择"黄色"图层，按"Ctrl+U"快捷键。打开"色相/饱和度"对话框，选中☑着色(O)复选框，设置"色相"、"饱和度"、"明度"分别为"49"、"98"、"+4"，单击[确定]按钮，效果如图 19-8 所示。

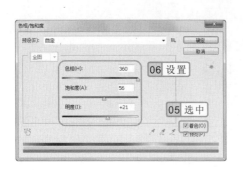

图 19-7　设置"色相/饱和度"对话框

图 19-8　调整图像颜色

10 新建图层。设置前景色为"红色#b52905"。在工具箱中选择画笔工具✐，在其工具属性栏中设置"不透明度"和"流量"均为"30%"，使用鼠标对人物的头后方、后背、手脚后方进行涂抹，效果如图 19-9 所示。

11 在"图层"面板中选择除"图层 0"外的所有图层，如图 19-10 所示。按"Ctrl+E"快捷键，合并图层。

图 19-9　使用画笔进行涂抹

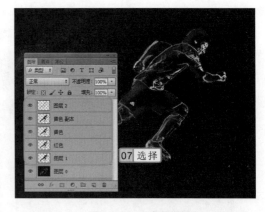

图 19-10　选择图层

12 选择【图像】/【画布大小】命令，打开"画布大小"对话框，在其中设置"宽度"、"高度"分别为"14"、"9.5"，在"定位"栏中单击✐按钮，如图 19-11 所示，单击[确定]

　　广告平面设计应明确、凝练，删除一切不必要的纯装饰花纹、线条、边框和颜色，使观看者一目了然。

按钮。

13　选择"图层 0"，使用魔棒工具选中图像中的透明区域，并使用黑色进行填充。取消
　　选区。

14　选择"图层 2"，在"图层"面板上单击 按钮，新建图层。将前景色设置为"浅橙
　　黄（#ffb579）"，在工具箱中选择画笔工具 ，在其工具属性栏中设置"画笔大小"、
　　"硬度"、"不透明度"、"流量"分别为"90 像素"、"0%"、"100%"、"100%"，按
　　住"Shift"快捷键在人物底部绘制直线，如图 19-12 所示。

图 19-11　设置画布大小

图 19-12　绘制直线

15　按"Ctrl+T"快捷键，在变换框上右击，在弹出的快捷菜单中选择"透视"命令。使
　　用鼠标向下拖动变换框左上角的空心原点，效果如图 19-13 所示。按 Enter 键确定。

16　选择【滤镜】/【模糊】/【高斯模糊】命令，打开"高斯模糊"对话框，设置"半径"
　　为"5.5"，单击 确定 按钮。

17　打开"足球海报素材.psd"图像，选择"图层 4"。使用移动工具将"图层 4"移动到
　　"运动员"图像中，生成"图层 4"，将该图层的图层"混合模式"设置为"滤色"。
　　按"Ctrl+T"快捷键，当出现变换框后，再按住"Ctrl"键不放，使用鼠标拖动变换
　　框四周的空心原点调整并缩放图像，如图 19-14 所示。按"Enter"键确定。

图 19-13　设置透视效果

图 19-14　缩放图像

若变换图像效果不理想可以多次对图像进行变形，或按"Ctrl+T"快捷键后，右击变形框，在
弹出的快捷菜单中选择"变形"命令。

18 在"足球海报素材"图像中将"图层 0"和"图层 5"使用移动工具移动到"运动员"图像中，缩放图像，按 3 次"Ctrl+J"快捷键复制图层，将其放置在火焰下方排列起来。最后将图层"混合模式"设置为"滤色"。效果如图 19-15 所示。

19 选中之前移动、编辑的火焰图像，按"Ctrl+E"快捷键合并图层，再将对合并的图层设置"滤色"图层混合模式。

20 在"足球海报素材"图像中，使用移动工具将"眩光 1"、"眩光 2"和"眩光 3"图层移动到"运动员"图像中，缩放图像大小并按 3 次"Ctrl+J"快捷键复制图层，效果如图 19-16 所示。

图 19-15　选择图层　　　　　　　　　　　图 19-16　添加眩光

21 在"足球海报素材"图像中使用移动工具将"图层 5"移动到"运动员"图像中，缩放图像大小将其放置在人物后小脚上，设置图层的图层"混合模式"为"滤色"，效果如图 19-17 所示。

22 在"图层"面板中单击 ▣ 按钮。为图像添加蒙版，使用黑色的画笔工具在图像上火焰外上多余的发光区域进行涂抹，效果如图 19-18 所示。

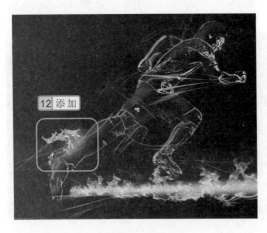
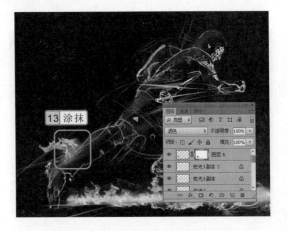

图 19-17　添加火焰　　　　　　　　　　　图 19-18　编辑蒙版

在平面设计中，经常需要将相同色调或色彩的图像融合到一起，但这样很难正确表达图像的层次感，一般都通过描边、添加发光样式等方法来解决。

23 使用相同的方法将其他火焰图像都添加到人物身上，效果如图 **19-19** 所示。

24 选择"图层 0"，在"图层"面板中单击■按钮，新建图层。将前景色设置为"红色（#ff0004）"，在其工具属性栏中设置"画笔大小、不透明度、流量"为"300 像素、20%、20%"，使用鼠标在图像上进行涂抹，效果如图 **19-20** 所示。

图 19-19　在人物身上添加火焰

图 19-20　添加底纹颜色

25 使用移动工具将"足球海报素材"图像中的"足球"图层移动到"运动员"图像中，并缩小，放置在人物前方，如图 **19-21** 所示。

26 新建一个 400×200 像素，分辨率为 300 像素的图像，并使用黑色填充背景。在工具箱中选择横排文字工具 **T**，在其工具属性栏中设置"字体"、"字体大小"、"颜色"分别为"汉仪彩云体简"、"22 点"、"白色"，并输入"生命之杯"，如图 **19-22** 所示。

图 19-21　添加足球

图 19-22　输入文字

27 在"生命之杯"文字图层上右击，在弹出的快捷菜单中选择"栅格化文字"命令。按住"Ctrl"键的同时，单击"生命之杯"图层预览图，载入选区。打开"通道"面板，在其中单击■按钮，生成"Alpha 1"通道，如图 **19-23** 所示。

28 取消选区，选中"Aplha 1"通道。选择【滤镜】/【扭曲】/【极坐标】命令，打开"极

在平面广告设计过程中，经常要用到一些素材图像，为了整个广告设计的需要，经常要对素材图像进行各种调整，如亮度调整、色彩调整和色调调整。

坐标"对话框，选中 ◉ 极坐标到平面坐标(P) 单选按钮，再单击 确定 按钮，如图 **19-24** 所示。

图 19-23　新建 Alpha1 通道

图 19-24　设置"极坐标"滤镜

29 选择【图像】/【旋转画布】/【90 度（顺时针）】命令，旋转画布。选择【滤镜】/【风格化】/【风】命令，打开"风"对话框。在其中选中 ◉ 风(W) 和 ◉ 从右(R) 单选按钮，单击 确定 按钮，如图 **19-25** 所示。

30 按"Ctrl+F"快捷键，再次使用"风"滤镜。选择【图像】/【旋转画布】/【90 度（逆时针）】命令，旋转画布。再选择【滤镜】/【扭曲】/【极坐标】命令，在打开的对话框中选中 ◉ 平面坐标到极坐标(R) 单选按钮，单击 确定 按钮，如图 **19-26** 所示。

图 19-25　设置"风"滤镜

图 19-26　设置"极坐标"滤镜

31 选择【滤镜】/【风格化】/【扩散】命令，打开"扩散"对话框，在其中选中 ◉ 变暗优先(D) 单选按钮，单击 确定 按钮。

32 选择【滤镜】/【模糊】/【高斯模糊】命令，打开"高斯模糊"对话框，在其中设置"半径"为"2"，单击 确定 按钮。

33 选择【滤镜】/【扭曲】/【波纹】命令，打开"波纹"对话框，在其中设置"数量"、"大小"分别为"100"、"中"，单击 确定 按钮。

34 在"通道"面板中单击 按钮，载入选区。按"Ctrl+C"快捷键复制选区中的图像，打开"图层"面板。单击 按钮，新建图层。按"Ctrl+V"快捷键粘贴图像。

414

广告语是广告设计的灵魂，准确、鲜明、富有感染力的广告语是广告成功与否的关键。

35 将"生命之杯"图层移动到图层最上方。按住"Ctrl"键的同时，单击"生命之杯"图层，载入选区，如图 19-27 所示。

36 选择【编辑】/【填充】命令，打开"填充"对话框。在其中设置"使用"、"不透明度"分别为"黑色"、"30"，单击　确定　按钮。取消选区。

37 选择【图像】/【模式】/【灰度】命令，在打开的提示对话框中单击　不拼合(D)　按钮。在打开的对话框中单击　扔掉　按钮，再选择【图像】/【模式】/【索引颜色】命令，在打开的对话框中单击　确定　按钮。

38 选择【图像】/【模式】/【颜色表】命令，打开"颜色表"对话框，在"颜色表"下拉列表框中选择"黑体"选项，单击　确定　按钮，效果如图 19-28 所示。

图 19-27　载入选区

图 19-28　完成效果

39 选择【图像】/【模式】/【RGB 模式】命令，转换图像颜色模式。使用移动工具将"生命之杯"移动到"运动员"图像中，并将该图层"混和模式"设置为"滤色"。缩小图像，将其放置在图像右上方。

40 在"足球海报素材"图像中使用移动工具将"大力神杯"图层移动到"运动员"图像上，并放置在图像左上角，如图 19-29 所示。

41 在"足球海报素材"图像中使用移动工具将"演员"、"发行信息"图层移动到"运动员"图像中。在工具箱中选择横排文字工具 T，在其工具属性栏中单击▤按钮，设置"字体"、"字体大小"、"颜色"分别为"汉仪清韵体简"、"10 点"、"#ffc101"。使用该工具在图像左上方输入"面对巨人 也不轻易放弃的勇气"文字，如图 19-30 所示。

图 19-29　添加素材

图 19-30　输入文字

操 作 提 示

由于文字属于矢量图，在变换时不会产生图像失真，将其进行缩放，相当于改变了文字的字号。

19.2　制作房地产 DM 单

 本节将制作一张房地产 DM 单，DM 单是目前地产商出售宣传楼盘的主要手段之一。制作房地产 DM 单会使用到渐变效果、图层样式和图层混合模式，蒙版、调色和文字等命令和工具。

19.2.1　实例说明

下面将制作一张新楼盘即将开盘的地产销售 DM 单，要求通过图像向消费者展示楼盘的特点以及主题，使消费者对楼盘有一定的兴趣，最终效果如图 19-31 所示。

图 19-31　房地产 DM 单最终效果

19.2.2　行业分析

DM 单是通过邮寄、赠送等形式，将广告宣传品送到消费者手中、家里或公司所在地的一种广告。

和传统广告媒体不同，DM 单是有针对性地选择目标对象，减少浪费、一对一地发送、强化广告效果，收到 DM 单的消费者会产生一种特别的优越感，从而自主关注产品。制作 DM 单一般所需成本较低，所以在选择印刷纸张时并不需要使用质感好成本高的纸张，为 DM 单选择纸张一般有以下两种要求：

- ◎ 通常使用 16 开（210mm×285mm）或是 8 开（420mm×285mm）的纸张尺寸，不标准的尺寸会造成纸张的浪费。
- ◎ 印刷少量 DM 单时一般可使用 157g 和 200g 的铜版纸，而当印刷量很大时，为降低成本，一般使用 80g 和 105g 的铜版纸。

416

铜版纸分为 A 级和 B 级两种，其中每种又可分为 80g、105g、128g 和 157g 几种，根据重量和分级不同，其价格也有所不同。

19.2.3　操作思路

为更快完成本例的制作，并且尽可能运用本章讲解的知识，本例的操作思路如下。

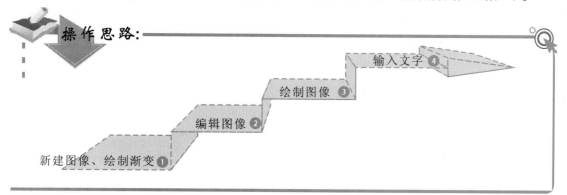

19.2.4　操作步骤

下面介绍制作房地产 DM 单的方法，其操作步骤如下：

参见光盘　　光盘\素材\第 19 章\DM 单素材.psd、星空.jpg、夜景.jpg
　　　　　　光盘\效果\第 19 章\房地产 DM 单.psd
　　　　　　光盘\实例演示\第 19 章\制作房地产 DM 单

1 选择【打开】/【新建】命令，打开"新建"对话框。设置"名称"、"宽度"、"高度"、"分辨率"分别为"房地产 DM 单"、"3500"、"2150"、"300"，单击 确定 按钮，如图 19-32 所示。

2 在工具箱中选择渐变工具 ，在其工具属性栏中单击 按钮，再单击渐变预览条。打开"渐变编辑器"对话框，在预览条下方中间单击，添加一个色标，再单击选中左边的色标，单击"颜色"色块，打开"拾色器（色标颜色）"对话框，在其中设置颜色为"土黄色（#975f29）"，单击 确定 按钮，如图 19-33 所示。

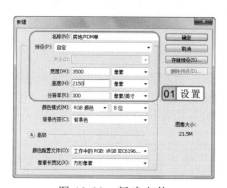

图 19-32　新建文件

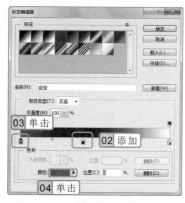

图 19-33　设置渐变编辑器

广告平面设计必须形象、准确地突出广告主旨，才能使受众领悟到广告的真正内涵。

3 使用相同的方法将中间色标设置为"鹅黄色（#d9c98e）"，右边色标设置为"淡黄色（#f6f9e4）"，完成后单击 确定 按钮。

4 使用鼠标从右下向左上拖动，绘制渐变效果，如图 **19-34** 所示。新建图层。

5 按"Ctrl+A"快捷键全选图像。选择【编辑】/【描边】命令，打开"描边"对话框。在其中设置"宽度"为"40 像素"，单击"颜色"色块。打开"拾色器（描边颜色）"对话框，在其中设置颜色为"土黄色（#9f8851）"，单击 确定 按钮。返回"描边"对话框，如图 **19-35** 所示。取消选区。

图 19-34　绘制渐变

图 19-35　设置描边

6 打开"夜景.jpg"图像，使用移动工具将其移动到新建的图像中，生成"图层 2"。按"Ctrl +T"快捷键放大图像，按"Enter"键确定，效果如图 **19-36** 所示。

7 在"图层"面板中单击 按钮，为图层添加蒙版。将前景色设置为"黑色"，使用画笔工具对图像上方进行涂抹，效果如图 **19-37** 所示。

图 19-36　放大图像

图 19-37　编辑蒙版

8 新建图层，将新建的图层移动到"图层 2"下方。使用矩形选框工具，在图像中间绘制一个矩形选区，并使用黑色填充选区，效果如图 **19-38** 所示。

9 取消选区，选择"图层 2"。打开"星空.jpg"图像，使用移动工具将"星空"图像移动到创建的新图像中，并将其放大。

10 在"图层"面板中单击 按钮，为图层添加蒙版。使用画笔工具对图像下方进行涂抹，如图 **19-39** 所示。

海报作为一种视觉传达艺术，最能体现出平面设计的形式特征。

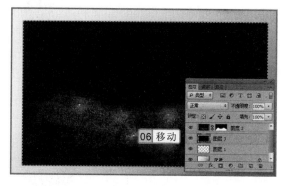

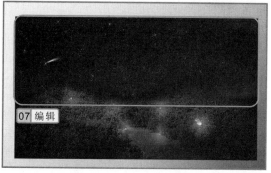

图 19-38 填充选区　　　　　　　　　　图 19-39 继续编辑蒙版

11 打开"DM 单素材.psd"图像，使用移动工具将"云层"和"大楼和树"图层移动到之前新建的图像中。选择"大楼和树"图层，单击▣按钮，为图层添加蒙版。使用画笔工具在图像下方进行涂抹，如图 **19-40** 所示。

12 复制"大楼和树"图层，将复制的图层缩小后放置在图像右边。使用画笔工具对图像蒙版进行涂抹，如图 **19-41** 所示。

图 19-40 添加素材并编辑蒙版　　　　　图 19-41 复制图像

13 在"DM 单素材"图像中，使用移动工具将"大楼和树"图层移动到之前新建的图像中，缩小后放置在图像中间。为图层添加图层蒙版，并使用画笔工具对图像下方进行涂抹，效果如图 **19-42** 所示。

14 在"DM 单素材"图像中，使用移动工具将"手"图层移动到之前新建的图像中并放置在图像左边。选择【图层】/【图层样式】/【外发光】命令，在打开的对话框中设置"不透明度"、"大小"分别为"100"、"18"，单击 确定 按钮，效果如图 **19-43** 所示。

15 新建"图层 5"，将前景色设置为"白色"，在工具箱中选择画笔工具。选择【窗口】/【画笔】命令，打开"画笔"面板。

16 在"画笔样式"栏中选择第一种画笔样式，设置"大小"、"间距"分别为"65 像素"、"150%"，如图 **19-44** 所示。

在移动图像时可以将要移动的图像与被移动的图像窗口设置为平铺，方便移动。

图 19-42　编辑蒙版　　　　　　　　　　　图 19-43　加入"手"图像

17 在"画笔"面板中选中☑形状动态复选框。设置"大小抖动"为"100"，如图 19-45 所示。

18 在"画笔"面板中选中☑散布复选框。取消选中☐两轴复选框，并设置"散布"为"800%"，如图 19-46 所示。

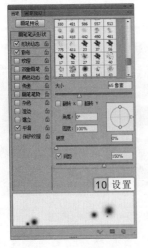

图 19-44　设置画笔笔尖形状　　　图 19-45　设置形状动态　　　图 19-46　设置散布效果

19 使用鼠标从左下向右上绘制直线，将"图层 5"移动到"手"图层下方，效果如图 19-47 所示。

20 在工具箱中选择横排文字工具 T，在其工具属性栏中设置"字体"、"字体大小"、"颜色"分别为"汉仪菱心体简"、"36 点"、"白色"，在图像右上角输入"云河城"文字。

21 在"云河城"文字图层上右击，在弹出的快捷菜单中选择"栅格化文字"命令。按住"Ctrl"键的同时单击"云河城"图层，载入选区。在工具箱中选择渐变工具，选择之前设置好的渐变样式。按住"Shift"键的同时，使用鼠标在文字选区上从左向右绘制渐变，取消选区，效果如图 19-48 所示。

　　按服务的性质分类，广告可以分为民俗活动广告、公益广告、社团活动广告、政府公告和商业性广告等。

图 19-47　使用画笔绘制星光

图 19-48　使用渐变工具编辑文字

22 在工具箱中选择画笔工具 ，在其工具属性栏中设置"画笔大小"为"5 像素"。按住"Shift"键的同时，使用鼠标在"云河城"文字下方绘制一条直线。最后使用矩形选区工具在"云河城"文字前绘制一个矩形选区，使用白色填充选区后取消选区，效果如图 19-49 所示。

23 将"DM 单素材.psd"图像中所有的文字图层移动到新建的图像中，效果如图 19-50所示。

图 19-49　绘制图像

图 19-50　添加文字

24 选择"手"图层，使用加深工具对手图像进行涂抹。使用移动工具将"DM 单素材"图像中的"相框"图层移动到新建的图像中，并将"相框"图层移动到"大楼和树"图层的下方，如图 19-51 所示。

25 选择【图层】/【图层样式】/【投影】命令，打开"图层样式"对话框。在其中设置"不透明度"、"距离"、"扩展"、"大小"分别为"100"、"22"、"35"、"38"，如图 19-52 所示。

26 在"图层样式"对话框的"类型"列表框中选中 光泽 复选框。在其中设置"混合模式"、"不透明度"、"角度"、"距离"、"大小"分别为"颜色加深"、"17"、"-140"、"89"、"95"，单击 确定 按钮。

27 选择【图像】/【模式】/【CMYK 颜色】命令，在打开的提示对话框中单击 不拼合(D) 按钮，再在打开的提示对话框中单击 确定 按钮。

下部和右侧是"弱区"，能让人感觉稳重，通常安排一些补充信息。

图 19-51　移动图层

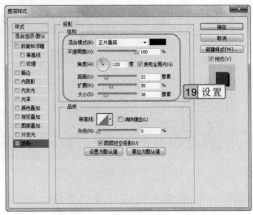

图 19-52　设置投影效果

19.3　拓展练习——制作抽象文化衫

本章主要讲解了制作电影海报以及制作房地产 DM 单的方法。用户在独立制作这类广告设计时一定要对广告的内容进行构思，以有趣的表现手法吸引消费者。下面为巩固学习的知识，将制作一款"抽象文化衫"实例。

　　本次练习将打开"MAN"图像并复制图层。使用"阈值"命令，去掉图像背景并将图像制作成黑白色。打开"图层样式"对话框，在其中设置"混合选项"的混合颜色带，将背景图层中的部分颜色透出来，再新建图层，打开"图层样式"对话框，在其中设置"混合选项"的混合颜色带，使用画笔工具将黄色、红色、绿色和蓝色涂抹在人物轮廓上，合并图层，最后将其移动到"T 恤"图像上，效果如图 19-53 所示。

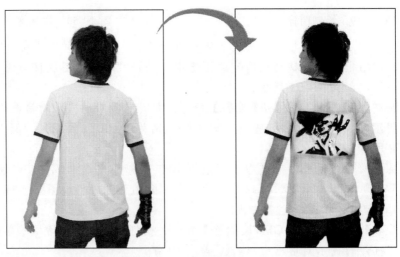

图 19-53　制作抽象文化衫

　　在"图层样式"对话框中设置"颜色混色带"栏，在按住"Alt"键的同时，使用鼠标拖动"下一图层"右边的滑块，调整该图层与下面图层的颜色混合带。

参见
光盘
光盘\素材第 19 章\MAN.jpg、T 恤.jpg
光盘\效果\第 19 章\抽象文化衫.psd
光盘\实例演示\第 19 章\制作抽象文化衫

该练习的操作思路与关键提示如下。

操作思路:

移动图像并调整图像透视关系 ❸

新建图层,设置图层样式并添加颜色 ❷

打开图像并设置图像样式 ❶

关键提示:

在"阈值"对话框中设置"阈值色阶"为"127"。

为复制的"背景"图层的图层样式设置混合色带"下一图层"为"148/255"。

为"图层 1"图层的图层样式设置混合色带"下一图层"为"123/255"。

设置画笔的"不透明度"、"流量"分别为"30%、30%"。

分别将前景色设置为"蓝色(# 0066ff)"、"绿色(# 06ff00)"、"红色(#ff0000)"和"黄色(# fff000)",并使用画笔工具对人物的对应部分进行涂抹。

合并制作的抽象图像,移动到"T 恤"图像中后,按"Ctrl+T"快捷键,缩小、调整透视关系后,为图像添加蒙版,使用黑色的画笔对图像边缘进行涂抹。盖印图层,使用加深工具增加一些阴影。

操 作 提 示

广告需要创意,而创意在某种意义上其实就是设计,设计就是美术指导和平面设计师如何选择和配置一则广告的美术元素。

第 20 章 •••

包装设计

制作茶叶包装

制作果汁包装

制作化妆品包装

包装设计应从商标、图案、色彩、造型和材料等构成要素入手，在考虑商品特性的基础上，遵循品牌设计的一些基本原则，如保护商品、美化商品和方便使用等，使各项设计要素协调搭配，相得益彰，以取得最佳的包装设计方案。

本章导读

20.1　制作化妆品包装

本节将制作一款化妆品的包装，对于化妆品来说其外部包装和存放化妆品的容器直接影响着用户对化妆品档次的认定。制作化妆品包装会使用到各种渐变、加深、减淡、变形、文字和图层等命令和工具。

20.1.1　实例说明

下面将制作的化妆品包装，要求再现化妆品瓶的塑料质感以及外观样貌，同时要求将化妆品瓶的光暗效果表现出来，达到在摄影棚中拍摄物体的最佳效果，最终效果如图 20-1 所示。

图 20-1　化妆品包装最终效果

20.1.2　行业分析

化妆品包装是较常见的一种包装设计，对于平面设计师而言，学会使用 Photoshop 制作商品包装是非常重要的。很多客户会要求设计师制作产品的包装设计，然后根据包装设计将商品的包装制作出来。

产品包装的主要作用是保护产品及美化和宣传产品。产品包装设计的基本任务是科学地、经济地完成产品包装的造型、结构和装潢设计，其作用和制作注意事项如下。

> **包装造型设计**：通过形态、色彩等因素的变化，将具有包装功能和外观美的包装容器造型以视觉形式表现出来。包装容器必须能可靠地保护产品，必须有优良的外观，还需具有相适应的经济性等。目前最常用的包装造型是纸盒和塑料瓶包装。

> **包装结构设计**：包装结构设计是从包装的保护性、方便性和复用性等基本功能和生

在包装设计中，色彩的运用也相当重要，通过外在的包装色彩能够揭示或者映照内在的包装物品，使人一看外包装就能够基本上感知或者联想到内在的物品为何物。

产实际条件出发，依据科学原理对包装的外部和内部结构进行具体考虑而得的设计。一个优良的结构设计，应当以有效地保护商品为首要功能，其次应考虑使用、携带、陈列和装运等的方便性，还要尽量考虑是否能重复利用、显示内装物等功能。

- **包装装潢设计**：包装装潢设计是以图案、文字、色彩和浮雕等艺术形式来进行设计，突出产品的特色和形象，力求造型精巧、图案新颖、色彩明朗和文字鲜明，通过装饰和美化产品，以促进产品的销售。一个优秀的包装设计，是包装造型设计、结构设计、装潢设计三者有机的统一，只有这样，才能充分地发挥包装盒设计的作用。

20.1.3 操作思路

为更快完成本例的制作，并且尽可能运用本章讲解的知识，本例的操作思路如下。

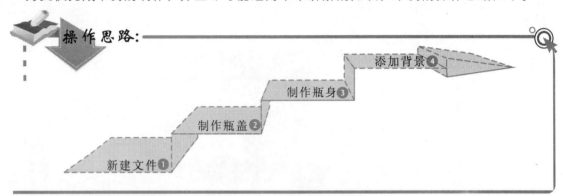

操作思路：

添加背景④

制作瓶身③

制作瓶盖②

新建文件①

20.1.4 操作步骤

下面介绍制作化妆品包装的方法，其操作步骤如下：

光盘\素材\第 20 章\化妆品海报.jpg
光盘\效果\第 20 章\化妆品包装.psd、化妆品海报.psd
参见 光盘\实例演示\第 20 章\制作化妆品包装
光盘

1️⃣ 新建一个 14cm × 20.3cm，分辨率为 300 像素的图像。

2️⃣ 新建图层，在工具箱中选择圆角矩形工具 ，在其工具属性栏的"工具模式"下拉列表框中选择"像素"选项，设置半径为"30 像素"。将前景色设置为"米黄色（#f7e8af）"，使用鼠标在图像上绘制一个圆角矩形，如图 20-2 所示。

3️⃣ 按"Ctrl+J"快捷键复制图层。按"Ctrl+T"快捷键变换图像，将复制的图像向中间进行缩小，如图 20-3 所示，按"Enter"键确定。

4️⃣ 按"Ctrl"键的同时使用鼠标单击"图层 1 副本"，载入选区。选择【选择】/【修改】/【收缩】命令，打开"收缩区域"对话框。设置"收缩量"为"6"，单击 确定 按钮。

一些优秀的包装设计，尽管从主色调上看没有与商品属性相近的颜色，但在其外包装的画面中会有一些精彩的象征色块、色点、色线或以该色突出的集中内容。

图 20-2　绘制圆角矩形

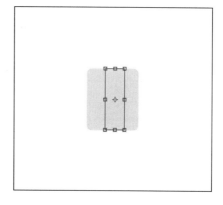

图 20-3　变换圆角矩形

5　将前景色设置为"黄黑色（#38352a）"，按"Alt+Delete"快捷键进行填充。

6　选择"图层 1"，在工具箱中选择加深工具 ◎。在其工具属性栏中设置"画笔大小"、"硬度"、"曝光度"分别为"50 像素"、"0%"、"20%"。按住"Shift"键的同时，使用鼠标在被黄黑色所盖住的区域来回进行涂抹，如图 20-4 所示。

7　按"Ctrl"键的同时单击"图层 1"，载入选区。在工具箱中选择画笔工具 ✎，在其工具属性栏中设置"画笔大小"、"硬度"、"不透明度"、"流量"分别为"20 像素"、"0%"、"20%"、"20%"。按住"Shift"键的同时，使用鼠标在圆角矩形的右边进行涂抹，效果如图 20-5 所示。

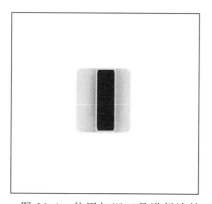

图 20-4　使用加深工具进行涂抹

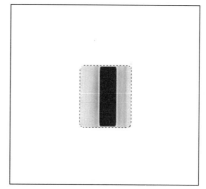

图 20-5　使用画笔增加立体感

8　在画笔工具的工具属性栏中，设置"画笔大小"、"不透明度"、"流量"分别为"30 像素"、"30%"、"30%"。使用鼠标在圆角矩形的中间、上下方以及左右方进行涂抹，效果如图 20-6 所示。

9　取消选区，隐藏"背景"图层。按"Shift+Ctrl+Alt+E"组合键盖印图层，生成"图层 2"，显示"背景"图层。

10　选择"图层 2"。按"Ctrl+T"快捷键缩小图层，再将"图层 2"移动到"图层 1"下方，如图 20-7 所示。

操 作 提 示

包装是商品的容器或包裹物。按用途分为储运包装（又叫大包装）和零售包装（又叫小包装、内包装）两类。

图 20-6　绘制阴影

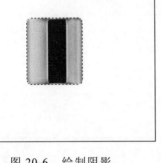

图 20-7　复制图层

11 隐藏除"背景"图层以外的所有图层。新建图层，使用矩形选框工具绘制一个矩形选区，将前景色设置为"鹅黄色（#fef1be）"，按"Alt+Delete"快捷键填充选区，效果如图 20-8 所示。

12 选择【选择】/【修改】/【收缩】命令，打开"收缩选区"对话框。在其中设置"收缩量"为"8 像素"，单击 确定 按钮。按"Delete"键删除选区中的图像，效果如图 20-9 所示。

图 20-8　绘制并填充选区

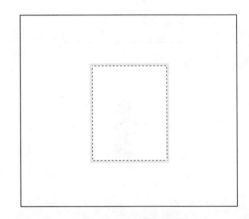

图 20-9　删除图像

13 取消选区。按住"Ctrl"键的同时单击"图层 3"，载入选区。在工具箱中选择画笔工具，将前景色设置为"灰黑色（#38352a）"。使用鼠标在选区左边、右边以及上方进行涂抹，效果如图 20-10 所示。

14 取消选区。使用矩形选框工具在图像下方建立选区，如图 20-11 所示。按"Ctrl+T"快捷键，按住变换框上方中间的空心圆点并向上拖动，变换图像，效果如图 20-12 所示。按"Enter"键确定变换。

在新建图像文件时，可以单击"新建"对话框中"高级"栏左侧的三角形按钮，这样能设置更加详细的图像内容。

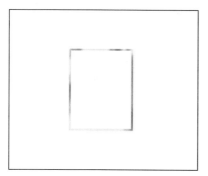

图 20-10　绘制光泽

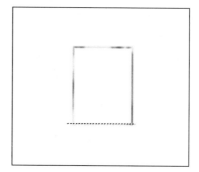

图 20-11　绘制选区

15 在工具箱中选择画笔工具 ✎，使用鼠标在选区中进行涂抹绘制光泽，效果如图 20-13 所示。

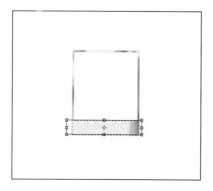

图 20-12　变换图像

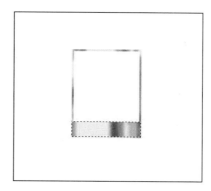

图 20-13　绘制光泽

16 将前景色设置为"灰色（#747474）"。按住"Shift"键，使用鼠标在选区中间绘制一条直线，如图 20-14 所示。

17 取消选区，按"Ctrl+T"快捷键，在变换框中右击，在弹出的快捷菜单中选择"变形"命令，使用鼠标调整变形框，如图 20-15 所示。

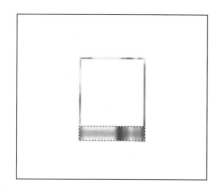

图 20-14　绘制直线

图 20-15　变形图像

操作提示

好的商品要有好的包装来衬托，才能充分体现其价值，好的包装可以引起消费者的关注和喜爱，扩大企业和产品的知名度。

18　按 "Enter" 键，显示之前隐藏的图层，按 "Ctrl+T" 快捷键缩放图像，使用制作的盖子盖住喷嘴，效果如图 20-16 所示。

19　新建图层，使用矩形选框工具在图像上绘制一个选区。将前景色设置为 "鹅黄色（#fef1be）"，按 "Alt+Delete" 快捷键，使用前景色进行填充，效果如图 20-17 所示。

图 20-16　缩放盖子大小

图 20-17　绘制并填充矩形

20　将前景色设置为 "灰色（#747474）"，使用画笔工具对选区左右两边以及下面进行涂抹，效果如图 20-18 所示。

21　按 "Ctrl+T" 快捷键，在变换框中右击，在弹出的快捷菜单中选择 "变形" 命令。使用鼠标调整变形框，如图 20-19 所示。

图 20-18　制作阴影

图 20-19　变换形状

22　按 "Enter" 键，取消选区，在工具箱中选择椭圆选框工具 ◎，使用鼠标在之前变形的图像上绘制一个椭圆选区。将前景色设置为 "鹅黄色（#ffe88e）"，使用前景色进行填充。

23　取消选区。选择画笔工具 ✔，在其工具属性栏中设置 "画笔大小"、"不透明度"、"流量" 分别为 "30 像素"、"10%"、"10%"，使用鼠标在刚填充的椭圆下方进行涂抹，

　　包装从方便商品陈列和有利于显示商品特色的角度上分，可分为透明型、橱窗型、堆砌型、吊挂型和系列型。

效果如图 **20-20** 所示。

24 按 "**Ctrl+T**" 快捷键，缩小、缩短和旋转图像并将其放置在瓶盖上。使用画笔工具对图像的结合处进行涂抹，效果如图 **20-21** 所示。

图 20-20　绘制阴影

图 20-21　缩小图像

25 新建图层，使用矩形选框工具在绘制的图形下方绘制矩形选区。将前景色设置为 "浅灰色（**#cecece**）"，使用前景色进行填充，如图 **20-22** 所示。

26 在工具箱中选择加深工具 ，使用鼠标在选区中进行涂抹，绘制阴影，效果如图 **20-23** 所示。

图 20-22　填充颜色

图 20-23　绘制阴影

27 将前景色设置为 "灰色（**#747474**）"，在工具箱中选择画笔工具 ，在其工具属性栏中设置 "不透明度"、"流量" 分别为 "**100%**"、"**100%**"，使用鼠标在选区中继续进行涂抹，绘制光泽，效果如图 **20-24** 所示。

28 取消选区。按 "**Ctrl+T**" 快捷键，在变形框中右击，在弹出的快捷菜单中选择 "透视" 命令，使用鼠标调整图像的透视关系，效果如图 **20-25** 所示。按 "**Enter**" 键确定变换。

操 作 提 示

　　包装的设计需要色彩、文字和图形巧妙地组合，形成有一定冲击力的视觉形象，将产品的信息传递给消费者。

图 20-24　绘制光泽

图 20-25　编辑图像形状

29 使用鼠标在图像下方绘制一个矩形选区，将前景色设置为"淡黄色（#fef4cd）"，使用前景色填充选区，效果如图 20-26 所示。

30 在工具箱中选择减淡工具 🔍，在其工具属性栏中设置"画笔大小"、"范围"、"曝光度"分别为"150 像素"、"中间调"、"50%"，使用鼠标在选区中进行涂抹，效果如图 20-27 所示。

图 20-26　填充选区

图 20-27　制作光泽

31 在工具箱中选择加深工具 🖐，在其工具属性栏中设置"画笔大小"为"100 像素"。使用鼠标在选区中进行涂抹，效果如图 20-28 所示。

32 按"Ctrl+T"快捷键，右击变形框，在弹出的快捷菜单中选择"透视"命令，使用鼠标调整变形框，如图 20-29 所示。按"Enter"键确定变换。

33 新建图层，在工具箱中选择画笔工具 ✐。在其工具属性栏中设置"画笔大小"、"不透明度"、"流量"分别为"100 像素"、"40%"、"40%"，使用鼠标对制作的盖子轻轻进行涂抹，制作塑料的透明感。

34 在工具箱中选择横排文字工具 T，在其工具属性栏中设置"字体"、"字体大小"、"颜色"分别为"Century Gothic"、"12 点"、"白色"。使用鼠标在灰色的金属环上单击，输入"Smile"。在"图层"面板中右击"Smile"文字图层，在弹出的快捷菜单中选择"栅格化文字"命令。

432

不同商品的包装会突出不同的内容，但包装的设计必须包含以下内容：要表现的是一种什么样的商品，这种商品的特色是什么，适用的消费群体有哪些。

图 20-28　绘制阴影

图 20-29　变形图像

35 按 "Ctrl+T" 快捷键，在变化框中右击，在弹出的快捷菜单中选择 "变形" 命令。使用鼠标调整文字，效果如图 20-30 所示。

36 在工具箱中选择直排文字工具 **IT**，在其工具属性栏中设置 "字体"、"字体大小"、"颜色" 分别为 "Century Gothic"、"24 点"、"黄色（#efd369）"。在瓶子下方输入 "Smile"，再输入 "brightening moist emulsion"，在直排文字工具的属性栏中设置 "字体"、"字体大小"、"颜色" 分别为 "Eras Bold ITC"、"6 点"、"灰色（#cecece）"，如图 20-31 所示。

图 20-30　编辑文字

图 20-31　输入文字

37 隐藏 "背景" 图层，按 "Shift+Ctrl+Alt+E" 组合键盖印图层，并将盖印得到的图层命名为 "化妆品"。

38 打开 "化妆品海报.jpg" 图像，使用移动工具将 "化妆品" 图层移动到 "化妆品海报" 图像中，并缩放图像大小，将其放置在图像右下角。

39 按 "Ctrl+M" 快捷键，打开 "曲线" 对话框，使用鼠标拖动调整曲线，如图 20-32 所示，单击 [确定] 按钮。

40 按 "Ctrl+J" 快捷键复制图层。按 "Ctrl+T" 快捷键旋转图像。如图 20-33 所示，按 "Enter" 键确定旋转。

41 在工具箱中选择直排文字工具 **IT**，在其工具属性栏中设置 "字体"、"字体大小"、"颜色" 分别为 "汉仪娃娃篆简"、"12 点"、"灰黑色（#2d2d2d）"。使用该工具在图像右上方输入 "享有巧克力丝滑肌肤" 文字。

　　包装不仅是商品的包裹物，同时也是产品的一种广告，在对包装进行设计时可以通过对色彩和素材的应用，尽量引起消费者的注目，并激发消费者的购买欲望。

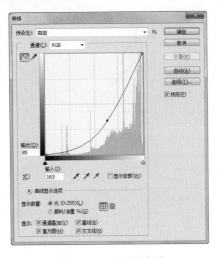

图 20-32　调整曲线

图 20-33　复制并旋转图像

20.2　制作茶叶包装

本例将制作一种茶叶的包装，茶叶的包装设计直接影响着人们对该茶叶品质的印象。制作茶叶包装会用到各种渐变、加深、减淡、变形、文字和蒙版等命令和工具。

20.2.1　实例说明

下面将制作碧螺春茶叶包装，为体现该茶叶的品质感觉，故使用纸盒作为包装，并加入一些中国元素，产生一种悠扬、清新的感觉，而这种感觉正好可突出碧螺春茶叶的优雅和清新。如图 20-34 所示为最终效果。

图 20-34　碧螺春茶叶包装效果

在进行包装盒设计时，为了展示包装效果，可以制作成立体造型，能给用户带来更加直观的视觉效果。

20.2.2　行业分析

目前市场上的茶叶包装主要有塑料包装、纸袋包装、纸盒包装和铁盒包装等。其中，低端茶叶一般以塑料袋包装为主，而中端、高端茶叶包装则以纸盒和铁盒为主，所以在设计茶叶包装时，有质感的包装材质、美观的包装设计更能打动消费者。

需要注意的是，国内茶叶的种类很多，其产地和口感各异，在设计茶叶包装前，一定要对茶叶的味道、历史有大致的了解，才能更好地把握设计效果。国内常见茶叶的种类、特点以及相应包装的设计重点分别如下。

- ▶ **绿茶：** 不经发酵制成的茶叶被称为绿茶。绿茶的叶片及茶水呈绿色。国内常见的绿茶有龙井、碧螺春、毛峰、瓜片、银针、毛尖、猴魁和云雾等。在制作包装时主要以为绿色为主，并放入新鲜茶叶等设计元素，使消费者产生清新、新鲜的感觉。
- ▶ **红茶：** 经过发酵制成的茶叶被称为红茶。红茶的叶片及茶水呈红色。国内常见的红茶有祁红、滇红、宣红和川红等。在制作包装时多使用红色，并放入正在散发热气的茶，以便消费者联想到红茶香醇的气息。
- ▶ **乌龙茶：** 半发酵茶被称为乌龙茶，乌龙茶叶片中心为绿色，边缘为红色，茶水呈红色。国内常见的乌龙茶有铁观音、大红袍、乌龙、水仙和单枞等。在制作乌龙茶包装时一般用深色表现并辅以水墨效果。
- ▶ **白茶：** 白茶是一种不经发酵的茶。与绿茶不同，白茶叶片附白色茸毛，汤色略黄而滋味甜醇。具有天然香味，茶分大白、水仙白和山白等类，故名白茶。国内常见的白茶有白毫银针、白牡丹、贡眉和寿眉等。因为白茶是所有茶叶中药用价值、保健功能最强的一种，所以可以在设计包装时加入养生类的设计元素。
- ▶ **花茶：** 花茶是在成品绿茶中加入香花而制成。常用的香花有茉莉、珠兰、玳玳、玫瑰和柚花等。花茶茶水醇厚呈黄绿色，香味浓烈，比较受女性消费者的青睐，且很多生产商在制作花茶时会加入减肥、美容的功效，所以在制作这类茶叶包装时，可使用一些颜色鲜亮、流行的设计元素。

20.2.3　操作思路

为更快完成本例的制作，并且尽可能运用本章讲解的知识，本例的操作思路如下。

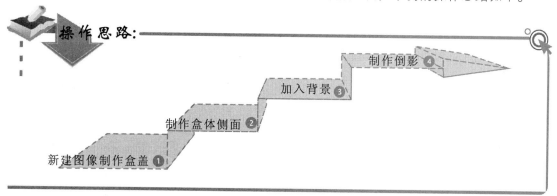

在制作包装时可以使用参考线。在图像中创建了参考线后，绘制选区时，选区边缘会自动吸附到参考线上，这样可以精确地沿参考线绘制选区。

20.2.4 操作步骤

下面介绍制作茶叶包装的方法，其操作步骤如下：

参见
光盘

光盘\素材\第 20 章\茶叶包装素材.psd、茶杯.jpg
光盘\效果\第 20 章\茶叶包装.psd
光盘\实例演示\第 20 章\制作茶叶包装 >>>>>>>>>

1 新建一个 1000×800 像素，分辨率为 300 像素的图像。打开"茶叶包素材.psd"图像，使用移动工具将"底纹"和"方框"图层移动到新建的图像中，并调整大小，如图 20-35 所示。

2 新建"图层 1"，将前景色设置为"黑色"，在工具箱中选择椭圆选框工具，使用鼠标在图像右下角绘制一个椭圆选区，使用前景色进行填充，如图 20-36 所示。

图 20-35　添加素材

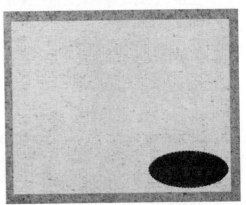

图 20-36　绘制并填充椭圆

3 取消选区，选择【滤镜】/【扭曲】/【波纹】命令，打开"波纹"对话框，在其中设置"数量"、"大小"分别为"-441"、"大"，如图 20-37 所示，单击 确定 按钮。

4 将"图层 1"的图层"混合模式"设置为"强光"。打开"茶杯.jpg"图像，使用移动工具将图像移动到新建的图像中，缩小"茶杯"图像，如图 20-38 所示。

图 20-37　设置波浪

图 20-38　移动图层

应 用 点 睛

如果图像中有多个相同内容的文本图层，可只创建一个文本图层，然后复制出另外的文本图层即可，字体的大小可以通过图像变换来快速改变。

5 选择【图层】/【创建剪贴蒙版】命令，为图层创建剪贴蒙版。

6 使用移动工具在"茶叶包素材"图像中将"窗格"图层移动到新创建的图像中，再在"图层"面板中的"窗格"图层上右击，在弹出的快捷菜单中选择"释放剪贴蒙版"命令。按"Ctrl+T"快捷键，缩小图像并将其放置在图像上方。

7 按"Ctrl+J"快捷键复制图层，生成"窗格 副本"图层。旋转"窗格 副本"图层，将其放置在图像下方，如图 20-39 所示。

8 选择"图层 1"，再选择【滤镜】/【模糊】/【高斯模糊】命令，在打开的"高斯模糊"对话框中设置"半径"为"2.0"，如图 20-40 所示，单击 确定 按钮。

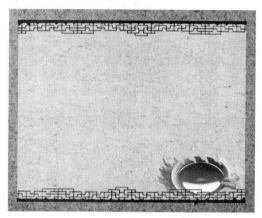

图 20-39　添加窗格图层

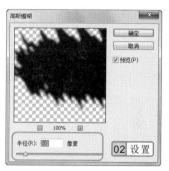

图 20-40　设置高斯模糊

9 使用移动工具在"茶叶包素材"图像中将"墨迹"图层移动到新创建的图像中，并将其放置在"窗格"图层下方，如图 20-41 所示。

10 在工具箱中选择直排文字工具。在其工具属性栏中设置"字体"、"字体大小"、"颜色"分别为"汉仪柏青体繁"、"24 点"、"白色"，在图像左上角输入"螺春"文字，按"Shift+Enter"快捷键结束输入。

11 在"螺春"文字左上角输入"碧"文字，选中输入的"碧"字，在其工具属性栏中设置"字体大小"为"40 点"，如图 20-42 所示。

图 20-41　添加墨迹

图 20-42　输入文字

如果要为不同的图层添加相同的图层样式，也可通过样式的复制和粘贴来快速实现，如果添加样式后的图像大小不一致，应注意要重新调整样式的参数设置。

12. 双击"碧"文字图层,打开"图层样式"对话框,在其中选中 ☑投影 复选框,单击 确定 按钮。在"碧"文字图层上右击,在弹出的快捷菜单中选择"栅格化文字"命令。

13. 使用多边形选区工具将图像中"碧"字的石字底的横选中,如图 20-43 所示。

14. 使用橡皮擦工具将选区中的图像擦除,如图 20-44 所示,取消选区。

图 20-43　建立选区

图 20-44　擦除图像

15. 打开"茶叶.jpg"图像,使用钢笔工具沿着图像中左边第二片叶子边缘绘制一个闭合路径,打开"路径"面板,单击 按钮,将路径转换为选区,如图 20-45 所示。

16. 使用移动工具将选区中的树叶移动到新创建的图像中,缩放图像并旋转,如图 20-46 所示。

图 20-45　建立的选区

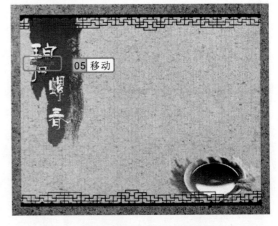

图 20-46　移动图像

17. 在工具箱中选择直排文字工具 T,在其工具属性栏中设置"字体"、"字体大小"分别为"方正大黑简体"、"6 点"。使用该工具在图像左上角输入"品味人生的美好时刻"。选择输入的文字,按"Ctrl+T"快捷键。打开"文字"面板,在其中设置"字间距"为"200",如图 20-47 所示。

　　在将平面图像转换为立体效果时,为了防止图像因变换出现颜色显示失真,最好一次就调整出图像的透视关系。

18 在文字图层下方建立选区，在工具箱中选择椭圆选框工具 。在其工具属性栏中单击
   按钮，使用鼠标在各个汉字下方绘制一个正圆选区。将前景色设置为"绿色
   （#589c4f）"，按"Alt+Delete"快捷键使用前景色填充选区，效果如图 20-48 所示。

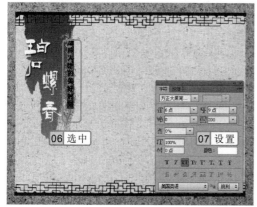
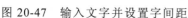

图 20-47　输入文字并设置字间距　　　　　图 20-48　绘制选区并填充图层

19 使用移动工具在"茶叶包素材"图像中将"荷花"和"竹子"图层移动到新创建的图
   像中，效果如图 20-49 所示。

20 使用移动工具在"茶叶包素材"图像中将"文字"图层移动到新创建的图像中，并设
   置该图层的"不透明度"为"15%"，效果如图 20-50 所示。

图 20-49　添加素材　　　　　　　　　　图 20-50　添加文字底纹

21 使用移动工具在"茶叶包素材"图像中将"鱼"图层移动到新创建的图像中，并将图
   像移动到图像下方，设置图层"混合模式"为"变暗"，效果如图 20-51 所示。

22 选择"方框"图层，按"Ctrl+J"快捷键新建图层。在图像左边绘制一个矩形选区，
   按"Alt+Delete"快捷键，使用前景色进行填充。将图层的"不透明度"设置为"25%"，
   取消选区，效果如图 20-52 所示。

操作提示

在制作包装设计时，应先确定作品的主色调，后面添加的图像元素应根据主色调来进行组合，
如果色彩不匹配，可通过色彩调整命令来修改。

图 20-51　设置图层样式

图 20-52　编辑图像

23 选择除去"背景"图层以外的所有图层，按"Ctrl+E"快捷键，合并所选图层。将合并后的图层重命名为"包装封面"。

24 按"Ctrl+T"快捷键，缩小并旋转图像，在按住"Ctrl"键的同时，使用鼠标调整图像 4 个角的空心圆圈，调整图像形状，如图 20-53 所示。按"Enter"键确定变换。

25 使用移动工具在"茶叶包素材"图像中将"底纹"图层移动到新创建的图像中，缩小并隐藏刚移动过去的"底纹"图层。

26 使用多边形选框工具在包装封面下方绘制一个平行四边形选区，再显示"底纹"图层，效果如图 20-54 所示。

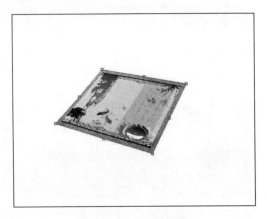

图 20-53　变换图像

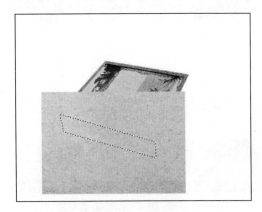

图 20-54　绘制选区

27 选择【选择】/【反向】命令，反向建立选区，按"Delete"键删除图像，取消选区。使用相同的方法将包装的侧面制作出来，效果如图 20-55 所示。

28 在工具箱中选择加深工具 ，在其工具属性栏中设置"曝光度"为"50%"。分别选中两个"底纹"图层，使用加深工具对图像下方进行涂抹制作阴影。

29 新建图层，使用多边形工具在前侧面中间绘制一个矩形选区，并使用白色进行填充。将前景色设置为"灰色（#808080）"，在工具箱中选择画笔工具 ，在其工具属性

　　在图像中创建了参考线后，绘制选区时，选区边缘会自动吸附到参考线上，这样可以精确地沿参考线绘制选区。

栏中设置"不透明度"、"流量"分别为"30%"、"30%"，对选区中的图像轻轻进行涂抹，如图 20-56 所示。

图 20-55　为包装添加侧面

图 20-56　添加中线

30 使用相同的方法对侧面添加中线。新建图层，使用多边形工具在前侧面绘制一个比中线略窄的选区，将前景色设置为"灰色（#332d2a）"，使用前景色进行填充。取消选区，再使用多边形工具在侧面绘制一个比中线略窄的选区，使用前景色进行填充，效果如图 20-57 所示。

31 选择"背景"图层以外的所有图层，按"Ctrl+E"快捷键合并图层。使用移动工具在"茶叶包素材"图像中将"背景 1"图层移动到新创建的图像中，并放置在"背景"图层下方。最后按"Ctrl+T"快捷键，缩小制作的茶叶包装，如图 20-58 所示。

图 20-57　绘制接缝

图 20-58　添加背景

32 选择"图层 2"，按"Ctrl+J"快捷键复制图层，如图 20-59 所示。再选择"图层 2"，将图层的"不透明度"设置为"50%"。使用移动工具，将图层向下移动一些。

33 在"图层"面板中单击 ◻ 按钮，为图层添加图层蒙版。将前景色设置为"黑色"，在工具箱中选择画笔工具 ✎，在其工具属性栏中设置"不透明度"、"流量"分别为"50%"、"50%"，使用鼠标在图像上方进行涂抹，如图 20-60 所示。

字体排列是构图的重要方面，排列多样化可使构图新颖、富于变化。包装文字的排列可以从不同方向、位置和大小等方面进行考虑。

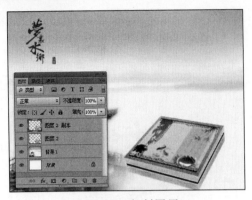

图 20-59 复制图层

图 20-60 编辑图层蒙版

20.3 拓展练习——制作果汁包装

本章主要讲解了制作化妆品包装以及茶叶包装的方法。用户在设计包装前一定要根据商品价值定位选择需要的包装材质，再根据材质和产品主题设计包装。下面为巩固所学知识，将制作一款果汁包装。

制作如图 20-61 所示的果汁包装效果，在制作过程中运用径向渐变制作出内发光的效果，然后运用线性渐变填充包装盒的正面颜色，按"Ctrl+T"快捷键调整包装的造型，得到一个立体的包装效果。

图 20-61 果汁包装

 参见 光盘
光盘\素材\第 20 章\菠萝.psd
光盘\效果\第 20 章\果汁包装.psd
光盘\实例演示\第 20 章\制作果汁包装 >>>>>>>>>>

该练习的操作思路与关键提示如下。

字体的种类、大小、结构、表现技巧和艺术风格都要服从总体设计，要加强文字与产品总体效果的统一与和谐，不能片面地突出文字。

操作思路：

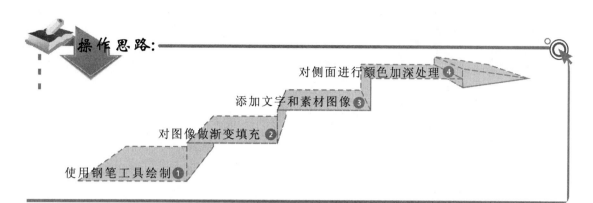

对侧面进行颜色加深处理 ④

添加文字和素材图像 ③

对图像做渐变填充 ②

使用钢笔工具绘制 ①

关键提示：

设置盒体的渐变为墨绿（145c56）到白色的线性渐变。

设置背景渐变为黑色到白色的径向渐变。

操 作 提 示

在为包装选择字体时，一般字数少者，可在醒目上下工夫，以突出装饰功能；字数多者，应在阅读效率上着力，常选用横划比竖划细的字体，以便于视线在水平方向上移动。

第21章 ●●●

人物数码照片处理

制作睡美人

制作瓶中美女

制作水面的美女

人物数码照片处理也是 Photoshop 图像处理的一个重要应用领域。常见的人物数码照片处理方法有磨皮、美白、瘦身、使五官立体和调整图像整体色调等，但在为人像添加不同的风格时，除使用常见的处理方法外，还需要融合一些不同的处理手法。

本章导读

21.1　制作瓶中美女

这里将制作一张瓶中的美女图像，使图像看起来清爽、飘逸。制作瓶中的美女图像会使用到各种调色命令、图层蒙版、滤镜、选区和文字等命令和工具。

21.1.1　实例说明

本例中制作的瓶中美女图像，要求表现出水流的自然感觉，同时让人物看起来好像真的被关在瓶中一样，最终效果如图 21-1 所示。

图 21-1　瓶中美女效果

21.1.2　行业分析

制作瓶中美女图像的方法，是人物数码照片处理的一种手法。通过这种方法，可以让普通平凡的人像照变得充满趣味。

在人像摄影中有一种水下摄影的手法。这种拍摄手法是将拍摄的模特以及相机都放入到水中，由于水流和水的浮力，可以使拍摄出的人物看起来更加白净，衣服、头发更加飘逸，动作也更加轻盈。

水中拍摄和陆地拍摄有很大区别，水中拍摄的注意事项如下。

 最佳拍摄时间段：在水中摄影时，相机需要防护罩，所以在水中拍摄最好选择在阳

水中拍摄对相机防水能力以及拍摄环境有严格的要求，所以用户不要轻易尝试。

光明媚的中午，阳光垂直照射在水面时，能让拍出来的照片更加清晰，颜色更加丰富。

- **注意光线的折射**：由于水对光线有一定的折射效果，所以不要认为在水中看到的距离就是实际距离。

- **尽量靠近拍摄对象**：再透明的水中也有杂质，所以离被摄体越远，照片也会越模糊。在水下进行拍摄时，应该尽量使用广角镜头靠近被摄体。

- **注意拍摄的角度**：为使拍摄出的图像层次分明，反差适中，应该使用侧光或侧逆光进行拍摄。

21.1.3　操作思路

为更快完成本例的制作，并且尽可能运用前面章节讲解的知识，本例的操作思路如下。

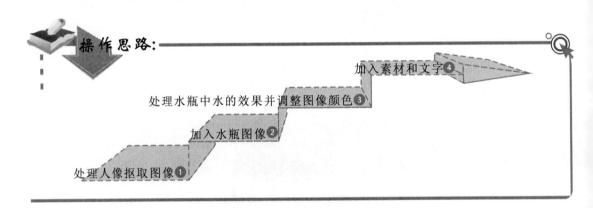

21.1.4　操作步骤

下面介绍制作"瓶中美女"图像的方法，其操作步骤如下：

光盘\素材\第 21 章\人物.jpg、瓶子.jpg、天空.jpg、水素材.psd
光盘\效果\第 21 章\瓶中美女.psd
光盘\实例演示\第 21 章\制作瓶中美女

1 打开"人物.psd"图像，如图 21-2 所示。选择【图像】/【调整】/【可选颜色】命令，打开"可选颜色"对话框，在"颜色"下拉列表框中选择"红色"选项，设置"青色"、"洋红"、"黄色"分别为"-28"、"+5"、"-90"，如图 21-3 所示。

2 在"颜色"下拉列表框中选择"白色"选项，设置"青色"、"洋红"、"黄色"、"黑色"分别为"-94"、"-1"、"-13"、"-83"。在"颜色"下拉列表框中选择"黑色"选项，设置"青色"、"洋红"分别为"-2"、"+88"，单击 确定 按钮。

在"可选颜色"对话框的"颜色"下拉列表框中选择"红色"选项，再调整"青色"、"洋红"、"黄色"、"黑色"参数，可以调整图像中皮肤的颜色。

图 21-2 打开图像

图 21-3 设置可选颜色

3 选择【滤镜】/【液化】命令，打开"液化"对话框。在其中单击 ✍ 按钮，设置"画笔大小"、"画笔压力"分别为"120"、"20"。使用鼠标对图像中人物的手臂、腋下、腰进行涂抹，为人物进行瘦身，如图 21-4 所示，单击 [____确定____] 按钮。

图 21-4 使用"液化"滤镜

4 在工具箱中选择钢笔工具 ✍，使用钢笔工具在人物边缘绘制路径。打开"路径"面板，单击 ▒ 按钮，将路径载入选区，如图 21-5 所示。

5 在"图层"面板中双击"背景"图层，打开"新建图层"对话框，单击 [___确定___] 按钮，将普通图层转换为背景图层。

6 选择【选择】/【反向】命令，反向建立选区，按"Delete"键删除选区中的图像，

使用钢笔工具在人物头发上绘制路径时，只需要大致绘制头发轮廓即可。

取消选区，如图 21-6 所示。

图 21-5　载入选区　　　　　　　　　　　　　　图 21-6　删除图像

7　使用钢笔工具将图像中人物脸颊左边的背景使用路径进行描边，再将路径载入选区，最后按 "Delete" 键删除选区中的图像，取消选区，如图 21-7 所示。

8　打开 "瓶子.jpg" 图像，如图 21-8 所示。在 "图层" 面板中双击 "背景" 图层。打开 "新建图层" 对话框，单击　确定　按钮，将普通图层转换为背景图层。

图 21-7　继续删除图像　　　　　　　　　　　　图 21-8　打开图像

9　在工具箱中选择仿制图章工具▲，在其工具属性栏中设置 "画笔大小"、"流量"、"不透明度" 分别为 "85 像素"、"100%"、"100%"。使用鼠标对瓶子上的字进行涂抹，去掉图像中的文字，效果如图 21-9 所示。

10　使用钢笔工具，沿着瓶子边缘绘制路径。将路径转换为选区，选择【选择】/【反向】

为了使去除文字的效果更加理想，最好在瓶子上方取样，再从上向下单击以去除文字。

命令，反向建立选区。按"Delete"键删除选区中的图像，取消选区。

11 选择【图像】/【调整】/【色彩平衡】命令，打开"色彩平衡"对话框。在其中设置"色阶"为"-48"、"0"、"+49"，如图 21-10 所示，单击 确定 按钮。

图 21-9　去除瓶子上的文字

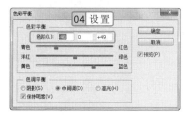

图 21-10　设置色彩平衡

12 使用移动工具将"人物"图像中的人物移动到"瓶子"图像中，生成"图层 1"。将"图层 1"移动到"图层 0"上方，并缩小图像。

13 设置"图层 0"的图层"混合模式"为"颜色加深"，效果如图 21-11 所示。

14 打开"水素材.psd"图像，使用移动工具将"水波"图层移动到"瓶子"图像中，缩小后将其放置在"图层 1"上方，如图 21-12 所示。

图 21-11　设置图层混合模式

图 21-12　缩小图像

15 设置"水波"图层的"混合模式"为"正片叠底"，再选择【图层】/【创建剪贴蒙版】命令，将图层创建为剪贴蒙版。

若想使添加的水波图像在瓶子中更有立体感，可以在缩小图像时，对图像使用"扭曲"和"变形"命令。

16 在"图层"面板中单击■按钮，为图层添加蒙版。将前景色设置为"黑色"，使用画笔工具对水波图像的下部进行涂抹，效果如图 21-13 所示。

17 按"Ctrl+J"快捷键复制图层。选择【图层】/【创建剪贴蒙版】命令，按"Ctrl+T"快捷键旋转图像，按"Enter"键确定，如图 21-14 所示。

图 21-13　编辑蒙版　　　　　　　　图 21-14　旋转图层

18 选择"图层 1"，在"图层"面板中单击■按钮，为图层添加蒙版。使用画笔工具对头发上多余的背景进行涂抹，效果如图 21-15 所示。

19 使用移动工具将"水素材"图像中的"气泡"图层移动到"瓶子"图像中并进行缩放，然后复制几个"气泡"图层，将其分布在图像上，如图 21-16 所示。

图 21-15　编辑头发　　　　　　　　图 21-16　添加气泡

20 在"图层"面板中单击◢按钮，在弹出的下拉菜单中选择"色相/饱和度"命令。打

在去除头发中多余的部分时最好将图像放大后再进行涂抹。

开"色相/饱和度"面板，在其中设置"饱和度"、"明度"分别为"-8"、"+12"，如
图21-17所示。

21 在工具箱中选择裁剪工具 ，使用鼠标拖动裁剪框，对瓶子下部进行裁剪，效果如
图21-18所示。

图21-17　设置"色相/饱和度"参数　　　　　　　　图21-18　裁剪图像

22 选择【图像】/【画布大小】命令，打开"画布大小"对话框。在"定位"栏中单击
按钮，设置"高度"为"16"，如图21-19所示，单击 确定 按钮。

23 打开"天空.jpg"图像，选择【图像】/【调整】/【色相/饱和度】命令，打开"色相/
饱和度"对话框，在其中设置"饱和度"、"明度"分别为"-9"、"+38"，如图21-20
所示，单击 确定 按钮。

图21-19　"画布大小"对话框　　　　　　　　　图21-20　"色相/饱和度"对话框

24 使用移动工具将"天空"图像移动到"瓶子"图像中，并将其放置在所有图层的最下
方，效果如图21-21所示。

25 选择所有图层，按"Shift+Ctrl+Alt+E"组合键合并图层。选择【滤镜】/【渲染】/
【镜头光晕】命令，打开"镜头光晕"对话框。使用鼠标拖动预览框中的光点，选中
 50-300 毫米变焦(Z) 单选按钮，如图21-22所示，单击 确定 按钮。

如果想使镜头光晕效果更真实，可在使用滤镜后，使用减淡工具对瓶子右侧适当进行涂抹。

图 21-21　添加背景素材

图 21-22　设置镜头光晕

26 使用移动工具将"水素材"图像中的"鱼"和"鱼群"图层移动到"瓶子"图像上并进行缩放，效果如图 **21-23** 所示。

27 在工具箱中选择横排文字工具 **T**，在其工具属性栏中设置"字体"、"字体大小"、"颜色"分别为"Myriad Pro"、"38 点"、"灰蓝色（#3f9dcb）"，使用该工具在图像瓶子上方输入"WATER 38°"文字，如图 **21-24** 所示。

图 21-23　添加"鱼"素材

图 21-24　输入文字

28 双击"WATER 38°"文字图层，打开"图层样式"对话框。在"样式"栏中选中 ☑外发光 复选框。设置"扩展"、"大小"分别为"32"、"13"，单击 确定 按钮。

29 使用移动工具将"水素材"图像中的"水浪"图层移动到"瓶子"图像上，并进行缩放，将水波移动到输入的文字上。在"图层"面板中单击 ▣ 按钮，为图层添加蒙版。使用黑色的画笔工具对水波挡住文字的部分进行涂抹，效果如图 **21-25** 所示。

30 在工具箱中选择横排文字工具 **T**，在其工具属性栏中设置"字体"、"字体大小"、"颜色"分别为"黑体"、"12 点"、"灰蓝色（#3f9dcb）"，使用该工具在文字的下方输入"开启仙境之门　美妙的水下世界"文字，如图 **21-26** 所示。

在拍摄人物照时，用光的方式会直接影响到图像的效果。

图 21-25　添加、编辑"水浪"素材

图 21-26　继续输入文字

21.2　制作睡美人

本节将制作一张"睡美人"图像，通过图像的明暗对比突出图像中的人物，使人物看起来更有灵性。制作"睡美人"图像会用到调色命令、通道、选区和文字、加深以及减淡等命令和工具。

21.2.1　实例说明

下面将制作"睡美人"图像，要求再现睡美人白色纱衣质感，并使合成的背景更自然，再通过光线的应用使图像看起来具有层次感，最终效果如图 21-27 所示。

图 21-27　"睡美人"图像

若想使"瓶中美女"图像的颜色更加鲜艳，可使用调整命令将"天空"图层的颜色加深。

21.2.2　行业分析

　　"睡美人"图像的风格是影楼人像处理的一种风格，由于人力、时间等各方面因素的限制，影楼的前期拍摄优势不能得到理想的效果，此时即可利用数码后期技术对原片进行修改，弥补图像前期的不足。

　　为了制作出理想的效果，影楼的修片人员一般会使用一些专门的软件或者工具进行编辑，常用的软件如下。

- ◎ **Photoshop**：用于处理瘦身、磨皮和阴暗关系等。
- ◎ **Lightroom**：也是 Adobe 公司推出的软件，用于对图像进行调色处理。
- ◎ **Teorex Inpaint 和 Topaz ReMask 滤镜**：安装这两种滤镜后，可以很轻松地完成各种毛发、婚纱的图像处理。
- ◎ **Wedding Album Maker Gold**：用于将处理好的照片制作成电子相册。

21.2.3　操作思路

　　为更快完成本例的制作，并且尽可能运用前面章节讲解的知识，本例的操作思路如下。

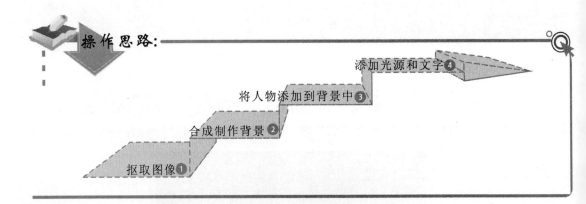

操作思路：

添加光源和文字 ❹

将人物添加到背景中 ❸

合成制作背景 ❷

抠取图像 ❶

21.2.4　操作步骤

　　下面介绍制作"睡美人"图像的方法，其操作步骤如下：

参见
光盘

光盘\素材\第 21 章\睡美人.jpg、背景.jpg、树林.jpg、睡美人素材.psd
光盘\效果\第 21 章\睡美人.psd
光盘\实例演示\第 21 章\制作睡美人 ▶>>>>>>>>>

1 打开"睡美人.jpg"图像，双击"背景"图层，打开"新建图层"对话框，单击 ▭确定

　　一些需要载入的自定义画笔样式也是影楼处理图像时必不可少的工具。

按钮，将背景图层转换为普通图层。

2 新建"图层 1"，并使用"绿色（#00ff0c）"进行填充。将"图层 1"移动到"图层 0"图层下方，如图 21-28 所示。

3 打开"通道"面板，选择并复制"蓝"通道，如图 21-29 所示。

图 21-28　新建填充图层

图 21-29　复制"蓝"通道

4 在工具箱中选择画笔工具，并将前景色设置为"白色"。使用鼠标对人物的灰色身体、手臂和花朵进行涂抹。再使用磁性套索工具为人物的双腿建立选区，如图 21-30 所示，使用白色填充选区。

5 取消选区。使用套索工具在图像上方建立选区。将前景色设置为"黑色"，再使用画笔工具对选区进行涂抹，如图 21-31 所示。

图 21-30　绘制选区

图 21-31　绘制选区并涂抹选区

6 取消选区。选择【选择】/【色彩范围】命令，打开"色彩范围"对话框。在该对话框中单击按钮，使用鼠标在图像中的花朵、叶子和地板位置单击，使"色彩范围"对话框预览图中的效果如图 21-32 所示，单击 确定 按钮。

操作提示

使用通道进行抠图时，为了方便建立选区，一定要选择图像颜色对比度最高的通道进行处理。

7 使用黑色填充选区,如图 21-33 所示,再使用画笔工具对图像中发亮的地板进行涂抹。

8 取消选区,在"通道"面板中单击▒按钮,载入选区,删除"蓝 副本"通道并选中 RGB 通道。

图 21-32 "色彩范围"对话框

图 21-33 填充颜色

9 打开"图层"面板,选择人物所在的"图层 1"。选择【图像】/【反向】命令,反向 建立选区。按"Delete"键删除选区中的对象,取消选区,效果如图 21-34 所示。

10 选择【图像】/【图像旋转】/【水平旋转画布】命令,旋转画布。

11 打开"背景.jpg"和"树林.jpg"图像,使用移动工具将"树林"图像移动到"背景" 图像中,如图 21-35 所示。

图 21-34 删除图像

图 21-35 移动图像

12 在"图层"面板中单击▣按钮,为图层添加蒙版。将前景色设置为"黑色",在工具 箱中选择画笔工具✐。在工具属性栏中设置"画笔大小"、"硬度"、"不透明度"、"流 量"分别为"150 像素"、"0%"、"40%"、"40%",使用画笔工具在树林下方进行涂 抹,效果如图 21-36 所示。

13 选择"背景"图层,再选择【图像】/【调整】/【色彩平衡】命令,打开"色彩平衡" 对话框,在其中设置"色阶"为"+80"、"+3"、"-38",如图 21-37 所示,单击 确定 按钮。

若是脚部附近的背景没有被删除,可使用工具建立选区进行删除。

图 21-36　编辑蒙版

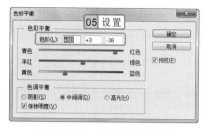

图 21-37　设置色彩平衡

14 使用移动工具将"睡美人"图像中的人物移动到"背景"图层中，并将其放在所有图层的最上方，缩小图像，将人物放置在图像中下方，效果如图 21-38 所示。

15 在工具箱中选择矩形选框工具 ，在其工具属性栏中设置"羽化"为"8 像素"。选择"背景"图层，使用鼠标在图像右下角绘制一个选区，如图 21-39 所示。

图 21-38　加入人物

图 21-39　绘制选区

16 选择【图像】/【调整】/【色相/饱和度】命令，打开"色相/饱和度"对话框，在其中设置"色相"、"饱和度"、"明度"分别为"-10"、"-12"、"-36"，如图 21-40 所示，单击 确定 按钮。

17 取消选区。在所有图层上方新建一个图层。在工具箱中选择矩形选框工具 ，在其工具属性栏中单击 按钮，设置"羽化"为"0 像素"。使用鼠标在图像上绘制几个大小不同的选区，并使用白色填充选区，如图 21-41 所示。

18 选择【滤镜】/【杂色】/【添加杂色】命令，打开"添加杂色"对话框，设置"数值"为"100"，选中 单色(M) 复选框，单击 确定 按钮。

操作提示

在图像右下角绘制一个选区时，除可使用矩形选框工具外，还可使用多边形选框工具。

图 21-40 设置 "色相/饱和度" 对话框

图 21-41 绘制并填充选区

19 选择【滤镜】/【模糊】/【动感模糊】命令，打开 "动感模糊" 对话框，在打开的对话框中设置 "角度"、"距离" 分别为 "90"、"90"，单击 确定 按钮，如图 21-42 所示。

20 选择【图像】/【调整】/【色相/饱和度】命令，打开 "色相/饱和度" 对话框，在打开的对话框中设置 "明度" 为 "+42"，单击 确定 按钮，如图 21-43 所示。

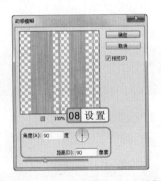

图 21-42 "动感模糊" 对话框

图 21-43 设置 "明度" 参数

21 取消选区。按 "Ctrl+T" 快捷键，将图像向左旋转，并将图像移动到靠近太阳的地方，再使用鼠标在变换框中右击，在弹出的快捷菜单中选择 "透视" 命令。使用鼠标拖动变换框上的空心圆点，效果如图 21-44 所示，按 "Enter" 键确定。

22 在工具箱中选择多边形选框工具 ，在其工具属性栏中单击 按钮并设置 "羽化" 为 "5 像素"。使用鼠标在图像上下方绘制两个选区，如图 21-45 所示。

23 按 "Delete" 键，删除选区中的图像。取消选区，将图层 "混合模式" 设置为 "颜色加深"，设置图层 "不透明度" 为 "50%"。

24 选择 "背景" 图层，在工具箱中选择加深工具 。在工具属性栏中设置 "画笔大小"、"范围"、"曝光度" 分别为 "60 像素"、"中间调"、"40%"，使用鼠标在图像中人物脚部和裙子下方轻轻进行涂抹。

应 用 点 睛

使用加深工具对 "背景" 图层进行涂抹时，一定要涂抹均匀。

图 21-44　调整图像

图 21-45　新建选区

25 复制人物所在的"图层 2"，按"Ctrl+M"快捷键，打开"曲线"对话框，使用鼠标调整曲线，效果如图 21-46 所示，单击 确定 按钮。

26 选择复制的"图层 2 副本"图层。在工具箱中选择加深工具 ，在其工具属性栏中设置"画笔大小"为"40 像素"，使用鼠标在裙子的褶皱以及头顶处进行涂抹制作阴影，效果如图 21-47 所示。

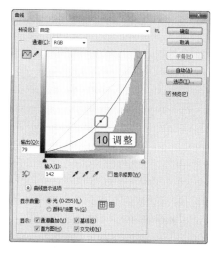

图 21-46　调整曲线

图 21-47　添加阴影

27 在"图层"面板中单击 按钮，为图层添加蒙版。将前景色设置为"黑色"，在工具箱中选择画笔工具 ，在工具属性栏中设置"画笔大小"、"不透明度"、"流量"分别为"35 像素"、"30%"、"30%"，使用鼠标在人物皮肤较黑的地方进行涂抹，降低暗部颜色。

28 打开"睡美人素材.psd"图像，使用移动工具将"绿鸟"图层移动到"背景"图像中，并缩放其大小后，放置在人物右边，效果如图 21-48 所示。

29 按"Ctrl+M"快捷键，打开"曲线"对话框。使用鼠标调整曲线，如图 21-49 所示，单击 确定 按钮。

若想增加裙子的层次感，可使用减淡工具对图像部分高光位置进行涂抹。

图 21-48　添加鸟素材

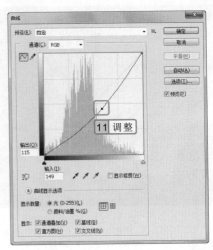

图 21-49　调整曲线

30 在"图层"面板中双击"绿鸟"图层，打开"图层样式"对话框，在"样式"列表框中选中☑外发光复选框。设置"不透明度"、"扩展"、"大小"分别为"57"、"0"、"38"，如图 21-50 所示，单击 确定 按钮。

31 在"睡美人素材.psd"图像中使用移动工具将"土黄鸟"图层移动到"背景"图像中，并缩放其大小后，放置在人物左边。按"Ctrl+M"快捷键，打开"曲线"对话框。使用鼠标调整曲线，如图 21-51 所示，单击 确定 按钮。

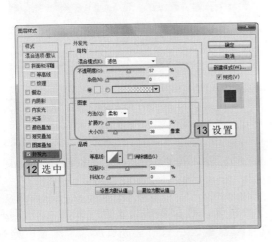

图 21-50　设置图层样式

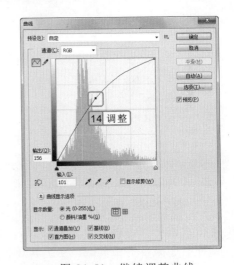

图 21-51　继续调整曲线

32 在"图层"面板中右击"绿鸟"图层，在弹出的快捷菜单中选择"拷贝图层样式"命令，再右击"土黄鸟"图层，在弹出的快捷菜单中选择"粘贴图层样式"命令，效果如图 21-52 所示。

33 在"睡美人素材.psd"图像中，使用移动工具将"苹果"图层移动到"背景"图像中，并将其缩小后放在人物手边。

在制作睡美人图像时，为了图像的整体效果，不宜添加白鸽或蝴蝶这样的素材。

34 按 "Ctrl+U" 快捷键，打开 "色相/饱和度" 对话框，在其中设置 "饱和度"、"明度" 分别为 "+41"、"−28"，如图 21-53 所示，单击 确定 按钮。

图 21-52　复制图层样式

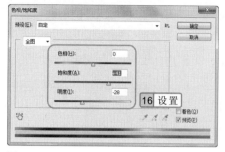

图 21-53　设置 "色相/饱和度" 对话框

35 双击 "苹果" 图层，打开 "图层样式" 对话框，在 "样式" 列表框中选中 ☑外发光 复选框。设置 "不透明度"、"扩展"、"大小" 分别为 "27"、"23"、"21"，单击 确定 按钮。

36 在 "睡美人素材.psd" 图像中使用移动工具将 "眩光" 和 "眩光 2" 图层移动到 "背景" 图像中。将 "眩光" 图层缩小后放在苹果上方，将 "眩光 2" 图层缩小后放在绿鸟上，如图 21-54 所示。

37 为 "眩光 2" 图层添加图层蒙版，并使用画笔工具在眩光与绿鸟重合的地方进行涂抹，擦除多余眩光。

38 打开 "字体.psd" 图像，在工具箱中选择横排文字工具 T ，在工具属性栏中设置 "字体"、"字体大小"、"颜色" 分别为 "Vladimir Script"、"48 点"、"白色"，在图像中输入 "Sleeping" 文字。在输入的文字下方输入 "Beauty" 文字，选中 "Beauty" 文字。在工具属性栏中设置 "字体"、"字号" 分别为 "Vivaldi"、"36 点"，如图 21-55 所示。

图 21-54　添加眩光

图 21-55　输入文字

39 在 "图层" 面板中显示 "B" 图层，将其缩小、旋转后放置在 "B" 字母下方，如图 21-56 所示。

若想增加梦幻效果，还可以为土黄色的鸟添加眩光效果。

40 使用相同的方法分别显示 "T"、"Y"、"I"、"S" 和 "L" 图层，并将其缩小旋转后放置在对应的字母上，效果如图 21-57 所示。

图 21-56　编辑 "B" 图层

图 21-57　为文字添加花纹

41 选择除 "背景" 图层以外的所有图层，按 "Ctrl+E" 快捷键合并图层。选择【图层】/【图层样式】/【渐变叠加】命令，打开 "图层样式" 对话框，在其中设置 "渐变"、"样式"、"角度" 分别为 "橙"，"黄"，"橙渐变"、"线性"、"90"。

42 在 "图层样式" 对话框的 "样式" 列表框中选中☑投影复选框，在其中设置 "大小" 为 "20"。

43 在 "图层样式" 对话框的 "样式" 列表框中选中☑斜面和浮雕复选框，在其中设置 "深度"、"大小"、"软化"、"高光模式" 分别为 "276"、"6"、"4"、"颜色减淡"，单击 确定 按钮，效果如图 21-58 所示。

44 按 "Ctrl+J" 快捷键复制图层，在 "图层" 面板中将复制的图层 "填充" 设置为 "0%"。打开 "图层样式" 对话框，选中☑斜面和浮雕复选框，在其中设置 "深度"、"方向"、"大小"、"软化"、"高光模式"、"不透明度" 分别为 "562"、"下"、"3"、"9"、"滤色"、"100"，单击 确定 按钮，如图 21-59 所示。

图 21-58　设置图层样式后的效果

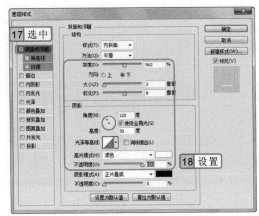

图 21-59　继续设置图层样式

 应用点睛

若用户电脑中还有其他的花样英文字体，可尝试制作不同的英文字。

45 再次按 "Ctrl+J" 快捷键复制图层，选择除 "背景" 以外的所有图层，按 "Ctrl+E" 快捷键合并图层。在 "睡美人素材.psd" 图像中使用移动工具将 "条纹" 图层移动到 "文字" 图像中，并旋转图像，效果如图 21-60 所示。

46 按 "Ctrl" 键的同时单击文字所在的图层，载入选区。选择【选择】/【反向】命令，反向建立选区。选择 "条纹" 图层，按 "Delete" 键删除选区中的图像，取消选区。

47 设置 "条纹" 图层的图层 "混合模式" 为 "差值"，"不透明度" 为 "70%"。再次选择除 "背景" 以外的所有图层，按 "Ctrl+E" 快捷键合并图层。

48 使用移动工具将合并的文字移动到 "背景" 图像中，并缩小文字后将其放置在图像右上角，如图 21-61 所示。

图 21-60　旋转图层

图 21-61　移动文字

49 在工具箱中选择横排文字工具 T。在工具属性栏中设置 "字体"、"字体大小"、"颜色" 分别为 "方正粗倩简体"、"18 点"、"浅紫色（#c4b3f8）"，使用该工具在图像左上角输入 "等待王子的魔法之吻" 文字。

21.3　拓展练习——制作水面的美女

本章主要讲解了制作 "瓶中美女" 以及 "睡美人" 的方法。用户在处理数码照片前一定要根据照片的特点以及想要制作、处理的风格对图像进行优化。下面为巩固学习的知识，将制作 "水面的美女" 图像。

　　制作如图 21-62 所示的水面的美女，首先打开 "花海.jpg" 图像，将人物从图像中抠取出来并缩小后将放在图像中间。使用 "色阶" 命令将人物调亮。复制图层，将人物垂直旋转后放到原人物脚下制作倒影。打开 "天空.jpg" 和 "水面.jpg" 图像，将其移动到 "花海" 图像中，并通过图层蒙版将其合并为背景。使用 "色阶" 命令调亮水面颜色。新建图层，分别使用吸管工具在图像中云层暗部、亮部以及高光部吸取颜色，再使用画笔工具在水面上绘制云层的倒影。将新建图层的 "混合模式" 设置为 "正片叠底"。打开 "白鸽.jpg" 图

操·作·提·示

在抠取人物时，应先大致对人物头发建立选区，再使用图层蒙版对头发进行细化处理。

像，使用选区工具为白鸽建立选区，并使用移动工具将其移动到"花海"图像中，缩小后放置在人物右边。打开"花瓣.jpg"图像，删除其背景。将花瓣一个个移动到"花海"图像中，并缩小其大小。

图 21-62　水面的美女

 光盘\素材\第 21 章\花海.jpg、水面.jpg、天空.jpg、白鸽.jpg、花瓣.jpg
光盘\效果\第 21 章\水面的美女.psd
光盘\实例演示\第 21 章\制作水面美女

该练习的操作思路与关键提示如下。

操作思路：

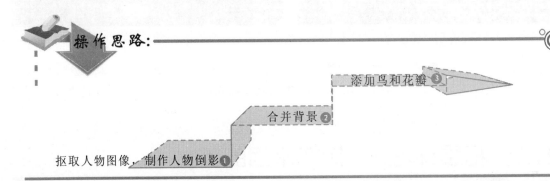

添加鸟和花瓣❸

合并背景❷

抠取人物图像，制作人物倒影❶

关键提示：

在调整人物亮度时，在"色阶"对话框中设置"输入色阶"为"0"、"0.49"、"255"。

在调整水面亮度时，在"色阶"对话框中设置"输入色阶"为"0"、"1.49"、"214"。

在制作人物倒影时，应该先降低图层的透明度，再通过图层蒙版对人物上半身进行涂抹。